编 委 会

主　　编　任淑芳

副主编　王海明

编　　委　郭凤祥　王君安　刘　青

李秀琴　吴贺龙

百年董府修缮工程报告

BAINIAN DONGFU
XIUSHAN GONGCHENG BAOGAO

任淑芳 / 主编

黄河出版传媒集团
宁夏人民出版社

图书在版编目（CIP）数据

百年董府修缮工程报告／任淑芳主编 .-- 银川：
宁夏人民出版社，2020.12
ISBN 978-7-227-07385-7

Ⅰ．①百… Ⅱ．①任… Ⅲ．①古建筑一修缮加固－研
究报告－吴忠－清后期 Ⅳ．① TU746.3

中国版本图书馆 CIP 数据核字（2021）第 001004 号

百年董府修缮工程报告 任淑芳 主编

责任编辑 陈 晶 管世献
责任校对 杨敏媛
封面设计 石 磊
责任印制 马 丽

黄河出版传媒集团
宁夏人民出版社 出版发行

出 版 人 薛文斌
地 址 宁夏银川市北京东路 139 号出版大厦（750001）
网 址 http://www.yrpubm.com
网上书店 http://www.hh-book.com
电子信箱 nxrmcbs@126.com
邮购电话 0951-5052104 5052106
经 销 全国新华书店
印刷装订 宁夏凤鸣彩印广告有限公司
印刷委托书号 （宁）0019573

开本 880 mm × 1230 mm 1/16
印张 21.5
字数 360 千字
版次 2020 年 12 月第 1 版
印次 2020 年 12 月第 1 次印刷
书号 ISBN 978-7-227-07385-7
定价 260.00 元

ISBN 978-7-227-07385-7

序

韩志刚

由吴忠市文物管理所任淑芳、王海明等同志精心整理编写的《百年董府修缮工程报告》一书终于付梓出版了。这是一部系统完整的关于董府古建筑保护维修科学总结的资料汇编，凝结了我市文物工作者多年辛勤耕耘的心血和汗水，也是吴忠本土文物保护成果挖掘、整理、阐释工作深度研究探索的有益尝试。令人钦佩，可喜可贺！

董福祥宫保府自20世纪初建成至今，历经百余年，主体建筑（内寨）基本保存完好。但外寨、护府河、祠堂及董营将士宅院等建筑，因地震、战乱、匪患和人为因素屡遭损毁，已荡然无存。现存府内建筑群一度也千疮百孔，因出现地基下沉、雕刻脱落、梁架错位、墙面剥蚀等险情而濒临自然消亡的厄运。

史载，董府建成初期，因工程基础扎实、建筑规模宏大而被誉为“宁夏第一府”。它最初的损毁主要源自自然的不可抗力而非人为因素。董福祥去世后，其子孙及族人仍居董府。1920年，海固地区发生8.5级强烈地震，西北50多县受灾，新建董府整体受到一定摇动，部分基础下沉、梁架倾斜。1921年灵州地震，董府再次遭震创。直到新中国成立前夕，匪患战事不断，加之新中国成立后驻地基层政府、学校、军队、医院的占用及人为改造，建筑的初始格局、结构、装饰不停地发生变化。

1985年，各使用单位全部迁出，董府正式交由文化部门管理。1988年，宁夏回族自治区人民政府公布董府为自治区重点文物保护单位，同时成立董府专门管理机构——银南地区文物管理所，划定董府保护范围，收集相关文献、碑石、口述历史资料，编辑文物档案资料《董府与董福祥》，开展初步研究。

2006年国务院公布董府为全国重点文物保护单位，宁夏回族自治区人民政府树立董府国保单位标识碑和说明碑，2008年吴忠市人民政府公布了董府保护范围和建设控制地带。

2006年11月，宁夏回族自治区文物局组织对董府古建筑进行全面勘察，历时40余天完成董府建筑勘察测绘，为董府的修缮保护提供了第一手数据资料。

2007年，宁夏回族自治区文物局委托北京建工建筑设计研究院编制《董府文物保护总体规划》和《董府修缮设计方案》，并通过国家文物局审核批准，明确了董府的保护利用框架和修缮原则目标。

2009年5月，在各级政府和社会各界的关怀支持下，董府抢险修缮工程正式开工，历时六载，经过全体设计、施工、监理人员通力协作与辛勤工作，于2015年10月经国家文物局专家组验收圆满竣工。

董府修缮工程在设计、施工中始终遵循“不改变文物原状”的原则，尊重原貌、尊重历史。在工程施工期间，国家文物局原局长单霁翔、励小捷等领导亲临现场调研工程进展情况，国家文物局专家组专家多次到董府指导修缮工作，宁夏回族自治区文物局、吴忠市人民政府领导也十分关注董府修缮工程。

董府作为达官府邸，不论其建筑规模还是建筑规格、宏伟程度，都堪称宁夏乃至西北仅有。此次修缮工程是董府建成以来第一次全面维修，其设计、施工资料十分珍贵，更鉴于吴忠市迄今还没有一部系统的古建筑维修资料，经报国家文物局批准，组织编写《百年董府修缮工程报告》，以期为后人留下一份宝贵的文物史料。

观今宜鉴古，无古不成今。在推进建设宁夏黄河文化传承彰显区的新征程中，吴忠文物保护工作任重而道远。董府古建筑作为地域黄河文化遗产的重量级历史遗存得到全面整修，无疑为我们更好地开展文物保护利用传承、增强文化自信提供了深厚的历史滋养和坚实的学理支撑。令广大文物工作者振奋和欣慰的是，习近平总书记历来十分重视文物考古工作，身体力行地推动文物抢救和保护工作，他语重心长地指出：“历史文化遗产不仅生动述说着过去，也深刻影响着当下和未来；不仅属于我们，也属于子孙后代。保护好、传承好历史文化遗产是对历史负责、对人民负责。”“文物承载灿烂文明，传承历史文化，维系民族精神，是老祖宗留给我们的宝贵遗产，是加强社会主义精神文明建设的深厚滋养。保护文物功在当代，利在千秋。”这应该就是基层文物工作者数十年守护历史文化遗产的意义和价值所在，功不唐捐。他们在文物保护工作中常与寂寞和清苦为伴，风餐露宿、青灯黄卷，工作枯燥而艰辛，需要全社会的关心、爱护和支持。切实提高历史文化遗产保护能力，为考古事业、文物保护和历史研究创造良好条件。

是为序。

（韩志刚系吴忠市文物局调研员，董府历史研究学者）

目录

CONTENTS

第一篇　董府与修缮工程概述

第二篇　董府勘察测绘研究概况

第四篇　董府修缮工程设计

第五篇　董府修缮工程实施情况

附 录

第一篇

董府与修缮工程概述

第一章　董府文物地位和董福祥其人

第一节　董府概况

董府位于宁夏回族自治区吴忠市利通区金积镇露田洼子村，是清末甘肃提督、武卫后军统领董福祥的府邸，因董福祥被革职后定居宁夏吴忠而修建。光绪二十八年（1902年）开工，光绪三十一年（1905年）竣工，占地面积34650平方米。董府是宁夏唯一保存完整的官邸建筑群，气势恢宏、屋宇森严，也是宁夏修建年代较早、等级较高、建筑规模较大的一座清代将帅府邸，有“宁夏第一府”之美誉。

董府是按尚书衔提督府规格修建的，因董福祥官加“太子少保”衔，又称为“宫保府”。府邸建筑融合中国南北建筑风格，兼有官府、民居特色，在西北的明清建筑中很有代表性。

董府旧照

董府门楼

董府由主体建筑群、内府墙、外府墙、护府河四部分组成。由于历史和人为原因，外府墙和护府河已荡然无存，但主体建筑群和内府墙基本保存完好，占地11025平方米，为传统砖木斗拱结构，运用彩绘、雕刻等手法，又以碑、匾、题、画点缀装饰。

董府主体建筑群布局呈“三路六院”宫廷式，庭院错落，以回廊贯通，结构精巧，工艺精湛，风格古朴典雅，具有很高的建筑艺术价值和文物价值。1988年被宁夏回族自治区人民政府公布为自治区重点文物保护单位，2006年被国务院公布为全国重点文物保护单位。

第二节　董府的建筑等级

中国传统的达官府邸一般都采用“内城外郭”的古制：内城之外，再建一座外城，成为两重方城。董府也不例外，只是董府外府墙（外城）已经荡然无存，了无痕迹，只保存下来内府墙（内城）。现存主体建筑由主体院落、内府墙两部分组成，主体院落共有房屋

董府被公布为全国重点文物保护单位

俯瞰董府主体建筑群

116间，采用中国北方四合院建筑的传统格局，以中路院为中轴线，前后二进，南北对称，平面呈三路六院式布局，是一座典型的清代三路二进四合院。

董府的高大府墙为黄土夯筑而成，外观为城堡式，上有带射孔的女儿墙，具有很强的防御性。宽敞、高大的拱洞形府门面向东开，大门上面高耸着一座玲珑精致的眺阁，显得巍峨壮观。整个院落被围护在一个近似长方形的城堡内。

四合院是中国历史上最悠久、分布最广泛的汉族民居形式，“四”字表示的是东、西、南、北四面，“合”是围在一起的意思，也就是说，四合院是由正房（一般是北房），东、西厢房和南房合围组成的一个“口”字形的独立院落。由四面房屋围合起一个庭院，为四合院的基本单元，称为一进四合院，两个院落即两进四合院，依此类推。一般的四合院都有二进院落，大型的有三、四进院落和花园。而董府却是一座颇为特殊的三路二进式大四合院。

董府的主体院落虽只有二进，却是名副其实的大四合院，分为

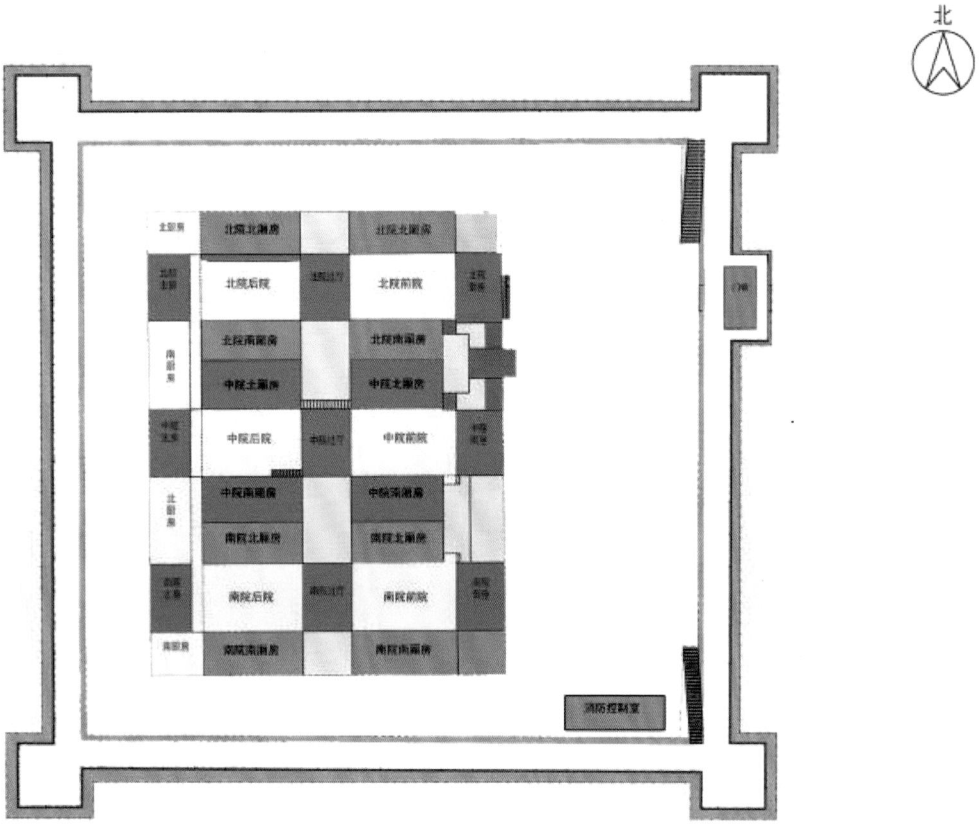

董府平面缩略图

南、中、北三路，每路又由前后两个小四合院组成，这样就形成了以中路为中轴线，坐西向东，南北对称的双四合院圈成的三路六院式大四合院。主体院落居内府墙内正中偏西，东面是院落正门，距离东府墙20多米，南、西、北三面距府墙均为10多米，使庭院视野开阔。

董府这个大四合院中的六个院落，东、西、南、北四个方向的房屋各自独立，南、北厢房与正房、倒座的建筑本身并不连接，连接这些房屋的只是过间游廊，不论是南院、北院、前院、后院，还是里面过间和游廊全是直的，横向为正南北，纵向为正东西，三路六院一律是方正端庄的四合院。每个院落均采取东西中轴线、左右对称、主次分明等中国传统建筑布局章法，具有外观规矩、中线对称、布局严整、院落敞亮的典型特征，呈现出稳重严谨的北方四合院建筑风格。董府的建筑形制是典型的封建社会宗法制度及伦理道德制约下的民居形式，反映出深刻的等级规定及尊卑差别。董府主体院落的平面构图是按家长作为全家核心的原则布置的，一切房屋皆簇拥着中路后院，而且在开间尺寸、高度、装饰等方面皆低于正房。董府的中路后院是实际家庭生活的中心，而在中路后院又以过厅（二层为董福祥的书房兼会客室）为核心，同时也是整个主体院落的几何中心，表明董福祥是家族精神的象征，充分体现了封建家长制思想。此外对于朝向、质量、面积不同的住房，皆按照尊卑、长幼的次序安排使用。

大的复式四合院习惯上称为大宅门，董府就是一座由六个小四合院纵横相连而成的大宅门。建筑是人类文明的纪念碑，人类的各种文化理念，在建筑上都有鲜明而丰富的表现。中国的宗法伦理观念几乎影响了所有建筑类型。董府这座一百年前方正规矩的四合院不只是众多房间的集合体，也是清代封建宗法制度与伦理道德的凝固物。无论是总体布局、内外装饰的内容与风格，还是府墙、府门等整体环境与气势的塑造，无不表现出中国古代官宦之家的风貌与气息，同时也集中体现了中国封建社会的文化价值观念。

董府是内院式住宅，封闭性很强。高大厚重的府墙只开一处大门与外界沟通，院内四面房子的门都面对院落中心方向，因此，只要关上大门，府内便形成一个私密性很强的封闭环境。

中路后院是有两层檐楼的小四合院，是全府的中枢所在，这个小四合院是二层楼房结构，有大小房屋32间，采用卷棚式大屋顶，结构上采用平座斗拱、屋脊飞翘、雕梁画栋、砖雕木刻，做工最为精湛，这里是董福祥生前居住之所。正西二楼供奉着董氏祖先的牌位和皇帝的赏赐，是全府最高、最大、最好的房子，通常不住人，而是作为整个家庭权力的象征，是举行家族会议、执行宗法祭祀功能的场所。董府这座封闭的大宅门虽然院落、房间众多，但是其间不同等级、不同用途的建筑空间定位与组合，首先遵从的是宗法礼制秩序。以家庭观念为纽带的宗法制是中国封建社会的最高伦理观念，也是维护封建社会秩序的最重要手段。清朝提倡大家庭，褒奖四世同堂、五世同堂，完全继承了明朝盛行的大家庭礼制。尊祖敬宗、长幼有序、男女有别、尊卑有矩、内外有差等，这些封建大家庭的伦理道德方面的礼制规范，不但是时人必须贯彻的，同时也成为家宅建筑所遵循的准则。在建筑上，为突出尊位，将其置于中央地位，位卑者、从属者则列于两旁，这就形成了对称布局，按中国传统方位观念，居中面南为尊，面东西者次之，面北者地位最低。在住宅中，长辈、家长居于正房或上房，晚辈子媳居于两侧厢房、偏房。董府所有的家庭成员依据上下尊卑、长幼有序的传统观念，按照自己的地位住在不同的房间里。董府这个封闭的大四合院，实质上反映的是封建大家庭森严的宗法主从关系和使用功能。这座百年豪宅集中展示了中国传统家庭观念和生活方式。

第三节　董府的主体建筑及附属文物

庚子之变后，董福祥被革去提督之职，但尚保留太子少保之衔，故仍以尚书衔提督级别修建府邸，又称“宫保府”。

建筑群朝向东，府外围呈城堡式布局，府内为三路六院四合院式布局。总体由护府河、外府墙、内府墙、主体建筑群等组成。

19世纪30年代，英国传教士拍摄的董府全景（由东向西）

内府墙

内府墙外绿化带

一、护府河

现无地面痕迹。经2007年考古勘查，基本探明护府河的位置与走向。护府河位于外府墙之外，探明西、南、北三面均有遗存，东面因乡村公路及现代水渠阻隔，未能探明情况。现存遗迹距外府墙3–6米，河底距地表1.9–2.6米。

二、外府墙

现无地面痕迹。外府墙绕内府墙而筑，从老照片可以看到东北角有土筑角墩。

三、内府墙

现保存完整。平面略作方形，东西长115米，南北宽105米，除城门用青砖包砌外，全部以黄土夯筑，基宽7.11米，顶宽3.74米，高8.5米；女儿墙（府墙之上外侧掩体）高1米，宽0.5米，带炮眼；内府墙周长480米，保存完好。府门向东有半圆拱洞，洞壁以青砖包砌，壁长13.2米，宽3.5米，高4米。城门上建有单檐歇山顶砖木门楼一座。府墙四隅有正方形角台，角台原建有楼亭，现已不存。董府的大门向东，这是因为董福祥虽然被革职，但一来是为了表示他仍心向朝廷，二来也是为了避嫌，故大门未敢向南。进东大门，沿两侧府墙，南北各有青砖铺砌的马道52级，直达府墙。内府墙以内为三路二进院落，功能界定分明。

四、主体建筑群

又称府邸，建筑平面呈中轴对称，三路布局。中路为建筑群的主体，前后院布局。前院倒座为卷棚硬山顶，后院为二层木结构卷棚硬山顶主房。过厅两层，为卷棚歇山顶。中路院南侧紧连南路院，北侧紧连北路院，南、北两路院又分为前后院。南、北两路的后院上房与倒座皆为单层卷棚硬山顶，两侧厢房及中间过厅皆为土筑平顶。各院有门互通，形成封闭的三路六院之府邸。主体建筑体量主次分明，重点突出，形制统一。

中路院过厅（由西向东）

府邸大门北侧卡子墙、影壁

府邸大门向东，未开在中轴线上，略偏北。大门一间，为一殿一卷式。木构檩条彩画为原物。门有抱鼓石，上刻牡丹与麒麟图案。门楣上原悬挂竖式木匾，上书“宫保府”三字（现已不存）。门的左右两侧墀头饰龙、凤、四神、桃、佛手、蝙蝠等砖雕图案。墀头下砖雕对联一副，右联“铭怀四字”，左联“誓鉴二心”。

大门两侧有卡墙，北侧卡墙完整，南侧卡墙在加建其他建筑时拆毁。

入大门迎面有砖砌“一”字影壁，素面。向北行入门进北路，南行，进入中路，再南行进门入南路。

中路院建筑群高大，过厅以及后院两厢和正房均为两层，带有回廊。该组建筑为抬梁结构，木构件尺度粗大，除中路院过厅为卷棚歇山顶外，其他均为卷棚硬山形式。南、北两路建筑轴线上正房及倒座居为卷棚顶，厢房及过厅为平顶，檐部做法及装饰带有明显的西北地区建筑特点。府邸各院建筑之屋脊、屋檐、廊心墙皆饰砖雕图案，门窗栏杆等皆饰木雕图案，尤以中路前后院最为精美。砖雕、木雕图案皆取具有吉祥如意、富贵长寿、多子多福等寓意的题材

伴奂优游念弥陀，俯视桐雀喜气多。
封侯挂印指日报，欣颂簪缨踵世科。

幸有逍遥自然仙，屈指福寿在眼前。
仰天欢喜同庆贺，富贵荣华万斯年。

中路后院廊心墙题诗砖雕

和历史人物故事装饰。中路院建筑木结构架上内檐与外檐，举架、梁枋、木柱等部位均施彩绘。各建筑屋面青瓦瓦顶，脊部均安脊兽，并用砖雕构件砌筑，有富丽堂皇之感；各建筑用材皆很大，具雄伟高大之气。

第四节　董福祥生平

董福祥

董福祥，字星五，汉族，清末著名将领，是中国近代史颇具影响的风云人物，《清史稿》有传。

清道光十九年十二月初五（1840年1月9日），董福祥出生于甘肃固原州王朝山毛井乡（清属宁夏固原，今甘肃环县辖地），世代以农为业。卒于清光绪三十四年正月初九（1908年2月10日），官至尚书衔提督（正一品武将），因其曾官加太子少保，故人称董宫保。

董福祥少时家贫，读书未竟，喜谈兵法，性情好强硬直，慨然有大志。清同治初年，朝政腐败，烽烟四起，陕甘抗清斗争尤甚，董福祥遂借机倡集团练，率众十余万据安化（今甘肃庆阳）反清抗暴，活动于陇东、陕北一带，声势颇大。清同治七年（1868年），左宗棠督办甘肃军务，进剿西北，董福祥部被左宗棠部下刘松山击败，投降清军，所部被编为“董字三营”，为近代甘军的雏形。

清光绪元年（1875年），陕甘总督左宗棠以钦差大臣督办新疆军务，董军为西征先锋，屡立战功，收复并戍守新疆二十载。清光绪十六年（1890年），擢升喀什噶尔提督，后调任甘肃全省提督，皇清诰授尚书衔、光禄大夫、建威将军，加封太子少保。清光绪二十三年（1897年），董福祥奉调率甘军防卫京师，清光绪二十四年（1898年）所部甘军编入荣禄所辖武卫军，成为北洋三军之一，董福祥任武卫后军统领。

清光绪二十六年（1900年），义和团运动爆发，八国联军入侵北京。董福祥所部甘军奋勇抗击外国侵略者，围攻外国使馆，在廊坊大败八国联军，杀日本使馆书记杉山彬和德国公使克林德，获罪洋人。《辛丑条约》签订后，董福祥被指为首凶，清廷因董福祥拥有军事实力，担心西北激变，仅予以革职，保留太子少保衔，遣归故里。清光绪二十六年十二月二十五日（1901年2月13日），董福祥返回甘肃，暂居固原老家，清光绪二十八年（1902年），申报朝廷准许后，董福祥定居金积堡，并开始营造府邸，清光绪三十一年（1905年）府邸竣工后旋即迁入，从此定居。清光绪三十四年（1908年），董福祥病故于金积府邸，享年69岁。

董福祥担任武卫后军统领时照片

《清史稿》卷四百五十五

列传二百四十二

董福祥，字星五，甘肃固原人。同治初……福祥亦起安化，与其州人张俊、李双良蹂躏陕、甘十数州县，窃据花马池，犯绥德，窥榆林，溃勇、饥民附之，众常十余万。嗣为刘松山所败，其父世猷降，福祥亦率众乞归款。乃简其精锐者，编为董字三营：福祥居中营，俊居左，双良居右。从攻金积堡……超授都司。十一年，从刘锦棠至碾伯，趋峡口，与陕回禹得彦、崔三大战，破之。进击白彦虎于高家堡，焚其垒而还。已而伪知府高桂源构彦虎围西宁，扑双良营，福祥又大败之，围解，迁游击。徙守向阳堡城，复讨平河州叛回，积功至提督。

光绪元年，从出关，战天山，会大风昼晦，吏士弗敢进。福祥率众先登，一鼓歼之，又破之木垒河、古牧地，进复乌鲁木齐诸城及玛纳斯南城。是时彦虎犹据开都河西岸，觊入俄。福祥自阿哈布拉缘涂置哨垒，至曲惠而营，士卒储薪草，濬井泉，以俟锦棠军至，破之，复喀喇沙尔。是冬，克和阗，南疆西四城告宁。繇是董军名震西域。论功，赏黄马褂、世职，赐号阿尔杭阿巴图鲁。

安夷既就抚，布鲁特酋阿布都勒哈诱之，复入寇色勒库尔，北走库伦，福祥驰之，抵空谷根满，步卒足重茧，乃遴健者乘骡队，从骑旅及之木吉。寇方解鞍秣马，惊起，依山而阵，俊败之，福祥纵兵搜捕，复斩三百余骑。自此寇不敢犯边。授阿克苏总兵，驻防喀城。未几，而所部索饷哗变，戕营官胡登花，或请击之，福祥曰："营勇与叛勇有约，如昏夜响应，将奈何？不如闭城守，彼势孤必自毙也。"越三日，悉为兵民擒献，乃分别诛宥之。事定，领俊及夏辛酉移驻叶尔羌、和阗。

十六年，擢喀什噶尔提督。二十年，加尚书衔。会德攘胶澳，命率甘军入卫。明年，西宁、碾伯又告警，督师还抵狄道。河州马永林叛，渡洮战却之，连破高家集、三甲集，道始通。事宁，调甘肃。福祥自请援西宁。又明年，克上下五庄，乘胜复大通、多巴。朝命驻西宁专剿抚，以魏光焘二十七营属之。会巴燕戎格、刘四复奔关外，福祥亟遣骑踵之，拔卡尔冈，先后夷海城、冶诸麻、甘州南山寇堡，关内外及青海悉平，加太子少保。

二十三年，入觐，命领武卫后军，召对，福祥曰："臣无他能，唯能杀外人耳。"荣禄颇信仗之。拳乱起，日本书记杉山彬出永定门，福祥兵杀之。于是董军围东交民巷，攻月余不下。敌兵自广渠门入，福祥走彰仪门，纵兵大掠而西。两宫西幸，充随扈大臣。和议成，外人坚欲诛福祥。李鸿章曰："彼绾西陲军寄久，虑激回变，当缓图之。"乃褫职锢于家。

荣禄在西安综大政，福祥移书让之，略谓："辱隶麾旌，任公指使，命攻使馆，祥犹以杀使臣为疑。公言'僇力攘外，祸福同之'。祥本武夫，恃公在上，故敢效奔走。今公执政而祥被罪，祥死不足恤，如军士愤懑何！"荣禄得书，置不答。三十四年，卒。其子天纯，输银四十万济帑复官。

…………

论曰：初讨陕回，福祥以降军效力，名震西域，何其悍也！运昌统卓胜军，万鹏领旌善营，与虎恩、锡桢、友升转战宁、肃，皆以骁勇名，各著奇绩，其勇略亦有可传焉。其后福祥终以骄妄败，助乱启衅，竟免显戮，岂非幸欤?

（赵尔巽等撰：《清史稿》，中华书局，1977年，第12631页）

第二章　董府区位环境概述

董府始建于1902年，2006年被国务院公布为第六批全国重点文物保护单位。该建筑群保存了完整的府墙和中、北、南三路各两进院建筑群，是宁夏地区保存最为完整的清代民居建筑群。

第一节　自然环境概述

一、地理位置及自然环境

1. 地理位置

董府位于宁夏回族自治区吴忠市利通区金积镇露田洼子村，行政区划隶属吴忠市利通区金积镇，西北距黄河约4公里，东距吴忠市17公里，西北距青铜峡市24公里，南与青铜峡市峡口镇任桥村相连，吴（忠）青（铜峡）公路从此经过，交通便利。地理坐标为北纬37° 06′、东经106° 06′。

董府系城堡式建筑，平面略呈方形，由高大的堡墙围合，坐西向东，东偏北1°。经 GPS 测定，其四角坐标点为：

西南角：北纬37° 06′ 36.2″，东经106° 06′ 10.8″

东南角：北纬37° 06′ 36.8″，东经106° 06′ 11.2″

东北角：北纬37° 06′ 37.6″，东经106° 06′ 11.6″

西北角：北纬37° 06′ 37.7″，东经106° 06′ 09.8″

中路后院正房

2. 自然环境

董府地处宁夏平原中部之银（川）吴（忠）平原腹地，所在地西临黄河，地势平坦、水源丰富、土地肥沃，农业发达。董府坐落于露田洼子村中央，东距露田洼子村 4 组100米，间隔苗圃园地；南距峡口镇任桥村300米，间隔农田；西距露田洼子村 3 组84米，间隔农田；北距露田洼子村4组农舍20米，间隔乡镇公路与排水渠。形成了三面农田，一面农舍、公路、排水渠包围之势。

二、地质状况

董府所在地地貌属黄河Ⅱ级阶地，地质为黄河冲、洪积相与湖相交错沉积。钻探揭露：深度3米（绝对标高1097.7米）以上为填土层，软塑—可塑，以下为第四纪冲湖交互相韵律土层，以大厚度、含一定黏粒的粉质黏土、淤泥质粉质黏土夹粉土薄层为主，工程性质较稳定。具体分三层。

第一层，素填土层 Q_1^{MI}。以灰褐色、黄褐色（偶夹蓝灰色）为主，较均匀，稍湿，成分较为复杂。由粉质黏土、黏土、淤泥质粉质黏土夹粉土薄层混合组成，交互沉积相特点明显，垂向变化较大，浅部含腐殖质，总体以粉质黏土为主，软塑—可塑，平均层厚约3米。绝对标高1097.7米，层地深度3米，该层的物理力学性质差别较大，根据标准贯入试验和原状土样室内试验结果综合判断，本层土总体为中等压缩性土。变异系数0.203。标准贯入试验击数统一修正后为2.0（击），提供承载力参考值 f_{ak}=70千帕。

第二层，细砂层 Q_1^{MI}。灰褐色、青灰色，湿、饱和，较均匀，矿物成分密实，以石英、长石为主，含有云母等暗色矿物。较为纯净，黏粒含量低。与黏性土的过渡界面有一定的粉砂，密实度基本为中密级。平均层厚约2.6米。层底深度5.5−5.6米，层底标高1094.60−1094.70米。属于黏性土和下伏稳定层的过渡形态。异变系数0.341，平均渗透系数经验值1.37−6.3米 / 天。标准贯入试验击数8.7（击）。提供承载力特征值 f_{ak}=130千帕，Es=13.3兆帕。

第三层，角砾 Q_3^{al}。以青灰色为主的杂色，圆形，磨圆度较好，中密、饱和，级配较好，分选差，砂类土含量高。该层顶板埋深8.3米，标高1091.90米，平均厚度2.8米。勘探最大厚度8.3米（未揭穿），据区域地质资料，该层厚度在20米以上，层位稳定，为良好的持力层。平均渗透系数经验值10.7~50.3米 / 天。重型动力触探试验（N63.5）击数10.0，提供承载力特征值 f_{ak}=350千帕。Es=36.0兆帕。中密。

三、地下水

该地地下水为孔隙潜水类型，勘察时间为丰水期，实测地下水静止水位平均标高为1099.20米，水位平均埋深1米左右。据区域资料和地区经验，该地段地下水位受季节降水与农田灌溉影响，变化幅度在0.5米左右，水质取样分析如下：

本工程基础处于W≥20% 的弱透水层中，干燥度指数K值大于1.5，本地环境类别为 I 类（属冰冻区）。根据水位情况，考虑干湿交替状态，地下水对混凝土结构具有弱腐蚀性，对钢筋结构亦具弱腐蚀性。地下水水位以上地基土对混凝土结构具有弱腐蚀性，对钢筋混凝土中的钢筋具弱腐蚀性，根据 pH 值判定对钢结构无腐蚀性。水、土对建筑材料腐蚀的防护符合现行国家标准的相关规定。

四、场地类别及地震液化评价

收集到的资料表明，本地在0–20米深度范围内，土层的等效剪切波速范围在250米/秒≥ Vsc >140 米/秒之内。根据地区经验和现场实测数据，覆盖层厚度5<H<50米，据此确定该区域的建筑场地土类别为Ⅱ类。场区的饱和砂土在地震液化评价中，地震设防烈度为八度，设计地震分组为第一组，设计基本地震加速度为0.20%，特征周期为0.35秒，标准贯入锤击数基准值取10，在该条件下，场区三层饱和粉细砂土为不液化土层，属抗震有利地段。

五、气候

董府地处银吴平原腹地，地形平坦，海拔800—1120米，属中温带干旱气候区，具有明显的大陆性特征：四季分明，气候干燥，蒸发强烈，降雨集中，大气透明度好，云量少，日照充分，热量丰富，温差较大，无霜期短，风沙较多。

六、日照

大气透明度好，日照充足。太阳辐射年总量约为148.1千卡/平方厘米，是我国太阳辐射量富区之一。一年中以6月最强，占年总辐射量的12.2%；12月最弱，占年总辐射量的4.7%；月辐射量大于10千卡/平方厘米的月份是3—10月，月平均辐射量在500千卡/平方厘米以上的是4—8月。

该地多晴天，日照长，年平均日照时数2928.5小时，年平均日照率为67%。年日照时数最多为3351.2小时（1977年），最少为2689.9小时（1971年）。其中，6月日照时数最长，月平均295.2小时，平均每天9.84小时；2月日照时数最少，月平均为210.6小时，平均每天7.52小时。

七、气温

年平均气温8.9℃，最高年（1998年）11.2℃，最低年（1967年）7.7℃。极端最高气温38.0℃（1997年），极端最低气温 −24℃（1975年）。气温年较差30.0℃，最大年较差33.9℃（1971年）。

八、地温

地面温度的变化大体与气温一致。地面年平均温度11.6℃，比气温高2.7℃。年极端最高地温66.8℃，年极端最低地温 −28.1℃。

九、冻土

境内各季10厘米深度土壤封冻平均日期为11月30日，春季10厘米深度冻土化冻期平均为3月6日；30厘米深度土壤封冻日平均为12月25日，化冻期平均为3月19日；历年最大冻土深度为1.12米。

十、降水

该地降水少，平均年降水总量192.8毫米，年最多降水量为331.8毫米（1990年），年最少降水量为60.1毫米（1980年）。

十一、风

年平均风速2.4米/秒，历年定时最大风速20.0米/秒（1981年）。冬春季风大，夏秋季风小。

全年风向多为北风，其次是西风和东南风。风向随季节变化，前冬盛行西风，后冬转为北风，后春转为东南风，夏季多东南风，秋季风向变化较大，由东南转为西北。

大风日（瞬间风速大于18米/秒）呈逐年减少的趋势，大风日多出现在冬春季，其中4月最多。历年沙暴日呈减少趋势，年最多沙尘暴日数70天（1960年）。年扬沙日数平均为37.5天，最多为94天（1979年），多发生在12月至次年5月。每次大风多引起沙尘暴。

十二、自然灾害

该地自然灾害主要为气象性灾害，兼有地震及农作物病虫害，有霜冻、二月雨、大雨、暴雨、雨涝、连阴雨、冰雹、低温冷冻、热干风、大风、干旱、地震等类型。其中大雨、暴雨、雨涝、连阴雨、大风、干旱对建筑物影响最大，致使地陷、渗漏、干裂病害频发。其次地震也有影响。吴忠位于银川地堑南端的顶角区内，东邻鄂尔多斯台地，西濒黄河断裂带。境内有3组北西向断层和南北向断层。这些断层相互接截、作用，使基地形成地垒、地堑，基地断裂的接截使地下结构破碎。由于断层多、规模小，因此在地质历史发展演化中，具有发生中强地震的构造背景。吴忠市与灵武市是一个很小的发震构造单元，是中等强度地震活动区。

第二节　社会背景及人文环境

一、董府修建时期的社会背景

董府建造于清朝末年。为了维护封建专制的政治制度，清朝统治者崇尚儒学，大力提倡程朱理学，并通过科举制度招揽人才、钳制思想。清朝统治者在思想上进一步加强君主专制，大兴文字狱，实行文化专制统治，使许多知识分子不敢过问政治，思想被束缚。鸦片战争的失败，标志着中国开始沦为半封建半殖民地社会，也标志着中国封建王朝的统治日薄西山。经济上，传统农业、手工业达到顶峰，各生产部门技术水平空前提高，商业贸易颇为繁荣，处于萌芽状态的资本主义缓慢增长。

19世纪上半叶，英国开始大量向中国贩售鸦片，导致清道光二十年（1840年）中英鸦片战争爆发。鸦片战争失败后，西方列强开始入侵中国，迫使清政府与其缔结了一系列不平等条约。根据这些条约，清政府被迫割地赔款、开放通商口岸，清廷的权威一落千丈，中国自此逐步沦为半殖民地与半封建社会，主权受到严重损害。由于人民的负担逐年加重，引发了一系列的反抗运动，其中规模最大的是太平天国运动，甚至一度威胁清朝的统治。为挽救自身命运并增强国力，清政府内部的有识之士展开了维新运动，试图革新图强，其中最为著名的是自清咸丰十年（1860年）开始的洋务运动。

洋务运动使得清朝的国力在一定程度上得以恢复和增强，到慈禧太后与恭亲王联合执政的同治年间，在文武官员齐心合力之下，清朝一度出现了较安定的局面，史称“同治中兴”。其间，清朝廷在西方列强的帮助下成功消灭太平军，平定捻军之乱，并收复新疆，在国际上的地位和形象有了相当大的改善。

经济方面，由于外国资本主义的入侵，打破了中国传统经济的格局，除封建地主经济、农民和手工业者的个体经济继续存在外，新兴了资本主义经济。晚清时期，吴忠当地开始“废除军屯，实行招民开垦，按亩收租”，大批屯田兵和屯耕民转变为交纳田赋、负担力差的自耕农。清末，政治更加腐败，水利失修，自然灾害、兵患匪患频繁，官僚、地主、商人乘机兼并土地，发展以堡寨为中心的封建庄园经济。

宁夏地域文化丰富，边塞文化、黄河文化等相互交融，产生了富有特色的地方建筑。

早在西夏时期，就有了对当地民居的记述。《旧唐书·党项羌》中有“俗皆土著，居有栋宇，其屋织牦牛尾及羊毛覆之，每年一易”。在党项人建立西夏后，大批党项族人迁入西北，由于有了农业经济，部分族人由游牧改为定居，居住方式也开始多样化，出现了以下三种民居形式：①毡帐，又称“幕梁”，其建造方法为“织毛为幕，而以木架”。这种民居结构简单，取材方便，便于移动，是党项族的传统居所，也是西夏军队必备的装备。②土屋，即早期的生土建筑，夯土垒成墙体，屋顶为木构架，上覆柴草，再盖泥土。土屋是西夏长期定居农牧平民的居室，也成了宁夏传统民居的重要标志。③瓦屋，在西夏时期是只有高官显贵才可以居住的。《宋史·夏国传》中记述“俗皆土屋，唯有命者得以瓦覆之”，《西夏记事本末》中也有记述“殿社庙宇，覆之以瓦，止若棚焉”。

传统的农耕和放牧生活影响了民居的布局形式，明清宁夏民居一般院落宽敞，每家一院，视家庭经济能力和使用功能而建造。相对贫困的家庭通常顺山墙架檩条，横檩条上搭椽子，一般开间较小，称为“滚木房”。富庶的家庭则三合院或四合院，门前有照壁，平面对称布置。上房三间，五檩四椽。倒座与正房对称，均为硬山顶，屋脊有脊兽。下房（即左右厢房）三到五间不等，单坡顶，屋脊无脊兽。更富者，建有两进院落，中间建过厅，内院住眷属，外院做客房。

二、董府所在地区的人文环境

1. 吴忠行政区划

吴忠市总面积2.07万平方公里，辖一市二县二区（利通区、青铜峡市、盐池县、同心县、红寺堡区），总人口143.7万，有汉、回、满、蒙古等28个民族。

董府所在的金积镇辖17个行政村、151个村民小组、1个社区居委会，总面积70.4平方公里，集镇规划面积10平方公里，建成区面积4平方公里，总人口5.5万人。

2. 吴忠历史沿革

吴忠是一个历史悠久、文化源远流长的多民族聚居地区，是宁夏历史上开发最早的引黄灌溉区。2.5万年前，便有先民在这里劳动、生息。

秦始皇三十三年（前214年）在吴忠境内设置富平县，西晋时迁至陕西怀德（今陕西富平县），这是宁夏北部设置最早的县级机构。

西汉惠帝四年（前191年）在河之州设立灵洲县，故址在今宁夏吴忠市利通区境内古城镇，是宁夏历史上最早有确切设置年代记载的古代城市。东汉改为灵州县。

三国两晋时期，为羌、匈奴、鲜卑等族驻牧之地。十六国时，先后属前赵（匈奴）、后赵（羯）、前秦（氐）、后秦（羌）、赫连夏（匈奴）五国属地。

北魏太延二年（436年），置薄骨律镇。孝昌二年（526年）改为灵州。北魏末置普乐郡，属灵州。西魏因之。北周置回乐县，带普乐郡。

隋开皇三年（583年）废普乐郡。大业三年（607年），改灵州为灵武郡，回乐县属之。

唐武德元年（618年），改灵武郡为灵州。回乐县析置丰安县。贞观元年（627年），灵州属关内道，贞观四年（630年），于回乐县境置回州，以丰安县隶之。贞观十三年（639年），废回州，省丰安县，其地并入回乐县。天宝元年（742年），改灵州为灵武郡。乾元元年（758年）复为灵州。

五代后梁、后唐、后晋、后汉、后周各朝仍为灵州。

北宋咸平五年（1002年），党项部李继迁攻占灵州，改置西平府，都之。仍置灵州，废回乐县。天禧四年（1020年），迁都兴州（今银川市），后西平府又称西京。

元代仍属灵州。中统二年（1261年），隶属西夏中兴等路行省。至元八年（1271年），改称西夏中兴等路行尚书省。至元二十五年（1288年），隶属甘肃行省宁夏府路（即宁夏路总管府）。后随省、路建置更迭而从属之。

明洪武三年（1370年），徙灵州军民于关内，一度空其城。洪武十六年（1383年），编集未迁者，调其他地民，置灵州河口守御千户所，属陕西都司。宣德三年（1428年）改灵州河口守御千户所为灵州千户所，属宁夏卫。弘治十三年（1500年）九月升置灵州，直隶陕西布政使司。弘治十七年（1504年）八月革州，复为灵州千户所，属宁夏卫。正德元年（1506年）九月，改为灵州守御千户所，还属陕西都司。嘉靖九年（1530年），瓦渠等四里，改属守御千户所吏目辖之。万历之后，又归宁夏卫，为灵州千户所，吴忠堡属之。

清初因之。雍正二年（1724年），改灵州千户所为灵州直属州，属宁夏府。同治十一年（1872年），以灵州金积堡等部分属地析置宁灵厅，改宁夏水利同知为宁灵抚民同知，驻金积堡，属宁夏府。

民国二年（1913年）改宁灵厅为金积县，改灵州为灵武县，隶属甘肃省朔方。

民国十八年（1929年）改属宁夏省，吴忠地分金积、灵武二县。

民国三十四年（1945年），吴忠镇改为吴忠市。

1949年9月21日，吴忠解放，9月26日成立吴忠堡市，驻金积堡，属宁夏省。11月缩编为吴忠镇，归灵武县。

1950年2月，由灵武析置吴忠市，驻金积镇。

1954年4月22日，河东回族自治区成立，辖金积、灵武、吴忠、同心四县，并与吴忠市人民政府合署办公。9月，宁夏省建制撤销，河东回族自治区隶属甘肃省。

1955年2月1日，河东回族自治区政府与吴忠市政府分署办公，4月28日，河东回族自治区更名为吴忠回族自治州。

1958年10月25日，宁夏回族自治区成立，自治州撤销，吴忠市直属宁夏回族自治区。1960年9月，金积县撤销，原金积县的大部分辖区划归吴忠市。1963年6月，撤销吴忠市，设立吴忠县。1972年4月，设立银南地区，辖吴忠、青铜峡、中卫、中宁、灵武、同心、盐池七县。1984年1月24日，撤销吴忠县，恢复吴忠市。1998年5月1日，撤销银南地区，设立地级吴忠市，原县级吴忠市更名为利通区。

第三章　董府修缮工程概述

2009年5月27日，宁夏回族自治区文物保护中心与北京同兴古建筑工程有限责任公司签署宁夏回族自治区董府抢险修缮保护工程施工合同。工程类型为古建筑修缮，施工面积为8721平方米。

第一节　工程缘起

中华人民共和国成立后，董府收归国有，一直为基层政府驻地。1985年，交由文化文物部门管理。

1988年，董府被宁夏回族自治区人民政府公布为自治区重点文物保护单位（见宁夏回族自治区人民政府宁政发〔1988〕16号文件）。同时在董府设立了银南地区文物管理所，负责日常管护工作。

2006年被国务院公布为第六批全国重点文物保护单位。

2006年11月，自治区文物局委托甘肃省文物保护维修研究所对董府古建筑进行全面勘察。

2007年3月，自治区文物局委托北京建工建筑设计研究院、北京建筑工程学院建筑与城市规划学院制定了《宁夏吴忠市董府文物保护总体规划》，对董府主体建筑的修缮、周边环境的整治、外围的利用开发、保护范围和控制地带的划定等进行了科学全面的规划，规划获得国家文物局专家组的评审通过。

2008年3月，国家文物局批准《宁夏回族自治区吴忠市董府文物保护总体规划》。

2009年5月，宁夏回族自治区文保中心与北京同兴古建筑工程有限责任公司签订宁夏吴忠市董府抢险修缮保护工程施工合同。

2012年6月，吴忠市文化体育广播电视局与施工方北京同兴古建筑工程有限责任公司就董府修缮工程相关事宜签订补充协议，进一步明确双方责权。

第二节　修缮设计原则

董府是有着百年历史的建筑群，代表了晚清西北地区的建筑文化、建筑技术和建筑成就。该建筑群自建成以后，由于历史的原因和时代的变迁，从未进行过正规、全面维修。保存现状很不理想，存在众多安全隐患，一些建筑已成为危房。

本次修缮的目的是在保存文物的真实性与完整性的前提下，治理病害，使文物建筑达到健康的状态。

其一，遵守不改变文物原状，最少干预、可识别性、可逆性的原则。

其二，所采取的保护措施以缓解损伤为主要目标，正确把握审美标准的原则。

其三，尽量保存原构件的原则。

其四，除非是文物安全性的需要，或是有充分的依据，并具备可靠的历史考证和充分的技术论证，否则不得在建筑遗址上进行重建的原则。

其五，尊重地方做法和乡土材料的原则。

其六，量力而行，遵循分重点、分批次的原则。

第一篇

董府

勘察测绘研究概况

第一章　董府的历史沿革

第一节　董府的修建及扩建历史

董府建造的历史，文献中很少有明确详细的记载，据后来搜集的资料可知，董福祥在今吴忠市曾有三处宅院，同治九年（1870年），董福祥随清军攻占金积堡，奉命戍守期间，在金积堡内（今金积贸易公司院内）就建过一座府邸。两年后，董福祥随左宗棠转战新疆，遂弃之不用。

此后，董福祥东征西讨，在外征战几十年，因不得携家带口，即在现董府北侧300米处，露田洼子村小学旧址建有一座“统领第”，供家小居住。该府第坐北朝南，院内辟东西花厅，建魁星楼，据甘肃图书馆藏张慎微撰《董福祥轶事》记载，“旧府已拆，只留下一座大门前照壁未拆除”，现无存。

1901年，董福祥革职返回金积后，旧府已破败不堪，遂改建其南，即现存董府。1902年动工，传说选址所在地原是当地郭举人的一片湖地，为使地基坚固，董家用数百峰骆驼从磁窑堡驮煤，湖底全部用煤垫起，厚达两米，上面再夯以黄土，前后耗费半年时间。

修建董府用的木料来自甘南，沿黄河顺流而下，至秦坝关渡口人工运至董府，所用石料采自陕西，砖瓦石灰就地烧造，其他原料从全国各地采购。木匠大都来自四川，铁匠部分来自包头，石匠来自陕西，其他工匠聘自各地。董府占地一百多亩，用银数十万两，用工300余万个，耗粮2500吨，历时三年，建成董福祥晚年之府邸——宫保府。随董福祥归里的部将亦先后迁居该地，于是董府周围便环建众多小府，如众星捧月，突出了董府的中心地位。外围是普通官兵的住宅，店铺林立，街道整齐，人称“董营村”。

1908年，董福祥病逝后，其四太太决定让董福祥胞弟董福寿之子董天佑，侄孙董温、董良、董让等留居董府，自携孙子董恭移住固原，藉由董之旧部、固原提督张行志照料，以策安全。此后，董福祥生前居住和处理军务的中院便闲置起来，南北各院由其侄孙董温（董文伦父）、董良（董正伦父）、董让（董肃伦父）等各家分住。

第二节　董府的建筑功能演变

20世纪30年代，国民党马鸿逵部一六八师五〇二团入驻董府。20世纪40年代，宁夏中学、宁夏师范相继入府，董府内宅院遂成为校舍。

新中国成立后，董府一直为基层政府驻地。20世纪60年代末为宁夏工人疗养院和解放军第511医院驻地。20世纪70年代后，宁夏回族自治区银南行署又在此开设卫生学校、农机学校、职工中专等。1985年，上述单位全部迁出，董府交由文化文物部门管理。1988年，被宁夏回族自治区人民政府公布为自治区重点文物保护单位，同时在董府设立了银南地区文物管理所负责日常管护工作，2006年被国务院公布为第六批全国重点文物保护单位。

董府标识碑树立

董府历史沿革

董府始建于1902年春，1905年竣工，1908年董福祥病逝于此
1911年，辛亥金灵民军起事，计划攻打董府，受阻而未成
1930年，土匪李心虎被国民政府收编后曾住进董府，肆意劫掠
1937年，江苏抗日师生组成的新安旅行团，一行十多人留驻董府过冬
1938年，马鸿逵部一六八师五〇二团驻扎董府，陆军步兵西北分校巡回教育班教官集中居住董府一年多时间
20世纪40年代，因日军空袭银川，宁夏中学、宁夏师范相继迁入董府办学。中华人民共和国成立后，董府收归国有，为基层政府驻地
1950—1955年为金积县四区政府所在地
1956—1957年为金积县郝桥乡政府驻地
1958—1959年为金积县双闸公社政府驻地
1959—1961年先后为金积县上游公社、峡口公社政府驻地
1969—1975年解放军第511医院迁入董府
1965—1969年，青铜峡三中、宁夏总工会干部疗养院等单位先后进驻董府
20世纪70年代中期，银南地区农机学校、卫生学校、职工中专相继于此办学，直到1985年全部迁出，交由银南行署文化处管理
1988年，宁夏回族自治区人民政府公布董府为自治区级重点文物保护单位，同时成立银南地区文物管理所进驻董府
1998年，成立地级吴忠市，银南地区文物管理所更名为吴忠市文物管理所，承担董府管护职责，2005年，利通区文物管理所并入吴忠市文物管理所
2006年，国务院公布董府为全国重点文物保护单位
2015年，全面完成董府百年古建筑抢救性保护维修工程

第二章　董府的文物保护管理状况

第一节　保护管理机构

1985年，在董府办公的单位全部迁出，由银南行署文化处对董府进行管理，设有专门的值班人员。

1988年，在董府设立银南地区文物管理所，主要职责为保护管理董府。

1988年，宁夏回族自治区人民政府将董府公布为自治区重点文物保护单位，并划定了保护范围和建设控制地带。该保护范围较为简单，未对保护区划分级，缺乏细致可行的管理要求。

1998年，银南地区行署撤销，成立地级吴忠市，银南地区文物管理所更名为吴忠市文物管理所。

2005年，吴忠市政府与利通区政府合署办公，利通区文物管理所和吴忠市文物管理所合并办公。

截至目前，没有制定相关的董府管理办法和条例。

第二节　历年修缮情况

董府建成距今已过百年，府内建筑结构坚固，历史上没经过大规模的修缮。20世纪70年代，解放军第511医院曾加固和粉刷府墙。近年来，除日常性保护修缮外，吴忠市文物管理所组织过三次局部维修。

一、加固府墙

1993年8月，因连日暴雨侵袭，董府寨墙顶部多处塌陷，形成漏洞。银南行署文化处、文管所及时将险情上报自治区文化厅并提出抢险维修意见，自治区文化厅紧急拨款11000元，由银南地区文物管理所组织抢险修缮。滑塌府墙就地取同类黄土补平，凹陷墙基除去朽土，以石料填垫，外用黄泥覆盖。墙上多处漏洞全部用三合土回填夯实。

二、清挖排水沟

董府地势低洼，府墙四周长年积水，危及府墙安全。自治区文化厅文物处与银南地区文物管理所共筹集资金3万多元，于1994年3月8日—8月20日清挖董府环内府墙外排水沟，将东、南两面排水沟以石料砌护，对西、北两面自然沟渠进行了清挖，四面贯通，并在内府墙东门前建造简易石板桥一座。

三、修复府墙

因四周农田不断升高，董府地势越来越低洼，府墙四周长年积水，加之风化和雨水冲刷，府墙剥蚀，墙皮脱落，墙垛错裂，危及文物安全。2000年8月，国家文物局划拨维修费40万元，在自治区、吴忠市文物和文化部门直接领导下组织施工，历时一年，于2001年完工，对董府府墙的墙基、墙面、女儿墙、墙顶面、上墙马道等进行了修复。

由于使用单位的随意改建，有意无意地破坏了董府原有的供排水系统，使这座古建筑的基础设施遭到了破坏，加之这些进驻单位对董府的供水、供电系统没有进行过科学的设计与规划，致使这座古建筑缺乏必要的消防、安防等保护设施。

第三节　保护区划及管理要求

一、保护区划

董府保护区划确定为保护范围和建设控制地带两级，总面积25.7公顷。考虑文物周边村镇建设的影响，将建设控制地带细划为Ⅰ、Ⅱ、Ⅲ类。

1. 保护范围

保护范围是维护文物安全的必须范围。董府保护范围以护府河遗址边界向外20米为界划定。

（1）保护范围四至。

东侧：董府内府墙外向东85米。

南侧：董府内府墙外向南50米（护府河遗址南沿外扩20米）。

西侧：董府内府墙向西54米（护府河遗址西沿外扩20米）。

北侧：董府内府墙向北50米。

（2）保护范围近似长方形，面积约5.1公顷。

2. 建设控制地带

I 类建设控制地带：以保护范围为界，向北外扩140米，至养牛场北侧；向西外扩135米；向南外扩160米；向东外扩155米。面积约16.3公顷。

II 类建设控制地带：为露田洼子村4组所在区域，面积约2.3公顷。

III 类建设控制地带：以 I 类建设控制地带南边界为界，外扩25–30米不等，面积约2.0公顷。

二、保护范围管理要求

其一，保护范围内不得进行与文物保护无关的其他建设工程或爆破、钻探、挖掘等作业。

其二，不允许任何取土，挖建地窖、池塘、水渠等有损外府墙、护府河遗址的动土活动。

其三，保护范围内可以进行适宜的绿化及必要的步行道路建设。

其四，进行必要的管线建设时必须避开内府墙及外府墙、护府河遗址。

三、重点保护区保护要求

按照《中华人民共和国文物保护法》的要求进行控制，不允许任何与文物保护无关的建设和对地面、地下的扰动。确定可以进行的活动和不可进行的活动，严格按照管理程序进行管理。

1. I 类建设控制地带管理要求

对环境进行保护，拆除和清理不利景观因素，已有少量建筑或是管理用房建设高度控制在6米以内。

2. II 类建设控制地带管理要求

保持村庄的规模，不允许污染企业进入，同时结合新农村建设整治村庄环境，建筑宜采用地方风格和地方材料，建筑限高6米。

3. III 类建设控制地带管理要求

严格控制现代商业建筑向董府方向发展，通过绿化对不利景观进行遮挡，建筑限高12米。

第四节　保护标识和保护档案

董府标识碑

董府说明碑

一、保护标识

2014年4月，在董府府门两侧树青石保护标志碑和说明碑各一座，基座为须弥座式，高80厘米，宽80厘米，束腰宽60厘米；碑为长方形，高120厘米，宽60厘米，厚10厘米。

二、保护档案

2014年10月，按照国家文物局全国重点文物保护单位统一标准、规范完成董府国保单位保护档案，分主卷、副卷、备考卷三部分。主卷包括文字卷、照片卷、保护规划及保护工程方案卷、文物调查及考古发掘资料卷、文物保护工程及放置监测卷、电子文件卷；副卷包括行政管理文件卷、法律文书卷、大事记卷；备考卷包括论文卷、图书卷，并上报国家文物局。

第三章　董府文物价值评估

第一节　历史价值

作为乡土建筑重要组成部分的传统民居、聚落是人群聚集生息、生产的居住载体，是中国社会结构和城镇发展的基本细胞。

董府是中国传统文化中一份质朴隽永、异彩纷呈的文化宝藏，是中华灿烂文明和黄河文化遗产的重要组成部分，更是吴忠地区城镇发展的历史记忆和地方文化之本。董府作为宁夏民居、聚落历史发展的实物见证，乡土文化的载体，具有较高的历史文化价值。

其一，董府是研究中国近代史和西北地方历史文化及历史人物的实物见证。其主人董福祥出生于宁夏固原东部山区，曾是中国近代史上的著名人物，其复杂经历涉及近代一些重大历史事件，与国家、民族命运息息相关，董府建筑群正是当时历史风云变幻的产物。该建筑群作为宁夏地区现存唯一的清代官邸，府主人董福祥作为甘军首领的历史经历，为宁夏近代史研究提供了可供借鉴的实物资料。

其二，董府地处宁夏平原灌溉区，是研究宁夏农业发展的实物例证。从董府建筑群外围来看，西侧距离黄河10里，南侧有灌渠流过，向南可远眺牛首山。建筑群置身于宁夏平原灌溉区，在农业社会具备良好的经济条件。

其三，董府建于黄河秦坝关渡口去往金积堡的交通要道上，紧邻青铜峡去往金积堡、吴忠堡、灵武的道路，高达8米的府墙与府墙上的高大门楼在现实中成为交通要道上的一座堡垒，结合董福祥的甘军首领身份和建造时随董福祥而来的建制营兵，董府一则呈现出其军事价值，二则暗含了清末以来西北地方政治格局演变的信息。

其四，董府主体建筑群东西长57.1米，南北宽27.1米，占地面积4183.23平方米，总建筑面积8721.91平方米，整体置于高0.5米的夯土台基上。主体建筑群为三路六院两进四合院布局，共有房间116间，基本按每院16间房屋建造。董府的四合院式建造布局、装饰及众多辅助用房，为我们研究清代官邸建筑提供了例证。运用了雕刻、彩绘等手法，又以碑匾、书画、楹联，棂格等点缀装饰，在西北地区清末建筑中具有一定代表性。

石雕艺术

第二节　艺术价值

董府建筑群具有很高的艺术观赏性。其建筑形制、装饰艺术反映了宁夏地方建筑风格与官式建筑风格的结合，也显示了近代宁夏地区建造工艺技术水平和审美观点。

董府建筑群雕刻极为丰富，砖雕、木雕在建筑及建筑装修上随处可见。砖雕图案多为吉祥图案，象征家庭生活美满富足，阖家欢乐。木雕多在窗与门扇上，据统计有72种故事图案及猛兽形象，反映出主人对勇猛和力量的追求。

整个董府建筑群做工精美、用料考究，色彩素雅。屋顶形式为西北民居中并不多见的卷棚顶，屋面用筒瓦覆盖，正脊、垂脊砖

木雕艺术

砖雕艺术

雕精美，瓦当、滴水造型丰富，额枋、垫板多用彩画装饰。墙体材料选用青砖、夯土，地域特色明显；地面为青砖铺成，图案简洁。建筑装饰繁简适当，有别于当地回族民居的装饰手法，门窗为木制，窗棂造型繁多，建筑色彩多采用材料本身的颜色，青砖灰瓦，墙体磨砖对缝，工艺考究，这使得董府具有一种高贵、沉稳、严谨的建筑风格。

首先，是传统文化的体现。从整体布局上来看，采用中国唐代以后传统的建筑格局，即以中院为中轴线左右对称布局，形成三路两进四合院。所有房舍的正面都朝向中庭，对外不开窗户。建筑风格也特别讲究，细微处的砖雕、大面积的木雕，与整个建筑和谐融合在一起。砖雕或木雕内容反映的是传统文化的精粹，龙凤、麒麟、龟等祥瑞神兽，牛、羊、马等家畜，竹、菊、梅等植物类，是董府建筑物上的主要装饰图案。

其次，是宗教文化的体现。佛教、道教文化，是董府建筑的突出内容之一。在后院主楼的墙裙下，有两幅砖雕就集中展示了道教文化的内容。第一幅：在一张古典长条桌上，横雕一幅太极图，太极图四角有类似于蝙蝠的抽象图案。桌子上有笔架和笔等，桌子的一头有一张古典造型的椅子，另一头是雕有花纹图案的鼓形小圆凳。第二幅：在一个古典小圆桌上置有类似于花篮的造型，上面是一幅太极图，周围是花叶，两边是舞动着的飘带，雕刻特别细腻，构图非常平静。道教文化，是一种山林归隐文化，其在董府建筑物上得以非常直观的展示。中后院一楼两处题壁诗砖雕上的诗文为董福祥挚友尧都居士所作，极富佛禅玄机。史志多次记载董福祥对固原、吴忠佛教寺庙予以捐助修葺。

体现宗教文化的砖雕，雕刻技法较特殊，在砖雕构图上有其独到之处。一是以古典家具为依托，反映传统文化；二是雕刻技术的运用，在高浮雕的基础上精雕细琢，无论构图还是雕刻工艺，都显得很清秀，在风格上接近于南方雕刻。难怪建筑专家说是南方工艺，尤其是木雕。

另外，对“福”与多子多福的企盼。董府建筑的装饰艺术品里，从大门楼到院内的装饰图案，蝙蝠造型不少。这不但彰显了中国传统文化，也是主人祈福的象征。石榴、葫芦、葡萄等随处可见，这些题材是多子多福的象征，也是北京老四合院里常见的植物。

百年前修建的董府，就是一处规模宏大的建筑艺术精品。

彩画艺术

第三节 科学价值

中国地域广袤，纵跨三个气候带，山区平原交错，民族众多，且都保持着自己的民族特色，这些条件影响着各类中国传统民居形制的形成，展现了丰富多彩的民居面貌。董府的建筑风格反映出民居建筑除了取决于生活要求、气候状况、工程技术等条件之外，也受到当时思想观念和社会形态的巨大影响。

董府建筑群的科学价值包括两个方面，其一，它反映了宁夏地区近代建筑技术水平、生产力发展水平。其二，董府建筑群是研究中国清代西北

夕照中的董府内府墙

地区，特别是季风区域、西北干旱区域和高寒区域三大自然交汇区域建筑布局、艺术造型、民族风格和建筑结构、材料施工的可靠资料。

一、府墙的建造技术

董府的府墙作为少有的且规模宏大的堡寨围墙，其建造方式、修缮方法、灾害迹象不仅对修缮董府有价值，也对宁夏境内遗存明长城的修缮有参考价值。以夯土方式建造围墙为明清两代中国西北的堡寨和长城的主要建筑方式，目前宁夏境内大多数堡寨已损毁。墙体建造技术有版筑和土坯砌筑两种。版筑夯土墙是中国最早采用的构筑城墙的方法。董府的府墙就采用了版筑夯土的方法，墙体是以木板作模，内填黏土或灰石，将虚土夯实至10厘米的厚度，层层夯筑而成。土坯砌筑是宁夏当地常用的民居建造技术，一般选择有一定黏性的土与铡成短节的麦草用水混合制成坯，晒干后就可以砌筑墙体。

二、主体建筑的砖木结构技术

董府建筑群是以砖木为主要建造材质的三路两进四合院，共有房屋116间。董府建筑屋顶采用硬山卷棚顶形制，正脊做成圆弧形，在外观上有温和圆润之美，这种形式多见于北方民居与园林建筑。房屋基本框架为木结构，梁、柱、枋、檩、斗一律选用甘南松，砖石材料用于照壁、墙体和门洞拱券式结构。董府居住用房的木造结构属于清式建造中的大木作小式，最主要的特点是采用六架卷棚顶，檐下无斗拱。所有建筑负重部分全依赖木架，墙体不承重，因而门窗装修部分不受限制可充满下架的空隙，墙壁部分则可无限制减少。屋架结构都采用抬梁式。

砖木建筑结构

大木构架

三、门窗装修技术

董府正门采用一殿一卷式，即一个七檩带正脊的门屋，与一个六檩卷棚顶的雨棚前后勾连而成。门扉安装在中柱的位置，将门屋均分为二，四个门簪的挂匾现已丢失，前檐柱上与额枋间并无雀替。抱鼓石为圆鼓，体量适中，用来制衡厚重的门板。这样的大门在清朝，只能被正一品官员使用。

董府中后院的部分建筑还保留原来的门窗，窗棂为直棂窗，但长棂减少、短棂增多，部分甚至全为短棂相串联。棂条图纹丰富且棂条间装饰件增加蝙蝠、团云、梅竹、人物故事等图样。

门窗装饰

饰 件

四、保温散热技术

董府位于中国北方寒冷地区，房屋主体为砖木结构，墙体则采用当地民居传统的土坯砌筑，厚重坚固。由于冬季干冷偏北风带来的寒冷天气持续时间相对漫长，为了加强建筑保温，节约能量，四合院建筑采用了具有良好封闭性的较厚围护结构，而且院内平面尺度较大，普遍为平顶房，以求在北方纬度较高的寒冷地区获得较多的太阳辐射能。在夏季炎热高温的情况下，四合院中的天井又可以起到“自然空调”的作用，院内温度相比外界有明显下降。庭院热稳定性良好，院内空气温度波动明显低于外界，最高温度出现时间明显延迟。

五、照壁、石雕、木雕、砖雕等装饰技术

董府内院正门位于东墙偏北位置，府门左右各有影壁。左侧已毁，现为清水山墙，仅存右侧。右侧照壁通体青砖砌筑，平脊歇山顶，四角起翘，正脊、垂脊皆装饰花卉砖雕，顶部覆青瓦，檐口用青砖模仿木结构飞檐。壁心用青砖砌筑，斜砖对缝。整个照壁上部保存完好，下部风化、腐蚀严重。

石雕是董府建筑雕刻工艺的另一种形式。府门左右都有直径二尺有余的石雕门墩。右边的门墩侧面花卉尚好，雕刻的动物头部已经被毁坏；左边侧面雕

刻的麒麟尚好。左右石墩上部都刻有趴狮，狮子头部已毁坏。石墩的正面雕有两圈连珠纹饰，中间是由彩带相连接的古钱币造型。柱础石及其雕刻是董府石雕的另一部分。董府建筑整体都是深檐回廊式，廊柱地基用了大量的柱础石。从门庭的过道到整个建筑回廊的柱础石都雕刻有图案，有的是云纹、有的是石榴、有的是莲花纹，还有幸福节。府门两侧对称刻有文字联“铭怀四字”“誓鉴二心”。府南墙、西墙、北墙各开的小门上有石制门匾，分别刻有“小天”“曲径”“余润”“享境”。

董府木雕艺术的表现形式，一是在门楼的垂柱上；二是在中路后院的落地门窗上；三是二层楼阁的栏杆；四是撑拱，撑拱主要在进入董府中院的大门楼上。据统计，董府的木雕有72种图案，由于几十年间所遭到的破坏，许多精华已毁。现存图案多取材于各类传说和日常生活。如中路后院二楼窗雕，采用“暗八仙”及佛教“八宝”的题材，正房两扇门上的人物故事涉及西域人牵怪兽、武松打虎、力士牵象等。

府内现有的砖雕，多在建筑顶基和墙基处，涉足府内，各种砖雕图案随处可见。董府的砖雕图案多与日常生活有关，并且大多是吉祥物。如动物类图案有马、羊、牛、驴、狮、龟、兔、鸟、

饰 件

飞檐翘角

中路后院二楼扶手

鹿等，形象逼真，神态各异。植物类图案有岁寒三友——竹、菊、梅，花草四雅——兰、菊、水仙、菖蒲，以及西红柿、辣椒、白菜等常见蔬菜，仙桃、苹果、向日葵等图案也不在少数。

2006年11月，自治区文物局委托甘肃省文物保护维修研究所对董府古建筑进行全面勘察，对修缮工程范围内现状进行勘察，重点维修对象是府内主体建筑群、府墙及城门楼三部分。

门头题字砖雕

廊心墙下部砖雕

屋面砖雕

屋面砖雕

屋面砖雕

第二篇

董府保护工程修缮勘察设计

第一章　董府现状勘察

一、总体状况

经实地勘察，现董府建筑群总体布局与原布局有一定差距。

护府河、外府墙及外寨现已无存，四周被水田、公路叠压。

内府墙及府内主体建筑保存相对完整，总占地面积11025平方米；府内主体建筑东西长57.1米，南北宽27.1米，占地面积4183.23平方米，总建筑面积8721.91平方米。

建筑群多年未进行修缮，由于屋面松动，普遍存在局部脊饰、瓦件缺失，及部分平屋顶局部坍塌而导致的漏雨现象；梁架部分由于用料较大，保存较好，内院的外檐檐柱多有下沉，前廊台明凹凸不平，地面铺砌也有较大改动；部分外墙墙体松动，特别是墙体下部青砖酥碱较为严重，多数槛墙有破损、拆改，甚至坍塌情况；南北两路厢房前檐墙体全部为后改，门窗除中路以及南北路少量建筑保存原物以外，其他均有较大改变。

二、主要病害分析

由于院落排水不畅，冻融引起的基础变形现象十分普遍；一些建筑前檐台明和檐柱均有不同程度下沉或台明拱起现象，其中以中路后院两侧厢楼檐柱下沉最为严重。

内府墙东门也有下沉，墙体与顶上城楼亦有变形。建筑最大变形30厘米。

经岩土勘察，场地土类型为中软土，场地类型为Ⅱ类，场地环境类别为Ⅰ类。变形原因是建筑地基持力层主要由夯填土组成，夯土层厚0.6−1.5米不等。宁夏地区冻土层1.4米，由于院内排水系统不通畅，积水带来冻融，使得檐部基础变形。另外，也存在农田灌溉、地基夯填不均匀等原因。

第一节　中路建筑及主要病害

一、中路前院北门

进大门南行，为进入中路前院第一道门，处于前院北厢房梢间位置，一间硬山，五檩两坡，垂花门，垂柱下有斜撑。由于基础变形，下沉8厘米左右，致使大门整体倾斜。屋面瓦件松散，木结构梁架松动变形。原大门门扇不存。

二、中路前庭院

院内地面满铺方砖，“十”字缝，已凹凸不平。内置4个防火水缸。院内东南角有后期

中路倒座房

添建的水井，直径1.38米，深2米。

三、中路倒座房

三开间，六架梁，卷棚硬山顶，带前廊。

1. 地面、台基及踏步

台明方砖已凹凸不平，台基和踏步有下沉、歪闪，原踏步已毁。阶条石风化。室内地面水泥铺墁。

2. 柱子及梁架

柱顶石形制为清代鼓镜式。明间左右柱顶石较台明下沉5厘米，其他均存在酥碱现象。部分檐柱柱根有糟朽现象。梁架保存较好，基本没有变形和歪闪。

3. 廊心墙

廊心墙下部为须弥座形式。墙心方砖饰面，部分砖雕已毁。保留裙肩和下碱砖雕，左墙图案为竹与蝠，葡萄与树、马；右墙图案为竹与蝠，三羊、二菜、一莲。均有破损，后期修补过，砖雕有酥碱和残损现象，墙体由于冻融变化，整体略有下沉。

4. 槛墙

槛墙原砖雕已毁，后期用水泥砂浆砌筑，整体下沉。

5. 墙体

山墙与后檐墙墙体下部青砖砌筑，上部内为土坯，外为青砖一眠一斗砌筑。后墙有通体裂缝，下碱砖严重酥碱。室内后期改建时用水泥砂浆抹墙面，导致凹凸不平。

6. 屋面

卷棚顶，瓦垄松动、排列散落，瓦件残损率达30%左右。垂脊有歪闪，部分构件缺失。

7. 装修

前檐为拍电影时添加的临时窗。室内隔断均无。

8. 油漆彩画

油漆脱落，彩绘已无法辨别。

中路前院南厢房

四、中路前院南厢房

五开间，六架梁，卷棚硬山顶，带前廊。东梢间为南院大门。

1. 地面及台基

台明铺“十”字缝方砖，凹凸不平。檐口砖走闪、松动、风化，东次间台明凹陷面积约3平方米。柱础沉于台明下。室内地面后期用水泥铺墁，有后期添建的暖气地沟，上盖预制板。

2. 柱子及梁架

明间和次间檐柱柱顶石严重下沉，廊步由于冻融，地面不平，可见檐柱下沉约10厘米。室内主体梁架基本完好。

3. 门窗

原隔扇不存，现为后期改建，并增加了门窗数量。

4. 廊心墙

原墙心砖雕已毁，后期用水泥砌筑，裙肩和下碱砖雕已残损，现存竹与蝠、竹与马、太极图、案与桌等图案，为后期修补。

5. 墙体

檐墙后期用水泥砂浆砌筑。室内后墙和隔离墙墙皮脱落，下碱墙整体酥碱。西山墙下碱墙坍塌，面积约2.8平方米。

6. 屋面

屋面为卷棚顶，瓦垄松动、排列散落，残损瓦件达40%左右。西面有9垄瓦后期用水泥覆盖，有2米左右山墙脊缺失。

7. 油漆彩画

油漆脱落，彩画已无法辨别。

五、中路前院北厢房

五开间，六架梁，卷棚硬山顶，带前廊。东梢间通往府门。

1. 地面及台基

台明铺“十”字缝方砖（300毫米 ×300毫米 ×60毫米），已风化，凹凸不平，檐口砖松动。室内地面用水泥铺墁，有后期添建的暖气地沟，上盖预制板。

2. 柱子及梁架

柱顶石严重酥碱、剥落，高低不一。有下沉现象，柱根处明显开裂。梁架保存较好。

3. 门窗

原隔扇不存，现为后期改建，并增加了门窗数量。

中路前院北厢房

4. 廊心墙

东西对称，砖雕图案为竹、蝠、菊、葡萄，马等。东面下碱砖雕和裙肩残损，后期修补过，中间部分砖雕已毁，用水泥砌筑。

5. 墙体

檐墙后期用水泥砂浆砌筑，室内后期用白石灰砌墁，下碱墙掉皮，普遍酥碱。

6. 屋面

瓦垄松动、排列散落，瓦件残损率达40%左右，西面9垄瓦后期用水泥覆盖，垂脊松动。大连檐及小连檐有风化、劈裂现象。

7. 油漆彩画

柱子油漆脱落。除平板枋为黄色，略见图案影子，其他未见彩画。

六、中路前院过厅

三开间，六架梁，两层，卷棚歇山顶，四周回廊。一层明间为过厅，二层为董福祥书房。

1. 地面、台明及踏步

前檐台明铺“十”字缝方砖，后台明铺“十”字缝条砖（320毫米 ×150毫米 ×60毫米），前后不一致，均凹凸不平。前后踏步为阶条石二层，前无垂带，阶条石已风化、开裂和歪

中路前院过厅（自东向西）

闪，残损部位用条砖替补。踏步下有排水沟。室内地面铺方砖。

2. 柱子与梁架

柱顶石为鼓镜式。前后檐明间柱顶石已严重酥碱。柱子二层通高，整体向东倾斜约3厘米。明间和次间廊柱上半部油饰、地仗剥落。柱根有糟朽、变形现象。

3. 门窗

明间原隔扇门不存，保留抱框。明间左右门扇上横批丢失，后期用泡沫板仿造代替。隔扇窗为正搭正交万字窗，保存较好。

4. 墙体

室内和室外草泥墙皮局部破损脱落，下碱砖酥碱。南山墙严重下沉，下碱砖严重酥碱，面积约4平方米。

5. 槛墙

过厅前后檐有四处廊心墙和四处槛墙，砖雕有竹与蝠、日月、佛手、菊、卷云、兰草、桃、瓶、梅、笛等，但均出现不同程度的残损。廊心墙下砖雕后期修补过。尤其是后檐两组槛墙，砖雕全无，用水泥砌筑。

6. 楼梯

楼梯分别置于过厅南北两侧，与后院南北厢房连接。南侧楼梯为原物，木质结构，但已残损，踏步凹陷，油漆脱落，二层栏杆缺失。北侧楼梯为后期改建，水泥砌筑，两侧扶手为木质，北侧扶手严重风化、劈裂。

7. 二层楼面

二层回廊楼面铺“十”字缝方砖，已凹凸不平，有下沉倾斜现象，后檐地面方砖开裂3厘米左右。室内木楼板厚约4厘米，多处起翘，不平整，油漆脱落。据考证，原木楼板上还有一层铺砖楼面，考虑建筑负荷问题，此次修缮未恢复砖楼面，保持木楼面做法。

8. 回廊护栏

前后左右护栏整体歪闪，油漆脱落。南面西侧一护栏丢失。

9. 楼层门窗

有前后窗套，方格窗门，窗后期改建，有歪闪和变形。明间后檐门上的横批丢失。

10. 梁架

梁架保存尚好，无吊顶。

11. 屋面

卷棚歇山顶。瓦垄松动、排列散落，瓦件残损率30%左右。由于屋面荷重较大，翼角略有下沉。大、小连檐及闸挡板、里口木有风化、糟朽和折断现象。垂脊松动、歪闪。翼角下风铎丢失，仅存挂钩。

12. 油漆彩画

外檐檩、枋可见彩画，内容大多为旋子及山水画，是该院保存较好的彩画。根据山水画看，应是之后所作。其中南侧外廊处可见椽头彩画和檩枋彩画。栏杆芯板可见绿色油饰，柱子上红色油饰脱落。

七、中路后庭院

正房及南北厢房均为二层，卷棚硬山顶。正房三开间，南北厢房各五开间，围合成院落。后院内置4个防火水缸。院内地面铺席纹条砖，已凹凸不平。

八、中路后院南厢房

1. 地面及台基

台明铺条砖（320毫米 ×150毫米 ×60毫米），凹凸不平，整体下沉、凹陷。室内水泥铺墁。室内保留部分原有的木隔断，并油饰改色。有后期添建的暖气地沟，上盖预制板。

2. 柱子

柱顶石为鼓镜式。柱子通高，檐柱整体下沉约10厘米。柱子油漆脱落，廊柱柱根有糟朽。

3. 梁架

梁架构件粗壮，整体完整，由于檐部下沉较多，有抱头梁梁头拔榫现象，回廊楼面明显向外倾斜。室内原有天花板缺失，根据残留的痕迹可知，原用秫秸吊顶。

中路后院南厢房

4. 门窗

一层门窗为原物，套方拐子锦窗，门格心为正搭45° 斜交几何纹。整体保存较好。左右窗上有木雕花卉图案，共计27个，丢失2个。楼层门为后期改建，材料较薄。窗户保持原状，皆方格拐子锦纹，嵌有“暗八仙”和佛教“八宝”木雕图案，部分木雕丢失。室内后墙后期增开窗。东西山墙开圆形窗，保存较好。

5. 槛墙

一层槛墙有开裂、鼓闪，尤其是东房槛墙，砖雕缺失。

6. 墙体

东西山墙由于基础沉降，引起下沉、开裂和歪闪，墙皮脱落。后檐墙为空斗墙，中间部位有3道裂缝，长3米，宽2厘米，应为沉降变形所致。

7. 廊心墙

东西相对称，砖雕图案有竹与蝠、竹与瓶、牛、象、狮、柿与鹊、菊与卷云。保存较好。

8. 楼地面

一层室内后期用水泥砂浆砌筑。二层回廊铺“十”字缝方砖，已凹凸不平，由于檐柱下沉，楼面向外倾斜5–10厘米。室内木地板油漆脱落，部分开裂。

9. 护栏

护栏随廊柱整体下沉和歪闪，油漆脱落，栏杆上一花墩丢失。

10. 屋面

屋面为卷棚顶，瓦垄松动，排列散落，瓦件残损率达20%左右。垂脊松动、歪闪，椽为斜搭头，存在拔卯现象，椽头风化、劈裂，大小连檐弯垂。

11. 油漆彩画

外檐檩、枋可见彩画，保存较为完好，内容大多为旋子及山水画。根据山水画看，应是之后所作。柱子上红色油饰脱落。

九、中路院正房

为整个建筑群的主要建筑，二层为董氏祖先堂。三开间，六架卷棚顶，带前廊。

1. 台基及踏步

室内地面铺“十”字缝条砖（315毫米 ×115毫米 ×60毫米），凹凸不平。台基高63厘米，砌7层条砖，最上一层以抽砖的形式砌筑，用水泥砂浆勾缝，有松动和歪闪现象。地面铺十字缝方砖，凹凸不平。踏步四级，有垂带。阶条石有风化和歪闪现象，部分裂缝4–5厘米。后台基高30厘米，条砖砌筑。表面覆盖土坯，较为松软，杂草丛生，与南、北院正

中路院正房

房和耳房台基连接。

2. 柱子及梁架

柱子与梁架保存较好，明间和次间廊柱向北略有倾斜。

3. 门窗

一层原四抹隔扇门，三交六碗菱花，有繁复的木雕图案。上裙板刻有花卉图案，下裙板雕有人物故事画。其中，左上裙板花卉图案整体丢失，左下裙板武松打虎图案略残。槛窗上皆雕方格龟背锦纹，其中有16个图案丢失、2个残损。楼层隔扇门不存，为后期改建。窗基本保持原样，皆为套方灯笼锦，有精美的木雕图案，局部残损、缺失。后墙开窗，左右山墙开圆形窗，保存较好。

4. 槛墙及廊心墙

左右槛墙砖雕缺失，水泥砌筑，有酥碱和裂缝。左右廊心墙上下砖雕略残。

5. 墙体

后墙有返潮，下碱砖酥碱。后期开窗已封堵。室内墙壁为后期改建，保存较好。

6. 楼面

楼上有回廊，铺“十”字缝方砖，凹凸不平，北次间略有下沉。护栏外明间约1平方米平台方砖残缺。室内木地板油漆脱落，木板开裂。

7. 护栏杆

油漆脱落，略有风化，有歪闪现象。北次间整体下沉，一花墩丢失。

8. 屋面

瓦垄和垂脊松动，瓦件残损率达20%左右。

9. 油漆彩画

外檐檩、枋可见彩画，内容大多为旋子及山水画，是该院保存较好的彩画。根据山水画看，应是之后所作。柱子上红色油饰脱落。

十、中路后院北厢房

1. 地面及台基

东、西室内分别铺筑水泥和条砖，凹凸不平，有后期添建的暖气地沟，上盖预制板，并保存有隔断和土炕。台明铺“十”字缝条砖（320毫米 ×150毫米 ×60毫米），凹凸不平。

2. 柱子及梁架

檐柱柱顶石及柱子下沉5-10厘米，部分柱根糟朽，油漆脱落。梁架整体较好，檐步因地基夯铺不均匀沉降5-10厘米。

3. 门窗

隔扇门窗与南厢房同，保存较为完好，窗上木雕图案缺失2个。楼层门为后期改建，窗皆为套方拐子锦，木雕图案为佛教“八宝”和“暗八仙”，但有残损、缺失。后墙开窗，其中西侧窗扇丢失，东面残损。

4. 槛墙

砖雕缺失，有下沉和开裂现象。

中路后院北厢房

5. 墙体

室内隔墙为后期改建，用水泥砂浆砌筑。室内后墙由于下沉，内外通体明显开裂，长2.78米，宽5厘米，深约10厘米，墙皮脱落。

6. 廊心墙

东西对称，砖雕有竹与蝠、象、牛、狮、石榴、荷花、牡丹等，保存较好。

7. 楼面

楼面铺“十”字缝方砖，向外下沉约8厘米，凹凸不平。室内木地板油漆脱落，凹凸不平。东次间木地板有被火烧过痕迹，形成460毫米 ×450毫米 ×60毫米空洞，室内有后期添建的木板隔墙。

8. 护栏杆

护栏杆歪闪，随柱子下沉约5厘米。油漆脱落。

9. 屋面

屋面瓦垄松动、散落，瓦件残损率达30%左右。西垂脊残损。

10. 油漆彩画

外檐檩、枋可见彩画，保存较为完好，内容大多为旋子及山水画，根据山水画特点和痕迹，应是后期绘制或补做。柱子上红色油饰脱落。

十一、中路正房南、北耳房

该部分后期曾改做厨房。北耳房后墙和隔墙严重下沉、歪闪，下碱坍塌面积约2平方米，槛墙严重酥碱，坍塌面积0.8平方米。夯土地面，凹凸不平。屋顶为土坯平顶，多处塌陷，后开门，门扇丢失，后窗残损、折断，另一窗被封堵。南耳房也有下沉现象，室内外铺条砖，室外有后期添建的消防井和暖气地沟，作为厨房屋顶后开了两个天窗。后檐墙后改为瓷砖饰面。门窗均为后期改建。棕红色油饰部分脱落，未见彩画。

十二、中路往南院院门

位于中路前院南厢房东梢间。五檩垂花门，由于地基不均匀沉降，导致西侧下沉约10厘米。棕红色油饰部分脱落，未见彩画。

十三、中路倒座南耳房

后期改动较大，失去原貌。室内铺条砖，堆放杂物。后墙开5个窗，现已封堵。下碱砖酥碱。屋顶为土坯平顶，前屋檐坍塌，形成空洞。门前铺条砖，凹凸不平。棕红色油饰部分脱落，未见彩画。

第二节　南路建筑及主要病害

一、南路倒座房

卷棚硬山顶，三开间，六架梁，带前廊。

1. 地面及台基

台明铺“十”字缝方砖，缺失较多，凹凸不平，有整体下沉现象。阶条石严重风化，无踏步。室内有隔断，已残损。

2. 柱子及梁架

明间左右柱顶石已毁，后期用水泥砌筑，但已残。有基础冻融产生的檐柱倾斜与下沉现象（倾斜约3厘米，与现地平相差约10厘米）。明间左右柱子上雀替丢失。室内主体构架情况较好。

3. 廊心墙

由于严重下沉，北面廊心墙已完全坍塌。南面廊心墙部分抹草泥，已残损、

南路倒座房

开裂，留存砖雕竹与蝠、书与笛、兰草、八仙等。下碱砖雕酥碱。

4. 槛墙

左面槛墙严重歪闪，下沉约10厘米，开裂缝大小不一，砖雕缺失。

5. 门窗

门窗改动较大，严重下沉、鼓闪。

6. 墙体

室内严重下沉、开裂、歪闪，南山墙开裂长2.55米，宽5厘米，深约10厘米。后下碱砖酥碱，开裂缝大小不一。

7. 屋面

屋面为卷棚顶，瓦垄松动、排列散落，瓦件残损率达30%左右。垂脊有松动现象。

8. 油漆彩画

柱子油漆剥落，其他部位油漆褪色严重。

二、南路倒座南耳房

平顶，草泥及土盖顶。问题较为严重，主要是墙壁部分整体下沉、走闪，开裂缝大小不一，南山墙鼓闪，下碱墙坍塌，有倒塌的危险，属危房。

三、南路前院南、北厢房

南厢房为董福祥侄孙居室。五开间，带前廊，草泥平顶。北厢房与南厢房存在的问题基本一致。

南路前院南厢房

南路前院北厢房

1. 地面及台基

东次间室内地面铺条砖，多处凹陷，明间室内暴露土地面，凹凸不平，内有隔断，已残损。西次间室内铺方砖，丢失较多。由于院内地面抬高和台基变形，台明与院落高差3厘米左右。

2. 柱子与梁架

柱顶石及廊柱普遍下沉约10厘米，柱子有倾斜现象，油漆脱落。东西廊柱雀替残损。

3. 门窗

门窗全部为后期改建，总体鼓闪、变形，包括后窗。油漆脱落，门板断裂，其中东次间门丢失。

4. 廊心墙

西侧廊心墙失去原貌，后期用条砖和水泥砌筑。

5. 墙体

檐墙下碱砖整体酥碱、剥落，室内后墙均存在下沉和歪闪现象，隔墙多处墙皮脱落、酥碱。

6. 屋面

两流水土坯平顶。屋面土质较厚、松软，东西两端严重下沉，屋面荷重失去原有的平衡，形成中间高，两头低的现象，导致额枋和平板枋弯垂、变形、折损。东南处凹陷约6平方米。

7. 油漆彩画

油漆彩画脱落严重。挂檐板依稀可见原有彩画。

四、南路院过厅

平顶，三开间，草泥土盖顶。

1. 地面及台基

室内地面和台基铺“十”字缝方砖，砖表面风化、剥蚀，凹凸不平。前后踏步为一层，用条砖砌筑，垂带用阶条石，整体风化、剥蚀，残损部位用水泥替补，下沉5-8厘米。前台基左右角坍塌，面积约1.62平方米。

2. 柱子及梁架

柱顶石残损、剥落，尤其是明间前后柱，形成刀牙形状。柱子油漆剥落。据观察，室内梁架基本完好。

3. 槛墙

前左槛墙坍塌面积0.56平方米，北侧槛墙酥减、剥蚀，后檐槛墙同样存在这一问题。

4. 门窗

过厅前后通道门扇已毁，只保留抱框和门槛，前后槛窗鼓闪、变形，室内门扇已残损。

5. 墙体

墙体普遍存在墙皮脱落现象，下碱砖酥碱。墙上还留有“文化大革命”时期标语，清晰可见。

6. 屋面

两流水土坯平顶。屋面土质较厚、松软。屋面荷重失去原有的平衡，前后四个角坍塌，檐口条砖掉落，前檐屋面坍塌2处，面积1.68平方米，南山面坍塌面积约0.77平方米，导致枋子折损、断裂。

南路院过厅（东向西）

7. 油漆彩画

油漆彩画脱落严重。挂檐板依稀可见原有彩画。

五、南路前、后庭院

经多年使用，前院院落地面整体抬高，地面水泥沙石铺墁。

后院院落地面方砖铺墁，中间部分下沉面积约6平方米。院内置4个防火水缸，有后期添建的消防井。

六、南路后院南、北厢房

南、北厢房存在的问题基本一致。

1. 地面及台基

东次间室内铺水泥，后期添建暖气地沟，上盖预制板，明间暴露土地面，西次间铺条砖，整体凹凸不平。室内原有隔断，已残损。

2. 柱子及梁架

檐柱柱顶石普遍酥碱，檐柱下沉。梁架基本完好。

3. 门窗

槛墙门窗均无，现为后期改建。

4. 廊心墙

东西对称，砖雕均残损，其中西面的砖雕被人为抠掉，大多为花鸟图案。整体开裂、下沉。

南路后院南厢房

南路后院北厢房

5. 墙体

室内墙体和后墙下沉、歪闪，墙皮脱落。

6. 屋面

两流水土坯平顶。屋面土质较厚、松软，多处坍塌，屋面荷重失去原有的平衡，有前檐中部拱起、两端耷拉的情况。

七、南路后院正房

1. 地面、台基及踏步

室内地面铺“十”字缝方砖，已凹凸不平，有后期添建的暖气地沟，上盖预制板，有原

南路后院正房

木隔断，保存较好，略有残损。台基铺方砖，同样凹凸不平。台明后期用混凝土和鹅卵石砌筑，厚15厘米，南、北角保留有阶条石。踏步用条砖砌筑，已开裂、风化，垂带有残损。

2. 柱子及梁架

檐柱和老檐柱柱顶石酥减剥蚀，部分柱子通体干缩裂缝，长2.2米，宽约4厘米。梁架有烟熏过的痕迹，尤其是后檐檩、枋折损、断裂，被火烧过的痕迹非常明显。

3. 门窗

原抱框在，门窗为后期改建，有变形，明间门扇丢失。

4. 槛墙

左右槛墙略有下沉，整体开裂、酥碱、剥落。

5. 墙体

室内后墙及右墙角开裂，后墙外皮裂缝，上檐后墙后期改动较大。

6. 屋面

屋面卷棚顶，瓦垄松动、排列散落，瓦件残损率达20%左右。垂脊有松动现象。南山墙脊坍塌约0.5平方米。后出檐已毁，飞椽不存，后期改为封护檐。其原因是该房外曾发生过火灾，后檐被烧毁。

八、南路后院正房南耳房

耳房外有后期加盖的土坯房一间，面积3.8平方米。耳房内铺水泥，后期添建有暖气地沟，凹凸不平。墙体部分有下沉和歪闪现象，下碱砖酥减、塌陷。门窗缺失，槛墙坍塌。檩、椽被烟熏黑，存在的问题较为严重，现属危房。

第三节　北路建筑及主要病害

一、北路院门

位于北路前院南厢房东梢间位置。五檩垂花门。由于基础下沉，该门西角处下沉约6厘米。门扇为后期改建，仅存门框。

二、北路前庭院

院内铺“十”字缝方砖，凹凸不平，有下沉现象。砖层表面严重风化、剥蚀，杂草丛生。院内置4个防火水缸，有后期添建的消防井。

北路倒座房

三、北路倒座房

三开间，六架梁，卷棚硬山顶，带前廊。整体下沉和向南倾斜，存在的问题较为严重。

1. 地面及台基

台明铺“十”字缝方砖（300毫米 ×300毫米 ×60毫米），整体凹陷、下沉，地面凹凸不平，杂草丛生。南面方砖缺失11块，暴露土地面，阶条石风化2块，开裂5厘米。踏步为一层砖砌筑，已凹陷。室内地面铺“十”字缝方砖，凹凸不平，缺失较多，面积约13.5平方米，有后期添建的暖气地沟，上盖预制板。

2. 柱子及梁架

由于冻融带来的基础变形，柱顶石普遍沉降，尤其是明间右侧下沉约10厘米。柱子也整体下沉，右侧廊柱和檐柱向南倾斜约5厘米，南次间廊柱通体劈裂，长2.6米，宽2厘米，深约5厘米。北次间廊柱通体劈裂，长2.86米，宽3厘米，深约4厘米，油漆脱落。

3. 槛墙

槛墙内为土坯，外用青砖作池子墙心，部分青砖缺失，用水泥砌筑，严重下沉、歪闪、开裂，内侧坍塌。

4. 门窗

抱框在，门窗为后期改建，歪闪。南次间窗整体鼓出约8厘米，严重变形。下沉约4厘米。

5. 廊心墙

南北对称，砖雕有竹与蝠、琴、棋、书、画、象、狮等图案。廊心墙下沉，尤其是右面严重下沉，左右中间部分砖雕缺失，后期用水泥砌筑，上下砖雕留存，但已残损。

6. 墙体

室内后墙和两侧山墙下沉、歪闪，开裂缝大小不一，墙皮脱落，有倒塌的可能。南山墙下碱墙坍塌，面积约2平方米，北山墙走闪、开裂，导致构架歪闪。下碱砖酥碱、剥落。

7. 屋面

屋面为卷棚顶，瓦垄排列散落，勾头瓦和滴水瓦丢失63件，瓦件残损率达30%左右。垂脊松动、歪闪。

8. 油漆彩画

柱子油漆脱落，门窗后期油漆为黄色。

该倒座房北侧原有耳房，后期曾作为厕所，留有4个便坑。现耳房已塌毁，夷为平地。

四、北路前院南厢房

为董福祥侄孙居室。五开间，带前廊，平顶，草泥土压顶。

1. 地面及台基

室内铺条砖，凹凸不平。有后期添建的暖气地沟，上盖预制板。台明铺“十”字缝方砖，凹凸不平，台沿铺一层立砖，水泥砂浆勾缝，已开裂、歪闪。

2. 柱子及梁架

柱顶石酥碱、下沉。柱子也有下沉现象，油漆脱落，柱子通体有裂缝。梁架基本完好。

北路前院南厢房

3. 廊心墙

廊心墙已毁，不复存在。

4. 墙体

前檐墙为后期改建。室内后墙及隔离墙下碱砖酥碱，墙皮脱落。

5. 门窗

门窗均为后期改建，已变形，窗花残损。

6. 屋面

两流水草泥土平顶。屋面土质较厚、松软，多处凹陷、坍塌，屋面荷重失去原有的平衡，有前檐中部拱起、两端耷拉的情况。

7. 油漆彩画

油饰脱落，挂檐板彩画依稀可辨。

五、北路前院北厢房

五间，带前廊，平顶，草泥土盖顶。

1. 地面及台基

室内地面分别铺方砖、条砖和瓷砖，还有土地面，凹凸不平，有后期添建的暖气地沟，上盖预制板。台明铺“十”字缝方砖，多处凹陷。

2. 柱子及梁架

柱顶石已毁，现为后期用水泥砌筑，大小不一。柱子均有风化和裂缝现象，油漆脱落，尤其是檐柱，严重糟朽、劈裂。梁架情况较好。

3. 墙体

前檐墙为后期改建。室内隔墙及后檐墙下沉、歪闪，下碱墙酥减，墙皮脱落，其中明

北路前院北厢房

间内贴瓷砖，面积约10平方米。

4. 门窗

门窗均为后期改建，鼓闪、变形，部分窗花残损。

5. 屋面

两流水草泥土平顶。屋面土质较厚、松软，多处凹陷、坍塌，明间檐口鼓起，形成中间高、两头低的状况，致使构架歪闪。后期用木柱支撑，屋面荷重失去原有的平衡。

六、北路院过厅

平顶，三开间，草泥土盖顶。

1. 地面及台基

北房室内暴露土地面，南房室内铺“十”字缝方砖，略有下沉，有后期添建的暖气地沟。台明铺“十”字缝方砖，凹凸不平，砖表面严重风化、剥落，前台基两面拐角处坍塌，方砖散落。踏步下沉、歪闪，阶条石风化、酥碱。

2. 柱子及梁架

柱顶石整体风化、酥碱。明间前后左右廊柱劈裂，油漆脱落。北次间后檐梁架有塌毁，柱子糟朽，已是危房。

3. 槛墙

槛墙严重下沉、开裂和坍塌，其中，前南槛墙坍塌面积约0.91平方米，北槛墙坍塌面积约0.13平方米，后北槛墙完全坍塌（包括槛窗）。所有槛墙上的砖雕已毁，用水泥砌筑。

4. 门窗

抱框在，门窗为后期改建，存在鼓闪、变形现象。过厅通道上的前后门扇已毁。挂落有缺失。

北路院过厅

5. 墙体

室内和室外墙皮脱落，下碱砖酥碱，北山墙有歪闪现象，有支顶。

6. 屋面

两流水草泥土平顶。屋面土质较厚、松软、多处凹陷（南面后檐部分，约2平方米），尤其是北山墙屋面严重坍塌，坍塌面积约1.5平方米。屋面上的枋子和椽子糟朽、断裂，望板风化、劈裂。

7. 油漆彩画

柱子油漆脱落，门窗后期油漆为黄色，挂檐板彩画依稀可辨。

七、北路后庭院

地面铺“十”字缝方砖，凹凸不平，杂草丛生。砖层表面严重风化、剥蚀，中间位置有下沉现象，面积约5平方米。庭院内置4个防火水缸。

八、北路后院南厢房

平顶，五开间，带前廊。草泥土盖顶。

1. 地面及台基

室内水泥地面，并有后期添建的暖气地沟和水池台。前台明铺“十”字缝方砖，凹凸不平，檐口砖松动。后台明已毁，铺一层条砖。

2. 柱子及梁架

柱顶石保存较好，略有下沉。由于冻融，柱子略有歪闪和风化，油漆脱落。局部屋面塌陷导致平板枋、额枋有歪闪和垂弯现象。梁檩走闪，两端檐檩下垂。

3. 廊心墙

东西对称。墙砖均已残损，中间部分缺失，后期用水泥砌筑，下碱砖雕被人为抠掉，大多为花鸟图案。北面廊心墙严重下沉，开裂。

4. 墙体

檐墙为后期改建，室内墙壁墙皮脱落。

5. 门窗

门窗全部为后期改建，有鼓闪和变形现象，出现折损。

6. 屋面

两流水草泥土平顶。屋面土质较厚、松软，有多处凹陷，其中东面严重塌陷，土坯坍塌，坍塌面积约6.72平方米，后期用木柱作为支撑，屋面荷重失去原有的平衡。

北路后院南厢房

北路后院北厢房

7. 油漆彩画

油漆彩画剥落严重。

九、北路后院北厢房

平顶，五开间，带前廊。草泥土盖顶。

1. 地面及台基

室内地面分别铺水泥板和条砖，但土面暴露。后墙基下沉，有后期添建的暖气地沟。台明铺“十”字缝方砖，凹凸不平，部分松动。

2. 柱子及梁架

柱顶石保存较好，略有下沉。两端檐檩下加支撑，柱子略有歪闪和下沉，油漆脱落。

3. 廊心墙

东西廊心墙上下砖雕均残损，中间部分缺失，后期用水泥砌筑，下碱砖雕被人为抠掉，大多为花鸟图案。

4. 墙体

室内隔离墙墙皮脱落，下碱砖酥碱。后墙内砌土坯外包青砖，整体下沉、开裂，尤其是明间后墙下沉22平方米（包括过厅北耳房），整体形成东低、西高的状况。

5. 门窗

门窗全部为后期改建，尤其是后墙窗，有几处鼓闪。

6. 屋面

两流水土坯平顶。屋面土质较厚、松软，多处凹陷、坍塌，形成多处空洞，尤其是屋檐东西两端下沉，西端约下沉2.62平方米，东端约下沉1.65平方米，形成中间高、两端低的状况，后期用木柱作为支撑。

7. 油漆彩画

油漆彩画剥落严重。

十、北路院正房

三开间，六架梁，卷棚硬山顶，带前廊。

1. 地面及台基

室内地面铺“十”字缝方砖，凹凸不平，有后期添建的暖气地沟，上盖预制板。内有隔断，为后期改建。台明铺“十”字缝方砖，凹凸不平，侧砖松动。台基转角处坍塌，北面坍塌面积0.7平方米，砖散落。南面坍塌面积1.85平方米，方砖散落。

2. 柱子及梁架

柱顶石保存较好，略有下沉和歪闪，油漆脱落。

3. 门窗

门窗原抱框在，后期改建，略有鼓闪和变形，门板丢失。

4. 墙体及槛墙

南次间槛墙中间部分内外侧坍塌，形成空洞，面积0.378平方米。北次间槛墙酥碱，下沉4厘米，槛墙上砖雕缺失，现用水泥砌抹。室内墙壁保存较好，

5. 屋面

屋面为卷棚顶，瓦垄松动、排列散落，瓦件残损率达20%左右。垂脊松动、歪闪。

北路院正房

6. 油漆彩画

油漆剥落，有部分后改为黄色。

十一、北耳房

后期曾作为厨房使用，檩、枋被烟熏黑。地面凹凸不平，暴露土地面，室内墙基和槛墙下沉、歪闪，下碱墙坍塌。屋面荷重失去原有的平衡，多处凹陷，室外天窗敞开。通往外院的门和左右门扇丢失，门楣上的字被人为抠掉。台基下沉、歪闪，阶条石风化，问题较为严重。此外，通往耳房的门有变形现象。

十二、府院边门（随墙门）

府院南、北、西三面各有2座边门，通向院外，现仅存4门，其中南存2门，1门额刻字“小天”；西存1门，门额刻字“余润”；北存1门，门额刻字“曲境”。其余2门，1门被拆除，1门被封堵。

第四节　府墙、其他遗存建筑物主要病害和病因分析

一、内府墙

内府墙保存原有布局。平面近似正方形，四角马面外凸，东城墙长116.36米，上宽3.74米，下宽11.95米，高7.44米。南城墙长124.26米，上宽3.74米，下宽7.10米，高7.44米。西

府墙内侧

府墙顶部

城墙长116.36米，上宽3.74米，下宽7.11米，高7.44米。北城墙长124.26米，上宽3.74米，下宽7.11米，高7.44米。建筑面积4545平方米。城墙断面呈梯形。城墙皆黄土夯筑（版筑），夯层厚10厘米。

内府墙为夯土墙，2000年进行了重点维修。维修工程主要分四部分，一是城墙一周内外基础用水泥、石块包砌成虎皮墙。二是内外所有墙面抹厚2厘米（最厚处8厘米）草拌泥。三是城内东墙南北两侧马道用灰砖铺设。四是城墙顶部，外侧用土坯砌筑高1.46米、贯通四周的女墙，并开方形小射孔。墙顶用水泥花砖铺设。

城墙外抹草拌泥，内外基础用水泥、石块包砌虎皮墙是为保护和修补掏蚀的夯土墙采取的后期做法；墙顶满铺水泥砖是为防水采取的措施；和历史照片比较，女墙与原有的垛口墙做法有出入。这次修缮对墙体的保护起到很好的作用，但多处做法违背文物保护理念。

草拌泥面层脱落或空鼓。东墙外墙面垮塌1处，面积20平方米。脱落13处，面积40平方米。内墙面脱落3处，面积315平方米。南墙外墙面脱落40处，面积680平方米；内墙面脱落23处，面积138平方米。西墙外墙面脱落45处，面积560平方米；内墙面脱落面积736平方米。北墙面外墙脱落面积600平方米；内墙面脱落25处，面积200平方米。经统计，内外墙面草拌泥面层脱落及空鼓约3500平方米。

较为严重的垮塌有两处，南墙内侧西端垮塌1处，面积80平方米；东墙内侧北端垮塌1处，面积90平方米，均在上部。

门　洞

门楼背面

二、门洞

东墙北段筑砖砌车棚式城门洞。门洞青砖包砌，砖长31厘米，宽16厘米，厚7厘米，门洞宽3.21米，进深11.957米，高5.24米。基础用砂岩石条铺设，上砌平水墙，高4.17米，其上发券，三券三伏，取中合拢。因门洞上城墙顶雨水渗漏，导致门券砖砌灰浆流失，产生裂缝。

城台外包砌的城砖有多道裂缝，以北侧严重，有通缝2条，缝宽2-5厘米。墙面青砖有整体空鼓现象。

门洞上建有单层三开间歇山顶城楼，四周回廊，翼角翘起。正脊两端鸱吻丢失。垂脊、戗脊歪斜，脊兽丢失，四角风铎缺失。屋顶瓦件松动散乱，望板腐朽。飞椽塌陷，檐口不齐，筒瓦、滴水瓦当缺失。外檐柱有歪闪，墙体有多道通缝。门窗为拍电影时随意安装。室内方砖不全，且下沉。

城门楼的松散变形主要是因城墙顶漏雨，以及大门门洞地面低洼积水，加之冻融，基础与墙体变形所致。

三、内院

城门内府邸四周皆为空地，总面积5737.1平方米。府邸大门前栽有槐树、柳树14株，均为后栽成年树。周边有菜地，对府院建筑和城墙有不利影响。府院四周设有临时办公房、水池、临时厕所等设施。除此之外，主体建筑周围地面均为后期垫土，未硬化，不但抬高了地面，而且成为蓄水层，遇大雨，无法排出。给府院建筑地基带来不利影响。

四、“一”字影壁

紧贴北院倒座房后檐。通体用青砖磨砖对缝砌筑。平脊歇山顶，四角起翘。脊部饰花卉砖雕。青瓦顶，檐口用条砖砌出仿木构建筑飞椽。壁心陡墁方砖（膏药幌子）。四角及中心用铁花箍牵拉。影壁上身保存完好，下碱风化严重，台明砂岩条石酥碱。

迎门“一”字影壁

五、卡子墙照壁

位于府院大门左右两侧，南侧已改建成平水墙，仅存北侧。照壁为砖砌仿木结构形式，平脊前后两坡，脊饰牡丹砖雕，顶铺筒瓦，前后各28垄。砖雕出檐，檐口雕出斗拱7攒，于箍头枋上，攒间嵌砖雕莲鹊、鹊、梅鹊、鸳鸯等图案。两侧撞头素平磨砖对缝，柱头作耳子。墙心陡墁方砖，下碱青砖须弥座。

墙心原有砖雕图案已不存，现为拍电影时所绘毛泽东主席头像。墙体整体走闪约5厘米，下碱酥碱严重，酥碱面积2平方米左右，须弥座已看不出原形。台明条石风化、酥碱。

卡子墙照壁

瓦顶瓦件残缺，檐口柱头耳子亦残缺。

六、府邸大门

位于中路偏北，面东。一殿一卷，硬山。正面起脊，背面为卷棚，有垂花。

大门木构架基本完整，缺失随梁枋两件。屋面瓦件有缺损，两侧山墙墀头处有歪闪，约4厘米。大门前檐斗拱昂头被锯4个，雀替缺失。大门原门扇已无，现门为后补。门内方砖残缺，凹凸不平。该处有后期所建暖气地沟。大门内装屏门缺失，两侧有后期添建房屋，改变了原进入方式。门楣上安挂“宫保府”牌匾为后加。门前抱鼓石开裂风化。

檩枋彩画保留原图案和色彩，保存较好，其他柱等油饰脱落。

七、座山影壁

进大门迎面是座山影壁。上身砖砌仿木结构，下碱砖砌须弥座。平脊装饰牡丹砖雕、贯钱，檐口出飞椽，飞椽下饰梅花、莲花、牡丹、桃鼎、琴、扇、笔砚、双龙、壶杯、瓶柿、棋画、鼎佛手、荷花，菊花等砖雕。素砌撞头，壁心陡墁方砖，中心无纹饰。方砖29厘米 ×29厘米 ×6厘米。屋面置31个勾头瓦，丢失1个，残缺1个。两端翼角砖雕云龙图案，南端已毁，后期用水泥补砌，北端尚存，但有残损。影壁有裂缝。

府邸大门

座山影壁

第二章　建筑做法特征勘察

第一节　台基及地面做法特征

一、台基踏步

其一，各路轴线建筑用条石重新砌筑前后檐明间阶条石和踏步、砖砌象眼。清理台明四周原土夯实，青砖散水宽600毫米。

其二，其他各建筑保持28厘米 ×14厘米 ×6厘米条砖踏步。

其三，清理砖砌台帮，按原规格砖料剔补或添配。阶条石夹肋截头表面剁斧见新，对风化严重的条石，用原规格、原材质的条石剔补。最后打点勾缝，并表面做旧。每层台阶背后用石或砖背好，并灌足灰浆。

台基做法

二、室内地面墁砖

其一，拆下台明和室内需要铺墁部位旧砖或水泥地面，拆除时注意可使用地砖编号，调整暖气沟。尽量保留可以使用的旧砖，拆下的旧砖应集中使用。

其二，清理地坪标高，素土夯实。

其三，抄平，注意保持0.7% 泛水。

其四，3∶7灰、土墁砖。300毫米 ×300毫米 ×60毫米方砖“十”字缝用于各建筑室内。条砖斜纹或拐子锦纹样铺墁用于各建筑厢房前廊。

室内地面砖铺墁

其五，白灰、沙子1：3守严扫净。

三、院落地面墁砖

其一，拆除现有各类地面砖以及水泥地面。

其二，按照院落最高点低于台明最少150毫米的原则，重新找平地面，并向东找1%排水坡。

其三，灰土一步夯实。

其四，3：7灰、土条砖斜纹墁地。

其五，白灰、沙子守严扫净。

院内地面铺墁

基础加固、立柱墩接

第二节　木构做法特征

一、柱子修补

劈裂的檐柱和山柱，先镶木条，后用铁箍加固。若柱类糟朽高度超过柱高的1/3，按原规格更换；不足柱高的1/3，按原规格、用原材料墩接。

柱子墩接采用巴掌榫，搭接长度为柱径的1.5倍，但不得小于400毫米。榫头宽40−50毫米，高40−50毫米。露明柱的墩接高度应不超过柱高的1/5，山柱应不超过柱高的1/3。所有墩接柱子需打铁箍，铁箍搭接不得小于100毫米。

二、檩枋修补

挑顶后检修各类檩枋，榫头完整的，将拔榫处归位，并在接头处两侧各用一铁拔锔加固；檩榫头折断或糟朽时，取出残损榫头，按原做法另加一个硬杂木榫头。劈裂的檩枋，裂缝宽度小于5毫米的，加2–3道铁箍加固，防止檩枋继续开裂；裂缝宽度大于5毫米的，先镶木条，后用铁箍加固。对有彩画的木构件用铁箍加固时，尽量减少对彩画的破坏。将前后檐明、次间梁枋和柱脱榫归位，然后用铁箍加固。

对平板枋进行检修，弯垂超过其长度的1/100，无严重的糟朽、劈裂现象时，可在拆卸后将构件反转放置，用重物加压；劈裂的用铁板加螺栓加固；脱榫的归位或另加新榫。

三．梁架构件修补

瓦顶拆除后检修梁架，拔榫的双步梁枋归位，并用铁箍加固，以加强梁枋和柱的连接。大梁出现劈裂：裂缝宽度小于5毫米的，先镶木条，用环氧树脂加木条进行镶嵌，防止梁继续开裂；裂缝宽度大于5毫米的，先镶木条，用环氧树脂加木条进行镶嵌后用2–3道铁箍加固。

梁底部劈裂处理：裂缝宽度小于5毫米的，加2–3道铁箍加固，防止梁继续开裂；裂缝宽度大于5毫米的，先镶木条，后用铁箍加固。

第三节　墙体做法特征

一、槛墙修缮做法

其一，需拆砌的槛墙按丝缝方法青砖砌筑。

其二，剔凿挖补里面需用灰背实。

其三，现状有土坯作里的槛墙应保持原做法。

二、外墙修缮做法

凡拆砌的墙体外皮上身采用一砖一卧墙做法，墙身内部用一甃一卧土坯墙做法。注意保留透风。砖的强度标号要求达到 MU7.5。

第四节　屋面做法特征

屋顶瓦面拆除

头遍泥背

一、坡顶屋面修缮做法

以揭顶检查确定的做法为准。

1. 拆除瓦顶、苫背和苇席

按原规格、式样补配劈裂、糟朽严重的脑椽、花架椽、檐椽、飞椽；按原规格补配大、小连檐、瓦口。重新替换苇席，更换风化及糟朽的望板。

2. 泥背

苇席、望板上20毫米护板灰一层，其上做2-3层泥背，每层泥背厚度不得超过50毫米，每苫完一层后，都要拍背。其上做麻刀灰一层。

3. 瓦瓦

重新添配筒板瓦，补配正脊、垂脊、戗脊，重新添配正吻、垂兽、戗兽和套兽。

二、平顶屋面修缮做法

拆除时记录原做法，按原做法修缮。

苇席上20毫米护板灰一层（注意有的地方不用护板灰，而用100-150毫米麦秸的民间做法），其上做2-3层泥背，每层泥背厚度不得超过50毫米，每苫完一层后，都要拍背。其上做麻刀灰一层。苫背后再抹3厘米厚滑秸泥。

第五节　装饰特征

一、门窗装修做法

拆除所有后改平开门及后换门窗。中路、南路和北路院轴线建筑明间做六抹隔扇门，前檐次间做槛墙及槛窗，缺失的窗心参照院内保存完好的样式恢复。各院南、北厢房按当地同时期形式复原。

二、室内隔断装修做法

室内隔断参照南路后院正房原有木隔断形式，根据展示需要安装制作。

三、天花顶棚装修做法

原建筑为秫秸顶棚，棚上海墁壁纸。考虑现代使用，可以采用现代轻质材料吊顶，

厢房门窗拆除

以便于拆除。

四、油漆彩画装修做法

1. 油漆

各建筑油漆脱落严重，绝大部分需要重做。

（1）砍去全部旧有灰皮、地杖。砍挠打扫。刷油浆一道。

（2）外檐柱、额枋四道灰，室内梁架天花板以下木构件三道灰。

（3）光油三道。梁、柱、檩棕红色，平板枋黄绿色（参考原构件和地方习惯颜色）。木栏杆花心参照原构件油绿色。

2. 彩画

（1）府邸大门檩上保留了早期彩画，是绘制彩画的主要参考，清扫保留。中路后院各建筑前檐可见檩枋、额枋、檐头彩画，尽量清扫保留。

（2）其他建筑在额枋、普拍枋、椽头饰彩画，图案参考保留的彩画。

（3）平顶建筑挂檐板彩画应将原彩画图案描绘记录下后，重新绘制。

五、石构件修缮做法

石构件尽量保留原构件，对风化的构件采用化学保护的方法，具体做法由具有专业资质的单位经现场材料试验后确定。

补配的构件使用同样质地石材。

第四篇

董府修缮工程设计

第一章　董府修缮工程设计性质与原则

第一节　工程范围及性质

根据存在问题、残损程度、病害情况等，董府修缮工程重点修缮对象是府内主体建筑群、府墙及城门楼。府内基础设施（给水、电力、排污等）、府墙外环境及外围排水沟渠作为下一期项目实施。本次抢险加固维修集中在地基、屋顶，以及于20世纪五六十年代添建、修建的墙体和门窗部分，对这些局部残损、不满足保护功能要求部位进行重点修缮。为了更好地保护文物的原貌，此次抢险加固维修对于不能明确年代部位，做现状修缮。

维修内容主要有三类：第一类为各建筑维修（主体建筑群、府墙与府墙门、门楼），第二类为构建加固防护（石质构件、保留的彩画、木构件），第三类为内院地表排水（府墙内整体地平整理）。

第二节　结构保护修缮意见

一、关于内府

1. 府墙

平面略呈正方形，每侧长约120米，墙高8.5米，梯形截面上宽3.74米，底宽7.1米。墙主要为土筑，墙下部距自然地面1米左右范围内砌有砖石虎皮墙。经查墙表泥皮因施工结合不好多有脱落，局部墙体有非贯通性裂缝。残损状况主要分布于沿墙高度方向的中部，总体来看西北侧墙较东南侧墙残损严重，外侧又较内侧严重，说明风雨侵蚀和寒冷的气候环境，及墙顶渗水并反复冻融是这些裂缝形成的非施工性原因。

2. 府门楼及门洞

门洞为砖砌，基础为砂岩石条铺设，墙角处多有纵裂。其上城楼为木构歇山式屋顶，经查由于屋面瓦件残损松动，造成望板腐朽，飞椽塌陷。大木结构，除廊柱有部分风裂外，尚无强度不足或结构失稳迹象。由于城楼地面塌陷，积水渗漏，造成城门洞顶拱券纵向灰浆脱落，形成通缝，由于拱券未发现强度破坏和横向变形，应视为无结构危险。

3. 府墙及门楼修缮

（1）重新翻修府墙顶部地面，增加防水层和地面坡度，做好汇水部分的防水构造。

（2）采用筑府原材料，填充府墙较宽的裂缝。

（3）在府墙内外两侧根部增铺宽度120厘米的砖砌散水。

（4）用白灰砂浆灌注府门洞拱券裂缝，并重铺城楼地面。

（5）落架重修门楼。

二、关于府院

1. 大木结构

纵观南、中、北三路六院平房及楼房的梁柱结构，未发现糟朽、过大变形或榫卯严重脱离现象，因此可以评价为结构均基本完好。个别屋面结构因瓦件松动、脱落移位造成椽望或连檐部分变形和糟朽，建议局部挑顶修缮。

2. 地基

根据宁夏综合勘察院《岩土工程勘察报告》所载，宏观场地土为中软土层，属非液化场地，地基土稳定。但微观董府内院地基土以填土为主，且极不均匀（厚度为1.5−3.5米），根据历史所载，地基填土曾经过夯实，从该建筑群百年历史观察，地基变形应已稳定，未见地基有明显下沉的现象。

经过对现状房屋的沉降观察，发现柱基变形主要集中在中、南路前后院的厢房廊柱和内府大门等处，表象为柱础部分或全部陷入地面。考虑到上部二层柱沉降迹象并不明显，檐口基本平直，说明沉陷并非全由基础下沉造成，而是由地基土冻胀上拱，二者叠加所致。当然，个别柱基轻微的地基下沉可能存在，但不会超出允许值，亦不会对房屋结构造成安全影响，不需为此对结构落架重做基础。

3. 柱基修缮

（1）借此次楼地面卸载重修之机，适当打牮拨正变形诸柱。

（2）利用灌浆法加固软弱地基。

（3）重新铺装院落地面，使雨水排水顺畅。

第三节　修缮工程主要措施

按照国家文物建筑修缮工程的标准，针对每座建筑的病害程度，采取三类修缮措施。

Ⅰ类措施：保养工程，即不改动文物现存结构、外貌、装饰、色彩而进行的保养维护。包括局部补漏、检修。

Ⅱ类措施：维修工程，以结构加固处理为主的维修加固工程。要求保存文物现状或局部恢复原状。工程包括揭瓦顶、打牮拨正、局部落架维修或更换毁坏的构件、墙体拆砌或支顶。

Ⅲ类措施：去除不合理的后加部分，恢复原状。针对建筑局部塌毁情况，为结构安全，有必要按原样恢复已残损的结构，并同时改正以往使用中不合理的增添或去除的部分。

院内地表排水：针对内府墙内院落地坪标高改变，提出排水措施。

修缮措施

序号	名称	措施类别	备注
1	内府墙府门	Ⅲ类修缮	重点维修、基础加固
2	内府墙城门楼	Ⅲ类修缮	局部落架维修
3	府院大门	Ⅱ类修缮	挑顶维修，补配木构件
4	卡子墙照壁	Ⅰ类修缮、Ⅲ类修缮	北卡墙剔补，南卡墙恢复
5	座山影壁	Ⅰ类修缮	局部剔补青砖
6	“一”字影壁	Ⅰ类修缮	局部剔补青砖
7	中路前院北门	Ⅲ类修缮	挑顶维修，打牮拨正
8	中路前院南门	Ⅲ类修缮	挑顶维修，打牮拨正
9	中路前院倒座房	Ⅲ类修缮	挑顶维修，打牮拨正
10	中路前院南厢房	Ⅲ类修缮	挑顶维修，打牮拨正
11	中路前院北厢房	Ⅲ类修缮	挑顶维修，打牮拨正
12	中路过厅	Ⅲ类修缮	挑顶卸载，基础加固，调檐柱
13	中路后院南厢房	Ⅲ类修缮	挑顶卸载，基础加固，调檐柱
14	中路后院北厢房	Ⅲ类修缮	挑顶卸载，基础加固，调檐柱
15	中路正房	Ⅲ类修缮	挑顶卸载，基础加固，调檐柱
16	中路正房南耳房	Ⅲ类修缮	挑顶维修，打牮拨正，墙体拆砌
17	中路正房北耳房	Ⅲ类修缮	挑顶维修，打牮拨正，墙体拆砌
18	南路北门	Ⅱ类修缮	挑顶维修
19	南路倒座	Ⅱ类修缮	挑顶维修
20	南路倒座南耳房	Ⅲ类修缮	落架维修
21	南路前院南厢房	Ⅲ类修缮	挑顶维修，前檐恢复槛墙槛窗
22	南路前院北厢房	Ⅲ类修缮	挑顶维修，前檐恢复槛墙槛窗
23	南路过厅	Ⅲ类修缮	挑顶维修
24	南路后院南厢房	Ⅲ类修缮	挑顶维修，前檐恢复槛墙槛窗
25	南路后院北厢房	Ⅱ类修缮	挑顶维修，前檐恢复槛墙槛窗
26	南路正房	Ⅲ类修缮	挑顶维修
27	南路正房南耳房	Ⅲ类修缮	挑顶维修

续表

序号	名称	措施类别	备注
28	北路大门	II类修缮	挑顶维修
29	北路前院倒座	II类修缮	挑顶维修
30	北路前院南厢房	II类修缮	挑顶维修，前檐恢复槛墙槛窗
31	北路前院北厢房	III类修缮	局部落架维修，前檐恢复槛墙槛窗
32	北路过厅	III类修缮	局部落架维修
33	北路后院南厢房	III类修缮	局部落架维修，前檐恢复槛墙槛窗
34	北路后院北厢房	III类修缮	局部落架维修
35	北路后院正房	III类修缮	挑顶维修
36	北路后院正房北耳房	III类修缮	局部落架维修
37	府院边门	III类修缮	挑顶维修
38	角台	II类修缮	局部维修
39	内府墙东墙	II类修缮	局部垮塌部分拆砌
40	内府墙北墙	II类修缮	局部抹灰维修
41	内府墙西墙	II类修缮	局部抹灰维修
42	内府墙南墙	II类修缮	局部抹灰维修，局部垮塌部分拆砌

第二章　董府修缮工程设计内容

中路建筑修缮设计

序号	建筑名称	部位名称	残损现状	修缮内容
1	中路前院北门	屋顶	瓦面松散	挑顶维修，补配瓦件30%
		梁架、柱子	构架松动，有倾斜	挑顶后打牮拨正
		墙体	局部塌毁，大门遗失	廊心墙拆砌，重补大门
		地面	凹凸不平	重铺地面，补配方砖20%
2	中路前院南门	屋顶	瓦面松散	挑顶维修，补配瓦件30%
		梁架、柱子	构架松动，有倾斜	挑顶后打牮拨正，调正柱子
		墙体	局部塌毁，大门佚失	廊心墙拆砌，重补大门
		地面	凹凸不平	重铺地面，补配方砖20%
3	中路前院倒座房	屋顶	瓦垄松动，瓦件残损率达30%	挑顶维修，按原规格补配瓦件30%
		梁架	构件下沉	梁架打牮拨正，对裂缝较大、较多的构件使用木条镶补，调正柱子
		柱子	柱子内倾，前檐下沉5厘米；有糟朽	采用巴掌榫墩接，搭接长度为柱径的1.5倍，但不得小于400毫米；榫头宽40-50毫米，高40-50毫米；露明柱的墩接高度应不超过柱高的1/5，山柱应不超过柱高的1/3；所有墩接柱子需打铁箍，铁箍搭接不得小于100毫米
			檐柱柱顶石下沉5厘米，且有酥碱	尽量保留可以承重的柱顶石原构件，采取防护方法保护，不可使用的按原样补配
		墙体	廊心墙下沉3厘米，砖雕有酥碱和残损	采用280毫米×140毫米×60毫米青砖按原有形制砌筑挖补下碱
		地面	凹凸不平	300毫米×300毫米方砖重铺地面、台明
4	中路前院北厢房	屋顶	大连檐及小连檐有风化、劈裂；脊饰后改	挑顶重铺屋面，按原规格和材质更换风化的大、小连檐，补配瓦件和脊饰
		梁架	有局部歪闪	梁架打牮拨正，调正柱子
		门窗	原门窗佚失	拆除后期改建的门窗，恢复传统的六格扇门。门窗用一等红松，强度等级 TC13，含水率不得大于12%
		墙体、地面	墙体均有不同程度酥碱，墙皮局部剥落；檐墙后人用水泥砂浆砌筑	槛墙按原有形制重砌，表面用290毫米×290毫米×65毫米青砖铺砌池子，并添配岔角；拆除现代改建的墙体及水泥地面，归安台明，用方砖重新铺墁台明和地面

续表

序号	建筑名称	部位名称	残损现状	修缮内容
5	中路前院南厢房	屋顶	瓦件有松动	挑顶重铺屋面，按原规格和材质补配瓦件30%
		梁架、柱子	柱础下沉至台明下；明间、次间柱顶石下沉约10厘米，并有酥碱	调正前檐檐柱；柱顶石表面保护，缺失的按原有规格添配
		墙体	檐墙后人用水泥砌筑，室内改水泥地面；墙体酥碱，墙皮局部剥落	拆除现代改建的墙体，按传统做法重砌；剔除水泥地面，重新铺墁
		门窗	后人改建门窗，并增加了门窗的数量	拆除后改建的门窗，对部分门窗进行复原；门窗用一等红松，强度等级TC13，含水率不得大于12%
6	中路前院过厅	屋顶	瓦垄松动，瓦件残损30%；翼角下风铎佚失	按原规格补配瓦件30%
		梁架	前檐下沉；抱头梁有拔榫	挑顶卸载，基础加固，梁架打牮拨正，对裂缝较大的木构件用木条镶补
		柱子	前后明间柱顶石酥碱，柱子东倾约3厘米	抬升前后明间柱顶石，调正柱子
		墙体	后檐两组槛墙砖雕缺失，后人用水泥砌筑	剔除后檐两组槛墙表面水泥砂浆；按原形制、原工艺剔补槛墙残损部分
		楼面栏杆	由于檐部变形，栏杆倾斜，楼梯栏杆有缺失	回廊楼面方砖卸载后重铺，修整室内木楼面，修整外栏杆，补配木楼梯栏杆
		门窗	后改	按原形式补配门窗
7	中路后院南厢房	屋顶	瓦垄松动，瓦件残损率达30%	挑顶卸载，基础加固
		梁架、柱子	前檐柱及金柱均下沉，檐柱下沉约8厘米	梁架打牮拨正，对裂缝较大的木构件使用木条镶补；前檐柱调正
		椽	椽为斜搭头，存在拔卯现象，椽头风化、劈裂，大小连檐弯垂	整修椽结构，补修或更换糟朽椽，更换50%
		楼面栏杆	由于檐部变形，栏杆倾斜，楼梯栏杆有缺失	回廊楼面方砖重铺，修整室内木楼面，修整外栏杆，补配木楼梯栏杆
		墙体	槛墙下沉、开裂、鼓闪，东槛墙砖雕佚失	拆砌槛墙，用原形制青砖补配；表面用300毫米×300毫米×65毫米青砖铺砌，并添配岔角
		门窗	门窗有不同程度的损坏，左右窗上木雕花卉佚失2个	按原状整修门窗，补配左右窗上佚失的2个木雕花卉；彩画清扫保留
8	中路后院北厢房	屋顶	瓦垄松动，瓦件残损率达30%	挑顶卸载，基础加固
		梁架、柱子	柱顶石及柱子严重下沉10厘米，柱根糟朽，油漆脱落	卸载后调整前廊柱子 根部糟朽的柱子采用巴掌榫墩接，搭接长度为柱径的1.5但不得小于400毫米；榫头宽40-50毫米，高40-50毫米；露明柱的墩接高度应不超过柱高的1/5，山柱应不超过柱高的1/3；所有墩接柱子需打铁箍，铁箍搭接不得小于100毫米
		墙体	槛墙砖雕缺失，有下沉和开裂；室内墙壁为后期改建，水泥砂浆砌筑	槛墙按原有形制用300毫米×300毫米×65毫米青砖铺砌，并添配岔角

续表

序号	建筑名称	部位名称	残损现状	修缮内容
9	中路后院正房	梁	六架梁通体外侧有细微裂缝	梁架打牮拨正，对裂缝较大木构件使用木条镶补；前檐柱调正
		墙体	槛墙后人用水泥砌筑，有酥碱和裂缝	剔除槛墙水泥，挖补酥碱和裂缝的部分
		门窗	槛窗有16个图案丢失，2个残损；门窗后人改建	补修槛窗16个丢失的图案，添补残损2个图案；门按照现状整修，窗按现有形制补修
10	中路后院正房南、北耳房		改动大，残损严重	挑顶大修，打牮拨正，墙体拆砌，门窗恢复传统式样，地面重新铺墁条砖

南路建筑修缮设计

序号	建筑名称	部位名称	残损现状	修缮内容
1	南路北门		有下沉	挑顶维修，调整柱子，地面重新铺墁
2	南路前院倒座房	屋顶	瓦垄松动，瓦件残损率达30%	挑顶维修
		梁	构件下沉，有裂缝	梁架打牮拨正，对裂缝较大、较多的构件使用木条镶补
		柱子	檐柱南倾斜约3厘米，下沉约10厘米；明间左右柱顶石已毁，后人用水泥砌筑	抬升檐柱、明间柱顶石，调正柱子
		墙体、地面	墙体开裂，地面凹凸不平	补修墙体局部洞；槛墙用原形制和材质重新拆砌；地面重新铺装
		门窗	原门窗缺失	保留抱框，补配门窗
3	南路前院倒座房南耳房		建筑为危房，墙体下沉，部分下碱塌毁	挑顶大修，墙体拆砌；柱顶石按设计尺寸添配；补配门窗；地面采用280毫米 ×140毫米 ×60毫米青砖席纹细墁
4	南路前院南厢房	屋顶	平顶，檐口中部拱起，两端下垂	挑顶维修，调整檐口，屋面重铺
		梁架、柱子	廊柱顶石普遍酥碱，柱子下沉	按柱头标高调整柱下高度，修补加固柱础
		墙体、地面	四周墙体酥碱、脱落、下沉，后墙均存在下沉和歪闪	按原有形制补砌墙体；廊心墙去除泥层和水泥，局部拆砌；地面重新铺墁
		门窗	门断裂、残损；前檐后改	参照中路后院厢房的形式恢复槛墙及槛窗

续表

序号	建筑名称	部位名称	残损现状	修缮内容
5	南路前院北厢房	屋顶	平顶，檐口局部拱起或下垂	挑顶维修，调整檐口，屋面重做
		梁架、柱子	廊柱顶石普遍酥碱，柱子下沉	按柱顶调整柱下高度，修补柱础
		墙体、地面	四周墙体酥碱、脱落、下沉，后墙均存在下沉和歪闪	按原有形制补砌墙体；廊心墙去除泥层和水泥，局部拆砌；地面重新铺墁
		门窗	门断裂、残损；前檐后改	门窗恢复为原有形式
6	南路前院过厅	屋顶	屋顶四角坍塌，前面坍塌2处，面积1.68平方米；檐口板残损；砖雕残损	挑顶维修，对枋子进行补修；对檐口板进行加固、补修；重铺屋面
		梁架、柱子	柱顶石风化	对柱顶石加固
		墙体、地面	槛墙酥碱，墙体下碱酥碱	槛墙拆砌，部分墙体剔补，保留“文化大革命”时期标语，补全残损的砖雕
		门窗	门扇残损	按原形制、原纹样补修
7	南路后院南厢房	屋顶	屋面土质厚、松软，檐口不平	挑顶维修，调正檐口
		柱子	廊柱顶石普遍酥碱，柱子下沉	按柱头调整柱子，修补柱础石
		墙体	墙下沉、外闪，墙皮脱落	局部拆砌墙体，按原有形制补砌墙体；补配廊心墙砖雕
		门窗	门窗为后人改建，整体鼓闪、变形	恢复槛墙，门窗恢复为传统形式
8	南路后院北厢房	墙体、门窗	檐墙后人改建并增加了门的数量；室内后人加建隔离墙；四周墙体酥碱、脱落、下沉	拆砌檐墙，将门窗按设计恢复为传统形式；拆除室内后人加建隔离墙；槛墙用方砖铺砌，并补配岔角
9	南路后院正房	屋顶	瓦件残损，后檐墙改动过，飞椽缺失	挑顶维修，屋面重做
		梁架、柱子	廊柱和檐柱柱顶石酥碱剥蚀，柱子劈裂	打牮拨正；添补柱子裂缝；更换折断的后檐檩枋，后檐参照北路后院正房做法，复原飞椽
		墙体、地面	槛墙酥碱、剥落，局部有后人加水泥抹灰	墙体按280毫米×140毫米×65毫米、一斗一眠砌筑；墙体内部采用原有规格土坯砌筑，剔除台明水泥，方砖重新铺墁
		门窗	门窗佚失	补配侧门，形式参照中路院侧门；窗按原有形制和材质补修
10	南路后院正房南耳房	屋顶	屋面苇席破损	挑顶，更换苇席屋面，整修屋面塌陷部分
		墙体、门窗	槛墙酥碱、剥落；门窗佚失	墙体拆砌，恢复槛墙，补配门窗；地面重新铺装

北路建筑修缮设计

序号	建筑名称	部位名称	残损现状	修缮内容
1	北路大门		有下沉	挑顶维修，打牮拨正；补配门扇；地面重新铺装
2	北路前院倒座	屋顶	屋面瓦垄排列散落，瓦件残损率达30%，勾头滴水多处佚失	更换残损瓦件，补配勾头滴水，归整排山勾滴
		梁架、柱子	前后檐柱下沉	梁架打牮拨正，对裂缝较大、较多的构件使用木条镶补
		墙体、地面	左、右槛墙为后人水泥砌筑，下沉，内侧坍塌；四周墙体开裂、下沉；左右廊心墙为后人水泥砌筑，下沉，上、下砖雕残损	槛墙表面用300毫米×300毫米×65毫米青砖铺砌方砖，并添配岔角；按原有形制补砌墙体；廊心墙剔除表面水泥砂浆，按原样、原尺寸、原工艺补砌；地面补配方砖；山墙局部拆砌
		门窗	为之后改建	门窗按设计恢复传统形式
3	北路前院南厢房	屋顶	屋面多处凹陷；东、西两端下沉	补修屋面凹陷部分，按原规格补配
		柱子	廊柱柱顶石酥碱，下沉约5厘米，柱子油漆脱落，劈裂	按照原形制补配廊柱柱顶石，抬升廊柱约5厘米；按原规格、原材质更换糟朽的柱子
		墙体	后墙及隔墙下碱砖酥碱，墙皮脱落；室内为后人加建隔离墙体	按原材质、原规格挖补后墙下碱砖酥碱部分；重砌檐墙，恢复为传统形式；按设计补砌廊心墙；拆除室内后人加建的隔离墙体
		门窗	门窗为后人改建，变形、残损	门窗按设计恢复为传统形式
4	北路前院北厢房	屋顶	屋面凹陷、坍塌，东、西两端明显下沉，檐口起伏不平	补修屋面凹陷部分，按原规格补配，平整檐口
		梁架	构架歪闪，为后人用木柱支撑	梁架打牮拨正，对裂缝较大、较多的构件使用木条镶补
		柱子	柱顶石已毁，现为后人用水泥砌筑，大小不一；柱均风化，有裂缝，油漆脱落，其中檐柱糟朽、劈裂	按照原形制补配廊柱柱顶石，对裂缝较大、较多的构件使用木条镶补
		墙体	后墙及隔墙下碱砖酥碱，墙皮脱落	按原材质、原规格挖补后墙下碱砖酥碱部分；重砌檐墙，恢复为传统形式；廊心墙按290毫米×290毫米×60毫米进行修补，添配岔角
		门窗	门窗有残损	门窗按设计恢复为传统形式

续表

序号	建筑名称	部位名称	残损现状	修缮内容
5	北路前院过厅	屋顶	屋面有塌毁	挑顶维修，屋面重做，更换折断的檩、椽
		梁	平梁残损	对平梁剔补，并用铁箍加固，更换山面平梁
		柱子	柱顶石风化，柱子有裂缝	修补柱顶石，修补柱子裂缝
		墙体	槛墙坍塌，面积约0.91平方米，槛墙上砖雕已毁，用泥砌筑	槛墙仿照北路院倒座形制拆砌，添配岔角
		门窗	门窗佚失	参照中院侧门补配
6	北路后院南厢房	屋面	土质松软，多处凹陷，其中东面严重塌陷，后期用木柱作为支撑	挑顶维修，重铺屋面
		梁架、柱子	柱子下沉，构件变形	抬升下沉柱子
		墙体、地面	廊心墙中间部分后人用水泥抹面，左面廊心墙下沉、开裂，下部许多砖缺失，且风化、酥碱严重；地面部分水泥凹凸不平	对廊心墙风化、酥碱的青砖进行剔补，方砖补砌墙心；槛墙仿照北院倒座形制砌筑，并添配岔角；地面重新铺墁
		门窗	后期改建，有折损	重砌槛墙，恢复传统门窗
7	北路后院北厢房	屋顶	屋顶凹陷、坍塌	挑顶维修，修整构件，重做屋顶
		梁架、柱子	檐柱下沉	抬升檐柱及山柱，按实际柱高的1%掰升
		墙体、地面	明间后墙下沉22厘米	后墙挖补残损部分，明间后墙拆砌
			槛墙坍塌	槛墙参照北路院倒座形制砌筑，并添配岔角
			外墙后改	按原材质重砌檐墙
		门窗	门窗均为后期改建	门窗按设计恢复为传统形式
8	北路后院正房	屋顶	瓦垄松动，垂脊松动，瓦件残损率达20%	挑顶维修，屋面重做
		梁架、柱子	柱子略歪闪和风化，油漆脱落	拨正梁架柱子
		墙体	外墙残损	墙体按280毫米×140毫米×65毫米、一斗一眠砌筑，墙体内部采用原有规格土坯砌筑
			一边槛墙正中塌落成洞，一边槛墙下沉4厘米，后人用水泥抹面	槛墙参照北路院倒座形制砌筑，并添配岔角
9	北路后院正房北耳房		曾做厨房，墙基与槛墙有下沉，屋顶多处凹陷	挑顶维修，墙体拆砌，恢复槛墙和传统门窗，地面条砖铺墁

府墙及其他遗存修缮设计

序号	建筑名称	部位名称	残损现状	修缮内容
1	内府墙府门		外墙沉降，外包砖有空鼓，门洞内有通缝	基础加固，局部外包砖墙体拆砌，券门内下部酥碱城砖剔补，局部垮塌的拆砌；地面标高按排水要求调整
2	门楼	屋顶	戗脊歪倒松动，四角风铎佚失	根据府门基础加固情况，挑顶落架，台明下做防水层（SBS），保证城门洞上部不渗水；按原形制、原材料归安；补配缺失构件及翼角风铎
			飞椽塌陷，檐口不齐	按原规格更换腐朽的飞椽
		墙体	府墙边墙皮脱落，墙体垮塌；两侧平水墙开裂八字缝，缝宽2–5厘米	拆砌墙体，按一斗一眠砌筑
		门窗	门窗佚失，后人加建	门按设计恢复
		地面	地面290毫米×290毫米青砖，佚失20%，凹凸不平	室内外采用290毫米×290毫米×65毫米青砖“十”字缝细墁，尽量利用原有青砖
3	府院大门	屋顶	屋面瓦件松动，有缺损	挑顶重铺屋面，按原形制添补缺损瓦件和脊饰
		梁架、斗拱	局部构件缺失	补配缺失的木构件；拆除两侧后建的房屋；补全4个残缺的斗拱，并添配丢失的拱眼板
		墙体	墀头墙歪闪	拆砌墀头墙
		装饰	北侧抱鼓石通裂，大门非原物，屏门缺失	修补通裂的抱鼓石；补配四扇屏门；恢复两侧进入的布局；清扫檩上彩画，不可重绘
		地面	地面300毫米×300毫米青砖松动	修补松动地面砖，补配缺失部分
4	卡子墙照壁	墙体	北侧砖雕墙后抹面，瓦件有残缺，南侧拆毁	北侧剔补酥碱墙体，补配缺失瓦件，南侧拆除后建建筑，按北侧照壁复原
5	座山影壁	墙体	局部瓦件丢失，有水泥抹砌	剔除水泥抹面，剔补砖面，局部松动瓦件修补
6	“一”字影壁	墙体	下碱风化严重	剔补风化砖体，清理周边地坪，青砖散水宽600毫米，保持排水通畅
7	府院边门			恢复南、北、西三面共6处随墙门，拆去封堵砌体，补配板门
8	府台角台	地面	地面为现代水泥砖铺砌	目前暂时保留
9	内府墙东墙	墙体	东墙内侧北部土坯墙体有塌毁，面积10平方米	重新补砌
10	内府墙北、西、南墙	墙体	墙面草泥抹面多处脱落、空鼓	剔除空鼓墙面，用草泥补面；在墙外侧砌1.2米宽条砖散水，向外坡度2%

第三章　董府修缮工程做法要求

其一，施工前，根据现场实际情况做好文物保护措施，确保维修范围内一切文物的安全。

其二，墙体、廊心墙、槛墙拆砌时，做好每块砖的登记编号，回砌时按原位复位。对于补配的新砖须在烧制时打上年号，以备将来有据可查。

其三，屋面瓦、地砖等尽量保留原构件，可将保留构件集中用于建筑的明显部位。

其四，中路过厅、后院南北厢房、正房卸载后的柱子等构件调整应有详细的施工方案。

其五，城墙、屋面防水工程施工时应避开雨季，在干燥条件下进行。坚决杜绝冬季施工，严格按照防水材料的操作规程施工。

其六，按照国家现行有关施工及施工验收规范施工。

其七，施工过程的每一阶段都要做详细的记录，包括文字、图纸、照片，留取完整的工程技术档案资料，应当特别注意隐蔽部位的地方性做法。如果发现新情况或发现与设计不符的情况，除做好记录以外，须及时通知设计单位，以便调整或变更设计。

其八，设计中选用的各种建筑材料，必须有出厂合格证，并符合国家或主管部门颁发的产品标准，地方传统建材必须满足优良等级的质量标准。

其九，严格遵循施工规程，按工艺要求施工。

第四章　董府修缮设计变更及说明

第一节　设计变更

董府修缮工程设计变更主要有以下5项。

一、中路基础加固

原设计方案中，中路后院基础加固方案为双液注浆加固，现根据现场实际需求，变更为南北路柱础加固的修缮做法。

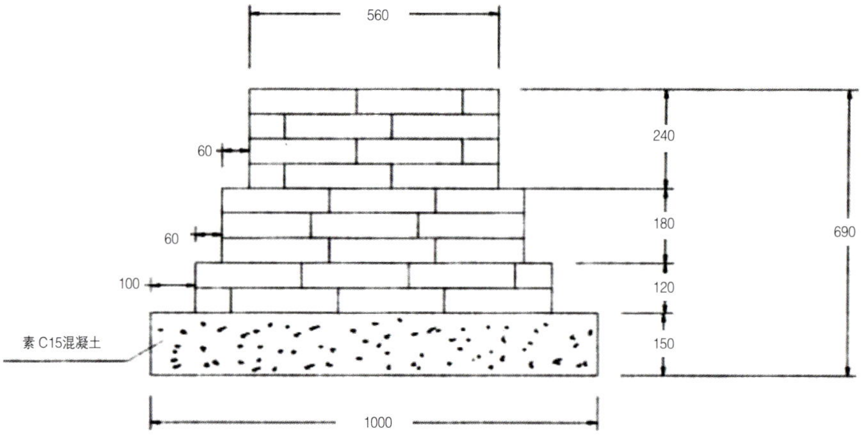

中路基础加固示意图

原设计交底方案中，南、北路建筑柱础做法为按原建筑施工工艺施工，即柱顶石下砌筑一层方砖，现根据实际需求，更改为柱顶石下砌筑一层方砖，砖下面素混凝土垫层达100毫米。

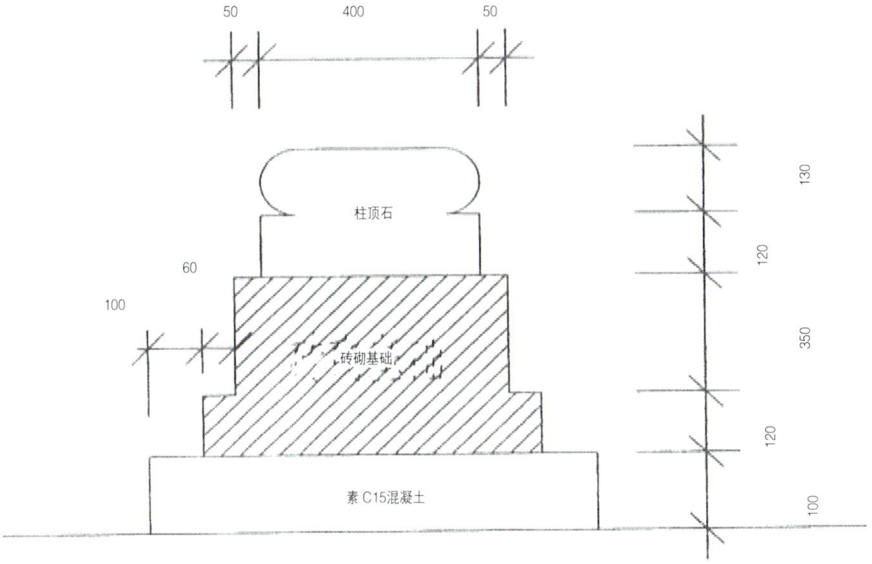

柱子基础加固方案

二、中路过厅二层彩绘

经专家鉴定与走访董府知情人，确认中路过厅二层彩绘于20世纪90年代曾维修过一次，且脱落比较严重，经专家与施工方研究决定，中路过厅彩绘保留价值不大，要求清除后重新绘制。

三、城墙

取消城墙垛口做法，参照城门楼处现存女儿墙墙帽做法。

四、角楼

取消府墙四角角楼的复建。

五、排水汇水沟

府内排水汇水沟原设计为明沟，经设计单位实地勘察，同意将原图纸设计的排水汇水沟明沟变更为暗沟。

第二节　设计图纸会审纪要

2009年6月6日，由董府保护维修工程建设方——宁夏回族自治区文物局组织的工程图纸会审会议在董府现场召开。与会人员除建设方代表、设计方、施工方外，特别邀请到国家文物局的专家付清远进行现场研究指导，经进一步探讨，对一些图纸中出现的问题进行了详细说明和认定。现归纳如下。

其一，原则性问题。严格遵守《中华人民共和国文物保护法》，施工过程中遵循文物修缮的原则。施工中拆除的所有物件均不可出场，所有的瓦件、脊件等除破损严重无法使用的全部使用，有裂缝断裂可恢复的予以修补粘接后使用，花脊等大构件如有部分残损可试着与其他不明显部位的调换使用。目的是尽可能不要更换文物原件。新添配的瓦件要在土灰浆中浸泡做旧以求颜色与旧瓦件接近，花脊在定烧前要刻上年号以备将来有据可查。中路建筑不得使用新瓦件，南、北两路也尽量将旧瓦件集中使用在明显部位，用于槛墙、下碱拆砌所需的青砖最好不使用新砖，可将旧砖切割后反转使用。

木装修部分必须使用原材质木料，只修补缺失、糟朽部位，不可大面积拆除换新。

对于塌落成洞或雨水冲击严重的城墙部位采用同材质的土坯砌筑恢复，墙皮脱落部位最好还是采用脱落下的土过筛闷熟重加滑秸后继续使用，抹砌时下竹筋分层拉接。

其二，新补配的瓦件、脊件、木装修等的式样、材质、断面尺寸必须按照原形制恢复。

其三，瓦、木、油、石、彩画等诸工种施工工艺一定要保留地方建筑特色，沿用当地的工艺手法。

图纸会审记录

DB11/T245-2004　　表 D.5　　编号：　　编号：

工程名称		董府保护维修工程	日期	2009年6月6日
地点		董府工地现场	专业名称	建筑
序号	图号	图纸问题		会审意见
1	建-65 建-68	台基部位：工程做法中标明，各路轴线建筑明间阶条石重新夹肋截头表面剁斧见新，空出部分采用青白石添配打点勾缝表面做旧；图纸中不太统一，部分图纸标明次间台明恢复阶条石，是以工程做法还是以图纸为据施工		各路轴线明间阶条石原有的保留原有形式，风化严重的可翻个或大改小使用；需要新补配的石材需采用红砂岩，不剁斧迹；其余次间青砖台基拆砌恢复
2	建-11	墙体部分：所有廊心墙槛墙岔角花均要求恢复，原有图案已缺失，设计方是否出详图或题材		对现场所有的廊心墙（剔除水泥砂浆）、槛墙进行排查，如有旧图案可拍照、测量，将图片数据交由设计方确认，如无旧图样，则将岔角花外形尺寸提供给设计方设计图样
3	建-22	木基层部位：所有建筑木基层做法为檐头望板，里侧为苇席，设计图纸平顶做法为满铺15毫米厚望板；现场椽子铺钉方式与明清官式做法不同（椽当不一，根数不全为单数），修复时是否维持原做法		平顶木基层做法也为檐头铺钉木望板，里侧铺苇席；拆除时椽子定位编号，按原有方式铺钉
4	建-22	木装修设计方案没有详图		木装修门窗式样可按照其他同等级、同规格的栋号门窗样式恢复，中路前院的木装修按照中路后院二层的木装修的等级规格修复
5	建-22	屋面部位：设计图纸要求平顶采用SBS防水卷材，坡屋面要求重新添配正吻、垂兽、戗兽和套兽，未表明具体式样		取消SBS防水卷材，在泥背上加一层青麻刀灰轧实，其上再加一道泥背；屋面一定要找好泛水，防止积雨漏水，出水口处要处理好；拆除屋面泥背时分层拍照，记录厚度，按此恢复；所有正吻、垂兽、戗兽和套兽均不添配，只添配花脊
6	建-48 建-52 建-53 建-57	地面墁砖：图纸标注的中路过厅、中路后院、廊步地面铺墁方式不统一；楼地面采用SBS防水卷材不太实际		中路建筑地面统一按照“十”字缝细墁，各路，南、北厢房，各单体建筑墁砖方式必须统一；二层楼地面取消SBS卷材，在木板刷防腐后可加一道青麻刀灰而后墁砖
7		对于复建部位设计方是否出图		府院大门南侧卡子墙按照北侧卡子墙同形式复建，北路前院倒座北耳房和边门按照南路前院倒座北耳房同形式复建；设计方不再出图
8	测-35	暖沟的处理方法		暖沟暂时保留，具体方案待定

1. 由施工单位整理、汇总，建设单位、监理单位、施工单位各保存一份。
2. 图纸会审记录应根据专业（园林建筑、绿化种植、园林给排水、园林用电等汇总）整理。
3. 设计单位应由专业设计负责人签字，其他相关单位应由项目技术负责人或相关专业负责人签认。

第三节 专家建议施工工艺

一、具体问题

其一，城门洞外墙的拆砌问题，经实地勘察董府后，专家认为董府城门门洞裂缝可以采用拆砌的办法，现经过施工方查看实际情况，认为不妥，因为拆砌部分位于城门洞底部，承受很大的重量，如果拆砌，可能出现垮塌，认为剔补比较合适。

其二，中路后院20世纪60年代建的水泥楼梯由于材质与原建筑风貌不适宜，是保留原样还是处理？

其三，府内院排水沟原设计为明沟，建设方、设计方现场与专家商议后认为改为暗沟，现需要出具设计变更与施工图。

二、建议方案

建议工程施工前先对墙体做法进行勘察，确定外包砖墙的厚度和砌筑方式、内层材料及松散程度。内部填充物松散问题不解决，剔补恐不能解决结构问题，墙体还会很快开裂。

1. 城门洞外墙的拆砌

（1）在对券门及墙体施工前，先对整个承台采取临时加固措施，防止在施工过程中出现垮塌，措施如下。

①首先须将券门加以支顶，支顶胎具须与券门洞弧度完全一致，可采用具有韧性的较粗木桩作为立柱和横梁，立柱密度应根据需要密集放置，防止上部压力过大而垮塌。

②整个承台外围用脚手架加以围合，脚手架与承台接触要以脚手板顶住墙体，防止承台受上部压力转变为侧向力，向四面扩散，造成垮塌，脚手架连接要牢固，如果需要可垂直设置多道角钢加以围合固定。

（2）建筑物整体加固完成后，按照下列措施施工。

①自上而下拆除表层砖砌体，拆除中要不断观察墙体变化，发现问题及时停止，并采取加固措施。清理内侧杂土、杂草根等至原分实的老土（两侧墙体须加支顶，防止坍塌），同时也清理开裂墙体两侧的砖砌体。

②对于松动、歪闪和开裂的砖砌体自下而上进行归安，用大麻刀灰勾缝，用桃花浆（比例3：7）灌注，要分层多天多次灌注，不可一天或几次就完成，要防止鼓胀撑坏墙体。

③券门墙体：剔凿挖补墙体风化酥碱青砖；局部拆除开裂墙体，重新砌筑；用小麻刀灰补勾灰缝，方法同上。

2. 楼梯问题

为保持可识别性，如需疏散通道，可保留混凝土楼梯或改为钢梯。如保留混凝土楼梯应对楼梯进行必要修补。

3. 排水沟问题

设计方出具设计变更图纸，明确为暗沟方案。

第五篇

董府修缮工程实施情况

第一章　董府修缮工程施工部署

第一节　施工总体安排

宁夏回族自治区吴忠市四季分明，气候干燥，蒸发强烈，降雨集中，大气透明度好，云量少，日照充分，热量丰富，温差较大，无霜期短，风沙较多。

根据工程概况和本地区气候特点及工程的总工期要求，按照修缮的区域对本工程共分成三个施工区，按照北路、南路、中路的顺序，再按每进院落进行划分，内府墙单独为一部分。

同时为保证工期和施工质量，计划部分殿座同步施工，各专业穿插作业，古建筑修缮的瓦面工程、抹灰工程、油漆彩画工程尽量避开冬季施工。冬季可以考虑安排装修及木构件、砖瓦的加工制作。

总体计划从里向外、从中心向两侧依次进行，同步或按顺序施工，南路、北路外围建筑现有小门，可以作为施工通道的入口。

第二节　施工准备与施工组织

一、施工准备

1. 现场交接准备

施工人员进驻施工现场后，进行现场施工准备，重点是对各建筑物的现状损坏情况、轴线位置、内部结构等进行复核记录，对施工现场进行调整准备，以使整个现场符合施工方的布置原则及要求。在施工中，管理人员与监理人员共同配合，保证施工的顺利进行。

2. 技术准备

进场之前就着手技术准备：第一，组织相关技术人员仔细阅读施工图纸，了解设计意图及相关细节。第二，开展有关木工放样，砖、瓦、石料、木构件的加工准备，设备订货的技术准备工作。第三，组织技术部进行图纸会审，要求各类专业技术人员做好技术交底等准备工作。同时，根据施工需要编制详尽的施工作业指导书，使修缮工程从开始就受控于技术管理，从而确保工程质量。

3. 机具准备

工程开始前，各种中小型机具将按设备进场计划分批进场，设专人对其维修保养，使所有进场设备均处于最佳的运转状态。

4. 材料准备

施工方将根据各专业工种的提料单，及时报送甲方验收、备案，并落实其他材料供应商，将供货资料报甲方审批，同时进行由施工方组织的采购工作，及时组织前期的周转材料进场，以确保顺利施工。

5. 人员准备

根据该项目特点组织管理部人员及各专业相关人员及时进场，做好前期施工准备工作，承担起施工管理职责。所有施工管理人员先期到位，而施工人员将根据现场需要分批进场，并备足各类专业施工操作人员。

二、施工组织

本工程分为人员组织、机械设备组织、材料组织、运输组织、协调组织五部分。这些组织工作安排是否合理，将直接影响整个施工过程能否顺利完成。具体安排如下：

在组建本工程项目管理体系时，施工方将选派具有丰富古建施工经验的项目管理人员进驻现场直接参与本工程的施工和管理。施工管理将严格按项目法组织施工，在部门设置上将配齐所有职能部门人员，以确保整个工程在施工过程中具有连贯性。施工方技术、质量、安全、材料等职能部门严格遵照项目法检查、要求，定期深入施工现场，切实监督、指导、控制、服务于项目，从而为全面管理、全面协调、全面控制创造有利条件。

第三节　施工现场管理

一、材料进场

本工程所用材料，由项目经理部在当地采购，如当地的材料满足不了工程的各项指标要求，在确保工期、质量的前提下，可选择在外省区进行采购。必要时，可要求施工方材料部门协助，对一些需先行定制或加工的材料及时加工定制，并根据进度计划进行调整、补充，以确保工程顺利施工。

项目经理部必须严格审查所购原材料、成品、半成品和外加工产品的各项指标是否符合设计方及建设方、监理的要求，决不允许不合格的材料和产品应用到本工程中。在材料运输、储存和使用期间，严格按照材料的技术要求进行操作。建立材料收支台账，按照产品标识的可追溯性要求，对原材料、半成品、成品进行标识。未经检验和已经验证为不合格的原材料、半成品和设备不得在工程中使用，并清退出场。

施工现场材料加工场地。合理安排材料的进场计划，是保证顺利施工和施工工期的必要措施。原材料和所加工的半成品材料的进场时间必须与施工进度计划直接挂钩。

施工使用的原材料和加工完成的材料的运输。各种施工用料临时放置在施工现场内的指定位置，使用小推车或人工搬运至加工地点或各殿座的具体施工位置。各种材料运达各殿座的时间必须满足施工进度要求，应提前一天将该殿座施工所需要材料运达指定位置。

各种材料进场时间必须严格按施工进度计划要求，确保施工现场用料不得滞后。

二、机械设备进场

合理安排施工机械进场时间，是保证顺利施工和施工工期的必要措施。施工机械进场时间必须与施工进度计划直接挂钩。为保证施工顺利进行，施工机械进场应先行，以满足各种材料的加工和修缮，及安装要求。

施工机械设备进场顺序：先是拆除机械，然后是砖加工机械、木加工机械、瓦工灰浆机械。

石料加工机械采用便携式中小型机械，运输方便。由于砖的加工量大，砖加工机械安装调试的应和临时设施同时完成。其次是木加工机械，大木构件和木装修的加工关系全部工程的施工工期。油漆等其他机械设备可适当晚一些进场。

根据施工进度安排和修缮项目工程需用，应确保施工机械设备提前进场。

具体机械设备根据施工现场平面图的布置和施工进度分别进入施工现场安装调试。

三、施工人员进场

本工程属于文物修缮工程，要求进场的施工人员有一定的文物工程施工经验，因此施工方在选择劳务层操作人员时秉持在施工方劳务合格分包商名册中选择，具有良好的质量、安全意识，具有较高的技术等级，具有文物修缮工程施工经验的施工劳务人员的原则。

劳务层划分为三大类：第一类为专业化强的特殊技术工种，其中包括机操工、机修工、维修电工、架子工、试验工、测量工等，这些人员均为施工方曾经参与过相类似工程的施工、具有丰富的经验、持有相应之上岗操作证的人员。第二类为普通技术工种，其中包括古建木工、古建瓦工、古建石工、古建油工和古建画工，以及水暖、电气工等。第三类为非技术工种，人员为施工方自有员工，以及长期与施工方合作的成建制施工劳务队伍，具有一定的专业素质。

四、施工临时用地

施工现场临时用地主要依据现场的实际情况，与建设方协商，先期解决施工中的施工办公室、施工人员宿舍、主要材料库房、建筑材料占地等必须具备的场地或房屋。

五、施工进度及工期的保证措施

1. 进度计划

施工进度计划是整个工程的总体施工进度计划的实施依据，并随着工程的实际进度进行调整。根据施工总进度计划来安排各部位工程的计划开竣工时间、工期及工序搭接的实施步骤，包括劳动力、材料的需求计划。

结合本工程的实际情况，全盘规划本工程的工期及衔接、流水的关系，达到建设方对工程质量、工期、安全、文明施工等各项指标要求，为建设方提供满意的服务。

2. 工期保证措施

为保证按期交付，施工方精心编制了本工程进度控制的网络计划，对各个部位工期进行了重点安排，具体详见施工计划网络图。施工方负责监督网络总计划和各个部位实际完成的情况，项目负责按一级网络计划具体要求认真落实进度计划的编制和实施，利用计算机技术对网络计划的完成情况进行全过程的记录、分析、优化。还将根据总计划和实际情况编制各阶段性进度计划，控制关键工序，保证总工期的实现。

本工程进行工期安排时，充分考虑了基础加固、木结构维修、屋面工程、砌筑工程和油漆彩画的穿插作业。将由技术负责人牵头，组成专门班子进行样板做法的确定，适时插入木装修及油饰，施工中，必须保证相关人员的及时到位，确保最终工期目标的实现。

六、现场平面布置

1. 平面布置原则

为保证现场施工顺利进行，具体施工平面布置原则为：

（1）在满足施工的条件下，尽量节约施工用地。

（2）在满足施工需要和文明施工的条件下尽可能减少临建的搭设。

（3）在保证场内交通运输通畅的前提下，最大限度地减少场内运输，特别是减少场内二次搬运。

（4）机械设备的布置要尽量避免土建安装及生产单位相互干扰。

（5）符合施工现场卫生及安全技术要求和防火规范要求。

（6）保护好原有的老城墙，不要污染外立面。

2. 施工现场平面布置图

（1）总平面生活设施布置。在进场施工准备阶段，项目部办公室设在入口处；入口处设五牌一图，及警卫室二间；现场周边设临时围挡。

（2）总平面施工设施布置。现场加工棚设置在施工现场空地位置，因为现场运输不便，主要木构件及其他半成品安排在现场加工，现场材料进场要根据施工阶段随用随进，尽可能减少二次搬运。

七、材料运输

（1）施工现场合理安排，尽量减少二次运输，尽量保证在施工中能使用小推车或人工搬运至各殿座。

（2）材料运输当中应采取覆盖等措施，避免因材料遗撒而对周边的环境卫生产生影响。

（3）在整个工程施工阶段，现场设置工具房、加工棚和安全保卫设施。现场设置临时材料堆放场地、木加工场地、灰浆拌制场地，选择位置时应充分考虑多点集中布置，减少材料的场内二次搬动。

第四节　主要项目施工方案

施工中要求每一构件按照设计图纸的尺寸加工制作和安装，严格遵守文物修缮的原则，具体工艺依据施工设计图纸及原文物建筑的构造特点执行，遵循不改变原状的原则进行。

一、地面工程

1. 地面拆除

先拆除各个殿座原有室内地面及室外散水，注意尽量不要破坏其他部分地面及建筑物，使其保持完好。拆下来的渣土或碎砖及时清运走，地面垫层按照设计要求的标高开挖，并清理干净。

2. 灰土垫层

如遇雨季，灰土施工时要随时注意天气预报。拌和好的灰土遇雨应覆盖，灰土不得淋雨，以免灰土含水量过大而无法夯实。

土料种类和质量以及生石灰粉的质量须符合相关标准和要求：土料过筛，并保证土料粒径的要求。灰土拌和的配合比、应用体积比根据图纸的3：7配比要求进行。严格控制配合比，拌和时必须均匀一致，至少翻拌两遍，拌和好的灰土颜色应一致。灰土施工应适当控制含水量，工地检验方法是用手将灰土紧握成团，两指轻捏即碎为宜，灰土水分过大或不足都将影响灰土的密实度。基底清理干净，分层铺灰土，每层的灰土铺摊厚度和层数按设计要求进行，各层铺摊后均应用木耙找平，与标准木桩对应检查。使用蛙式打夯机夯打密实，夯打一般不少于三遍，每层夯实后应根据规范进行环刀取样，测出灰土的质量、密度，必须达到设计要求的100毫米厚、3：7灰土。

3. 室内地面墁砖的要求

拆下台明和室内需要铺墁部位旧砖或水泥地面，拆除时注意将可使用地砖编号，尽量保留可以使用的旧砖，拆下的旧砖应集中使用。

清理地坪标高，素土夯实。抄平，注意保持0.7% 泛水。

灰土墁砖：300毫米 ×300毫米 ×60毫米方砖“十”字缝铺墁，用于各建筑室内；条砖斜纹或拐子锦纹样铺墁，用于各建筑厢房前廊。

用白灰、沙子1：3守严扫净。

4. 室内地面细墁工序

（1）施工工序：砖加工──→分中找规矩──→冲趟──→样趟──→揭趟──→挂油灰──→铲尺缝──→刹趟──→墁水活。

（2）室内地面：剔除现有水泥地面，重新细墁尺二方砖地面。

（3）地面垫层：灰土拌和的配合比、应用体积比根据图纸的3：7配比要求进行。严格控制配合比，拌和时必须均匀一致，至少翻拌两遍，拌和好的灰土颜色应一致，灰土施工应适当控制含水量。工地检验方法是用手将灰土紧握成团，两指轻捏即碎为宜，灰土水分过大或不足都将影响灰土的密实度。基底清理干净，分层铺灰土，每层的灰土铺摊厚度和层数按设计要求进行，各层铺摊后，均应用木耙找平，与标准木桩对应检查。使用蛙式打夯机夯打密实，夯打一般不少于三遍，每层夯实后应根据规范进行环刀取样，测出灰土的质量、密度，并必须达到设计要求150毫米厚、3∶7灰土。

（4）室内地面铺墁：采用方砖细墁工艺，室内地面铺墁须在室内正中拴两道垂直的“十”字线，使砖与房屋轴线保持平行，趟数应为单数，破活应放在里面或两端，门口必须为整活。

砖的材质和尺寸与修缮设计图纸要求一致，根据各殿座的具体规格和相关位置的尺寸进行加工，并分别按殿座和位置单独码放。

（5）砖加工：供方砖材料须严格评审，并在实验室鉴定后进行砖加工，对施工人员进行书面交底，制作样砖，现场质检员要随时检查砖加工的质量。做好成品保护，施工时要轻拿轻放。砖的规格、品种、质量等必须符合传统建筑材料规范和设计要求，应严格遵守原建筑物砖的时代特点和尺寸要求加工，按原有形制砖的实际尺寸定砖的厚度和长宽。砍方砖要求严格检验，不得有棒槌肋、肉肋及倒包灰，各种砖的规格尺寸要一致，四角要格方、棱角必须齐全。

（6）细墁方砖地面：做好原有基层处理，将经检查合格后进场的加工砖码放整齐，做好半成品保护，施工中轻拿轻放，以防碰坏棱角。室内地面铺墁须在室内正中拴两道垂直的“十”字线，使砖与房屋轴线保持平行，趟数应为单数，破活应放在里面或两端，门口必须为整活。由技术熟练的技工沿两山各墁一趟砖，然后冲趟，旧地面接茬直顺，确认无误，在两道拽线间拴一道卧线进行样趟，打成“鸡窝泥”，进行样砖铺墁，保证方砖平直，每完成一趟进行揭趟，原位原方向复墁。用麻刷蘸水将砖肋刷湿，用“木宝剑”在砖棱处均匀抹上油灰，均匀浇浆，重新铺墁，再用礅锤将砖平实，使砖缝严密。按卧线检查砖棱，进行刹趟。如此往复循环，地面细墁完成后，铲尺缝，并擦干净，做好成品保护。

5. 室外地面做法

（1）拆除原有水泥路面：按照设计图纸要求恢复设计地坪。素土夯实后做100毫米厚、3∶7灰土，灰土垫层上抄好地面标高及排水坡度，然后进行冲趟、样趟、铺墁、铲尺缝打点的工序。门楼外一米以内铺尺七方砖地面，注意海墁砖的通缝应与甬路垂直，而且排砖的破活尽量放在院落的隐蔽部位。

（2）室外院落海墁地面：根据施工图要求，“十”字甬路以外使用城砖海墁。具体做法是：用掺灰泥，坐浆灰铺墁，牙子砖陡使，浇浆为白灰浆。铺灰不宜过厚，厚度控制在5厘米左右，砖缝控制在1厘米左右。铺灰均匀合适，打成鸡窝灰，浇白灰浆，铺砖用胶皮锤敲打密实，砖缝大小均匀，外棱直、顺、平。用白灰进行首缝，首缝要密实。墁地用砖不得有碎砖裂砖，墁地必须以甬路为参照，找规矩、冲趟，砖缝排列形式，甬路交叉部位以及散水、泛水应符合文物建筑原状和设计要求。地面美观整洁，砖的棱角完整，表面无灰浆等脏物，缝子均匀、严实。

二、木工程做法要求

1. 大木落架的修缮

在拆除前应细致全面地检查和测量，对各种木构件的连接关系、木构件的位置及形状，都要进行测量并做好记录，对木构件要做好标记，按拆卸顺序编号，对复杂部位连接的整体外观拍照和绘图，留好第一手资料，为不同的构件归安复原提供可靠的依据，拆除前要做好支顶加固的保护，以免出现意外损坏。拆除原有建筑的水泥构件时应记录详细的位置和尺寸，并注意安全。

2. 木构件检查、修补

屋面挑顶后应先检查木基层及木构件糟朽的情况。

（1）大木修补、制作：根据现有大部分木构件年久失修、部分木构件损坏严重的情况，在建筑屋面修缮中采用更换、挖补、墩接、加固、拨正等施工做法。同时对于木构件损坏程度进行勘察统计，确定补配检修数量，并按原有木构件规格进行恢复和整修。大木的材质必须符合设计要求，如设计未注明，则须符合文物建筑维修的相关规定。

（2）木构件剔凿挖补，木结构加固：木构件仅表皮腐朽，或柱身劈裂，其糟朽或剥落部位未超过柱截面的2／5时，可将糟朽部分剔除平整，经防腐灭菌处理后，用干燥木材照原样原尺寸修补整齐，并用环氧树脂胶粘剂粘牢，加不锈钢箍1–2道，箍距不得超过800毫米。

木构件整修，主要因为木构件糟朽严重，影响到结构安全。首先揭去屋面瓦件，铲除灰泥背，拆掉苇箔望板、椽子、木构件，将木构件上的灰尘清扫干净。再根据设计图纸和设计方案要求与实物进行对照，检查是否一致，如发现与实物不一致的部位，应及时通知设计单位、监理单位和建设单位确定新的施工方案。对需拆下大修、整修后归安和局部更换的木构件，在拆除前应进行细致全面的检查和测量，对各种木构件相互交接的连带关系、木构件的位置及形状，都要进行测量并做好记录。对木构件要做好标记，按拆卸顺序编号，对复杂部位连接的整体外观，要拍照和绘图，留好第一手资料，为不同的构件归安、复原提供可靠的依据。拆除前要做好支顶加固的保护，以免出现意外损坏。大木构件基本就位后，按照传统古建的操作工艺，针对歪闪的柱子进行打戗、吊线、拨正，用三面吊线坠控制。

（3）针对腐朽的柱子，采用剔补墩接的方法。首先测量柱子实际高度，制作时根据糟朽高度，加上柱径1.5倍的搭接长度和管脚榫长度，再加10–15厘米的齐头量。依此总长度制作出与旧柱同直径、同质或近似材质的备接圆木，然后弹线、画榫制作。墩接采用刻半做法，其方法为：将接在一起的柱料各刻去直径的一半，作为搭接部分，搭接长度为柱径的1.5倍，贴中线端头做半榫，以防搭接部分移位。墩接就位吻合后，在接茬部上下各用一道铁箍箍牢，增强柱子的整体性。墩接完成后必须保证各个受压面严实不松动，保证支戗撤掉后不走动，墙体砌筑时随墙体进度，撤顶桩和戗木。

大木维修墩接柱子用小接（巴掌榫接）与大接（莲花瓣榫接或抄手榫接）两种方法，墩接长度严禁大于柱高的1/3，搭接榫的长度为柱径的1.5倍，但不小于40厘米，巴掌榫的榫头宽2–3厘米，高4–5厘米，柱子采用巴掌榫时，看面须见横缝。

（4）木构架开裂处修补。梁架开裂采用铁箍加固，按设计图纸要求的部位进行加固，铁箍根据梁架断面大小和设计要求的宽度和厚度进行加工，加工完成后应涂刷防锈漆两道，有圆钉紧固、倒刺紧固和螺栓紧固三种加固方法。加固的铁箍与梁紧箍密实。

构件局部缺损采取挖补，朽烂部位采用新木料嵌补并加胶，劈裂部位采用加榫固定，构件截头部位留茬、榫相接，接头搭接不大于4厘米，新接构件长度不大于构件总长度的1/3，并保持接缝严密到位，嵌接部位与整体构件保持平整，各条棱线通顺一致，加榫、嵌补用的新木料应与原构件材质相同。

3. 大木制作

（1）柱子类：柱子制作根据设计要求和实际柱子尺寸加工制作。柱径和柱高根据各殿座各自口份和设计要求的具体情况制作的丈杆为依据。柱子上的各种透眼、半透眼及枋子口凿眼要直顺。柱子加工完应标写其位置方向，明确清晰。

（2）柱子安装：现场支搭施工脚手架，运输过程中要加以保护。木构件安装必须符合设计要求，大木立架之前应用丈杆对各木构件进行核对，检查各构件的数量及位置编号，以柱子中线对应柱顶石“十”字墨线（轴线）进行安装定位，同时查看柱子上端榫卯朝向是否正确，定位后采取三面支戗固定（同时安装开间进深柱子）。大木立架以丈杆为依据掰升合理正确，位置准确、支戗牢固，柱子侧脚要符合设计要求，严禁倒升。安装上架构件时保证梁架中线位置准确，与柱子中线对正，安装程序按古建传统做法进行，须符合古建操作顺序。凡是规定有升的柱子安装拨正时必须按升线吊正，无升的柱子按中线吊直，严禁倒升。

（3）梁类：各种梁根据各殿座各自口份和设计要求的具体情况、制作的丈杆为依据加工制作。

（4）檩类：檩根据各殿座丈杆和设计要求的木材品种、质量、尺寸大小以及榫卯情况加工，所制作的檩件应符合古建传统做法要求。檩与梁搭界处必须做刻半榫，搭角檩的转角处也应做刻半榫。檩子安装榫卯牢固，檩在面宽方向中至中尺寸准确，安装后不驾马、不滚动。扶脊木两侧，必须按面阔丈杆准确排出椽花，画出椽位，按椽位剔凿椽窝。椽窝深为半椽径，斜度同举架坡度，扶脊木上部凿出脊桩眼，下部凿出梢子眼。

4. 安装

（1）安装顺序：应按照先里后外、先下后上的施工原则。先确定首安位置，首安位置应以明间里排柱子为起点，其次进行其他次、梢间及外排构件的安装。

（2）排柱子：以柱子中线对应柱顶石“十”字墨线（轴线）进行安装定位，檐柱侧脚60毫米。同时查看柱子上端榫卯朝向是否正确，定位后采取里打拉木、外打戗，柱子1/3处麻绳固定（同时安装开间进深柱子）。

（3）上柁：前后搭龙门戗（“十”字交叉），柁与柱挂龙头（用麻绳扣紧），柱子外戗下端头放撞头板。

（4）操作要点：大木安装必须由明间开始向两端对称安装，安檐、枋时必须用丈杆对中，可以拉中，不能闯中。下架安装完毕应按图纸校核，凡有升的柱子按升线吊正，无升的柱子按中线吊直。檩、枋及垫板安装应平、直、顺，榫卯联结牢固，通面宽拉中不大于5毫米。大木安装中防腐处理应做隐检记录，大木立架后应做预检记录。

5. 木基层椽子、望板制作与安装

（1）加工：所加工的木材材质必须符合设计要求。所加工的构件长短和断面大小根据各层不同和檐出不等，具体尺寸以施工图纸为准。望板、各种椽子、连檐等的用料不得有通透节疤、劈裂和顺木纹，必须选用通长直顺的木料，按古建传统操作程序及建筑物时代特点加工制作、添配。椽飞等要放实样、套样板，画线制作，各部件尺寸要准确。先制作样板，经检验合格后，方可成批加工制作。加工檐椽要求浑圆顺直，檐椽上头压掌的合掌面角度正确平整。飞椽椽身必须方正顺直，在木望板上钉钉，从底面看不到有露钉现象。闸挡板薄厚、大小与原闸挡板一致。

（2）安装：先检查各构件的数量及位置编号，按照编号顺序安装，安装位置必须符合设计要求。钉椽时严格按檩子上的椽花添加线位置钉，保证椽头方正、平齐，椽当均匀。铺望板要求柳叶缝铺钉，表面平整，顶头严密。望板必须做柳叶缝，檐头露明望板必须刨光。檐椽与飞椽相对不偏斜，望板铺钉牢固，露明望板表面平整，横望板错缝窜档宽不大于800毫米，板头盘截方正，连檐、瓦口、雀台一致，瓦口垂直钉装牢固，闸挡板安装牢固，无松动现象。

三、墙体工程做法要求

1. 拆砌墙体

清除残墙的灰尘、浮灰和酥碱严重的砖砌体，要求干净整洁，符合设计要求。拆除时按设计要求进行，不得超过拆除范围。接近非拆除部位时用扁铲、錾子拆除，将留茬部位剔净，使接茬砖的棱角完整，避免损伤非拆除砖的棱角。根据测绘记录，在原位置按原院墙砌筑形式、原标高尺寸进行砌筑。

砌筑砖的规格和砌筑灰浆与原墙体一致，或按设计图纸要求。

拆除后改建的槛墙，恢复原有海棠池的干摆做法，按照传统工艺砌筑，必须加暗钉进行墙体拉接，保证墙体的整体性。干摆墙灌浆首先确定原墙所使用的浆，所灌浆应与原墙体使用的浆一致（白灰浆或桃花浆），丝缝砌筑使用老浆灰，砖后口用爪子灰并背塞，灌浆分三次完成，并用麻刀灰苫背。丝缝墙砌筑后应用砖面灰打点活，用老浆灰溜缝子，最后用麻刀将墙擦拭干净。缝子墙砌筑，卧立缝大小、深浅一致，墙面平直，干净利落。

墙体砌筑按传统做法施工，墙体宽度以原墙为准，墙体接茬处清扫湿润，纯白灰（暂定）砌筑灰浆饱满，立卧缝均匀，控制在12毫米左右。砌筑轴线不得偏移，墙轴线位置和标高必须与所记录的一致，并符合设计要求。砌筑墙时，设置皮数杆以保证标高。砌筑应轴线准确，立卧缝与原砖缝基本相同，灰浆饱满、砖缝均匀，墙体表面平整，墙体收分符合设计要求。

2. 墙面抹灰

墙面抹灰采用古建传统做法——抹靠骨灰，抹灰前墙面应下竹钉、钉麻揪，麻揪应分布均匀，呈梅花状，搭接适宜，麻相互能搭接上即可，应使用质量好的长线麻。红色靠骨灰中应添加红土子，严禁使用氧化铁红和其他材料代替。

铲除旧灰皮，检查背里砖，对背里砖损坏严重者剔除更换。合格后即可进行下一道工序，抹灰前浇水湿润，清除浮土、串缝。

钉麻揪，在墙面上根据线麻的长度确定麻揪的间距，以保证线麻呈伞状后能相互搭接。麻揪分布呈梅花形，钉麻揪采用竹钉，符合文物部门制定的规范。

按原抹灰做法分层，墙面横竖拉线，按原厚度竖抹一道灰梗，与拉线平齐，用大麻刀灰抹灰打底，厚10-12毫米，将灰揪分散压入灰层。用大麻刀灰罩面抹平，厚8-10毫米。墙面横竖拉线，竖抹一道灰梗，与拉线平齐，大面积抹擀压实。揪子眼必须平整，抹灰后无漏麻现象。

墙面面积较大，如不能一次抹完，可分段随抹随刷随压，接茬部位不刷浆，留坡茬，将甩茬部位用抹子压下去。三浆三压后刷红灰浆。所使用的灰符合原建筑物的时代特点，规格、品种、质量等必须符合传统建筑材料和设计要求。红色靠骨灰中必须使用红土子，不得使用氧化铁红或其他材料代替。

四、瓦作工程做法要求

屋面施工内容包括屋面挑顶、苫护板灰、苫泥背、灰背、调脊、瓦瓦等。

1. 屋面挑顶

屋面挑顶拆除前应保护好邻近文物建筑，使用板材将文物建筑的墙体、石活、小台、金边等保护好，避免损坏文物，同时做好相关记录，如材质、原工艺做法、尺寸、形式、数量、破损原因、损坏程度等，并做好相邻文物的保护。拆除要更换的物件时绝不能将非更换部位拆除或损坏，如剔凿挖补、地面补配和屋面揭瓦等。屋面揭瓦前要做现状记录，如泥灰背厚度和望板的材质、厚度、铺装方法，及其他各种做法，瓦垄数和瓦口大小等情况，以便恢复原状。

拆下的瓦件要立即从高车架子上运下，放到指定的安全地点分类码放整齐，下运时要轻拿轻放，注意不要磕碰。铲除苫背层，记录苫背的做法和厚度，并照相存档，最后拆除到木基层。

拆除瓦件应配合照相记录工作，以备研究原来做法和瓦瓦时参考。

拆除瓦件重新安装前要清理瓦件，即“剔灰擦缝”，用瓦刀、小铲慢慢将瓦件的灰迹擦去，用抹布擦拭干净。按设计要求将掉釉的瓦件、脊件和吻兽及小跑等琉璃构件集中分类码放，清扫干净，剔除破损、残坏和隐裂的构件。挑选瓦件，按原形制选出较标准的瓦件，对于瓦件中无脱色、不残缺、不劈裂的继续使用。

2. 屋面苫背（以揭顶检查确定的做法为准）

（1）平顶屋面：苇席上20毫米护板灰一层（有不用护板灰，而添加100−150毫米厚麦秸的民间做法），其上做2−3层泥背，每层泥背厚度不得超过50毫米，每苫完一层，都要拍背，其上做麻刀灰一层，苫背后再抹3厘米厚滑秸泥。

（2）坡顶屋面：苇席、望板上50毫米护板灰一层，其上做2−3层泥背，每层泥背厚度不得超过50毫米，每苫完一层，都要拍背，其上做麻刀灰一层。

3. 瓦瓦

重新添配1号筒板瓦，补配正脊、垂脊、戗脊，重新添配七样正吻、垂兽、戗兽和套兽。

（1）筒瓦黑活做法：筒瓦调脊做法（撞尖脊做法，即先调脊后瓦瓦）首先根据屋面和瓦的尺寸大小分中号垄，要保证划分准确且底瓦坐中，钉瓦口要留出1厘米雀台。调脊自下而上依次垒砌，胎子砖——→下瓦条——→下混砖——→砌陡板砖——→下混砖——→砌眉子砖

——→安砌吻、兽、小跑，然后捏当沟——→托瓦条——→打点混砖、陡板砖——→做眉子沟、抹眉子。各层下砌后用麻刀灰和瓦片分层填平后苫小背。其上各层脊兽件做灰，碰头灰要足，头缝严，填馅平整。脊兽桩钉牢，吻兽位置准确、周正、平稳。各条脊均要平直顺向，混砖、陡板砖接口平整、严实。正脊托瓦条角度一致、直顺高低一致。垂脊（岔脊或戗脊）托瓦条角度一致、弧度和缓。调正脊要挂通直线，调垂脊（岔脊或戗脊）拉线找好弧度，自角端开始，依次安装垒砌。按原位置安装小马兽、垂兽，然后做兽后部分，内用灰泥装满，至顶端留一段，等吻兽安装好后再封口。安正吻兽前安好吻桩子，涂好防腐涂料，吻兽内用灰泥装满，垒砌牢固。

传统掺灰泥瓦瓦、冲垄、瓦瓦底瓦必须保证三搭头，底瓦、盖瓦瓦瓦前清扫干净。盖瓦满蘸月白浆，底瓦满蘸白灰浆。檐头、脊根和腰线三条线，底瓦盖瓦的瓦脸灰、捉节灰应饱满，不得有脱落和洞眼。盖瓦夹垄灰分二次进行，要密实、光滑、直顺，必须符合相应古建操作要求。屋面完成后瓦件清扫干净，各条脊和瓦面刷浆提色，色泽应均匀一致。

筒瓦捉节灰、夹垄灰使用大麻刀青灰。夹垄前先将夹垄灰的基层盖瓦泥两侧喷水，充分湿润再进行夹垄。夹垄灰分二次进行，要密实、光滑、直顺。捉节要密实，不得有“蛐蛐窝”和“嘟噜灰”，瓦翅背严填实，捉节饱满，夹垄坚实，睁眼一致，下脚直顺，干净利落，无裂缝、翘边。捉节和夹垄灰的灰不得污染瓦面。按古建操作要求施工，屋面完成后将瓦件清扫干净。

（2）调黑活脊、瓦黑活瓦：各殿座均为撞尖脊做法，即先调脊后瓦瓦。首先根据屋面和瓦的尺寸大小分中号垄，要保证划分准确且底瓦坐中，钉瓦口要留出1厘米雀台。调脊自下而上依次垒砌，胎子砖——→下瓦条——→下混砖——→砌陡板砖——→下混砖——→砌眉子砖——→安砌吻、兽、小跑，然后捏当沟——→托瓦条——→打点混砖、陡板砖——→做眉子沟、抹眉子。各层下砌后用麻刀灰和瓦片分层填平后苫小背。其上各层脊兽件做灰，碰头灰要足，头缝严，填馅平整。脊兽桩钉牢，吻兽位置准确、周正、平稳。各条脊均要平直顺向，混砖、陡板砖接口平整、严实。正脊托瓦条角度一致、直顺高低一致。垂脊（岔脊或戗脊）托瓦条角度一致、弧度和缓。调正脊要挂通直线，调垂脊（岔脊或戗脊）拉线找好弧度，自角端开始，依次安装垒砌。按原位置安装小马兽、垂兽，然后做兽后部分，内用灰泥装满，至顶端留一段，等吻兽安装好后再封口。安正吻兽前安好吻桩子，涂好防腐涂料，吻兽内用灰泥装满，垒砌牢固。

底瓦、盖瓦瓦瓦前清扫干净，以保证瓦与3：7掺灰泥粘接。根据已划分中号垄进行冲垄，根据屋面面积大小而定冲多少垄。先冲边垄，拴好齐头线、棱线和檐口线，再冲屋面中间的瓦垄，要求屋面所冲的垄曲线平滑、均匀一致。传统掺灰泥瓦瓦、冲垄、瓦瓦底瓦必须保证三搭头，底瓦、盖瓦瓦瓦前清扫干净。盖瓦满蘸月白浆、底瓦满蘸白灰浆。檐头、脊根和腰线三条线，底瓦、盖瓦的瓦脸灰、捉节灰应饱满，不得有脱落和洞眼。盖瓦夹垄灰分两次进行，要密实、光滑、直顺，必须符合相应古建操作要求。屋面完成后，瓦件清扫干净，各条脊和瓦面刷浆提色，色泽应均匀一致。

4. 屋面揭瓦

首先将勾头和滴子拆下，送到指定地点存好备用，然后将屋面部分需揭瓦的底瓦、盖瓦全部拆下，并清除底瓦、盖瓦泥（灰），存好备用。如泥（灰）背酥碱脱落，应铲除干净。如发现望板、椽子、飞头糟朽则更新，连檐、瓦口都更换。用水将茬子处润透后按原有做法重新苫背，待泥背干后开始瓦瓦（瓦瓦前仍要润透旧茬），新瓦按各个殿座设计要求添配，并应注意将新旧瓦搭接处清理干净、搭接严密，新瓦坡度适宜，不得出现“倒喝水”现象。新瓦插入旧瓦的部分不少于瓦长的5/10。凡新做苫背的，新旧灰背接茬处，新茬一定在旧茬的上方。

5. 泥背、青灰背

根据原苫背做法进行苫背，护板灰厚20毫米，由上向下进行，接茬做斜茬，塞严抹平，不翘边，七八成干时刷清浆轧活，隐检合格后苫两道麻刀泥背（每道40毫米厚），垫层泥背，按原泥背的做法自上而下层层压实、平顺、不裂。苫青灰背要等泥背七八成干时进行，苫三道麻刀青灰背（每道25毫米厚），层层拍灰，要求均匀，擀轧密实，撒青浆先浓后稀，三浆三轧，注意防止细微的裂缝，接茬处压光压实。尤其要注意新旧青灰背接茬处，旧青灰背做成坡茬，刷水充分湿润，斜茬搭接，塞严抹平，不翘边、不开裂。

做泥背，泥背用3：7掺灰泥，要求用生灰块泼制，做泥背不少于两遍，找出昂弯。苫背要分层分段苫好，用抹子抹平，总厚度不少于10厘米，要求不少于两遍。青灰背找昂要

和缓平整，并层层拍打严实。

泥背七八成干后再做青灰背，拍麻刀要均匀，不得出现麻刀蛋，待将麻刀揉实入骨后方可溜浆。擀轧后顺抹子花出亮交活，不得有灰拱子、麻刀泡和裂缝，同时须经有关检查部门验收后方可进行下一道工序。总厚度不少于2.5厘米，灰用泼浆灰掺以大麻刀拍麻刷青浆，面层应三浆三压，擀轧密实。

6. 挑顶大修

因为木构件糟朽严重，影响到结构安全。首先揭去屋面瓦件，铲除灰泥背，拆掉望板、椽子、木构件，将木构件上的灰尘清扫干净。再根据设计图纸和设计方案要求与实物进行对照。检查是否匹配，如发现与实物不一致的部位，应及时通知设计方、监理方和建设方确定新的施工方案。

对需拆下大修、整修后归安和局部更换的木构件，在拆除前应细致全面地检查和测量，对各种木构件相互交接的连带关系、木构件的位置及形状都要进行测量，并做好记录。对木构件要做好标记，按拆卸顺序编号，对复杂部位连接的整体外观拍照和绘图，留好第一手资料，为各不同的构件归安复原提供可靠的依据。拆除前要做好支顶加固的保护，以免出现意外损坏。

大木构件基本就位后，按照传统古建的操作工艺，对歪闪的柱子打戗、吊线、拨正，采用三面吊线坠控制。针对腐朽的柱子采用剔扑墩接的方法，首先测量实际柱子高度，制作时根据糟朽高度加上柱径的1.5倍的搭接长度和管脚榫长度，再加10−15厘米的齐头量。依此总长度制作出与旧柱同直径、同质或近似材质的备接圆木，然后进行弹线、画榫制作。墩接采用刻半做法，其方法为将接在一起的柱料各刻去直径的一半，作为搭接部分，搭接长度为柱径的1.5倍，贴中线端头做半榫，以防搭接部分移位。墩接就位吻合后，在接茬部上下各用一道铁箍箍牢，增强柱子的整体性。墩接完成后必须保证各个受压面严实不松动，保证支戗撤掉后不走动。墙体砌筑时随墙体进度撤顶桩和戗木。大木维修墩接柱子常用小接（巴掌榫接）与大接（莲花瓣榫接或抄手榫接）两种方法。墩接长度严禁大于柱高的1/3，搭接榫的长度为柱径的1.5倍，但不小于40厘米，巴掌榫的榫头宽2–3厘米、高4–5厘米，柱子采用巴掌榫时，看面须见横缝。

五、油漆彩画

施工顺序：基层处理——→地仗工程——→油饰及彩画。

1. 基层处理

（1）工艺：将原有椽望旧灰皮斩、砍，见基层处理做法，经砍净、挠白处理，如新换的木构件应做斧迹处理，木裂缝采取撕缝，木结构表面涂油满浆，并使其渗透木基层处理，使灰层与木基层相衔接。

（2）基层处理工艺要求：新木结构斩砍剁斧迹（旧木结构斩砍见木、砍净挠白），斧迹深约3毫米，斧迹距约15毫米，斧迹横切木丝（垂直于木纹45° ）。撕缝下竹钉，支浆均匀到位，油满配合比1（血料）：1（油满）：20（水）。

（3）竹钉制作：应根据木构件开裂程度制作不同规格的竹钉，并经桐油浸泡。木裂缝在5–10毫米应采取下竹钉做法，下竹钉应从裂缝的两端下起，每隔150毫米下一个。

（4）撕缝：应将裂缝的硬棱撕成“八”字棱，以便地仗灰填入缝内。

木裂缝在10毫米以上的应采取揎缝，并达到严实牢固。

支浆应采用油满浆护刷支涂，并将木构件表面支严至无遗漏。基层处理施工后做隐蔽工程验收。

2. 地仗工程

（1）地仗工艺建筑部位做法：连沿瓦口、椽头挂檐板施四道灰地仗；椽望和斗拱施三道灰地仗；上架大木、下架大木，及槛窗、隔扇边抹大边，绦环板、门心板找补做四道灰；下架装修槛窗、隔扇棂屉施单皮灰地仗。

（2）一麻五灰地仗做法：工序包括捉缝捉灰，衬平、补缺、出棱角、线型、出规矩找板口；通灰过板，衬平、掐秧、裹棱角出整体；使麻，粘麻拉秧防开裂；压麻灰过板找平整；中灰刻骨干刮整密实；细灰平整饱满，圆、平、直；磨细钻生出效果。

四道灰和三道灰地仗做法工序包括捉缝、通灰（中灰）、细灰及磨细钻生油。

两道灰地仗为捉中满细灰。

（3）材料调配：油饰彩画施工中所用的材料半成品加工及调配，应严格遵循传统工艺要求。

容积比

砖灰种类	粒径（孔/英寸）	油灰	级配	备注
大籽	16	捉缝灰、通灰	大籽70%、中灰30%	
中籽	20	压麻灰	中籽60%、中灰40%	
中灰	24	中灰	中籽20%、中灰80%	
细灰	80	细灰	细灰100%	

重量比

类灰	材料名称			
	油满	血料	砖灰	备注
捉缝灰、通灰	1	1	1.5	
压麻灰	1	1.5	2.3	
中灰	1	1.8	3.2	
细灰		10	39	加光油2、加水6

容积比

血料腻子	血料	水	土粉子	比例 =3：1：6
汁浆	血料	水	油满	比例 =1：20：1
粘麻浆	血料	—	油满	比例 =1.2：1
潲生浆	—	水	油满	比例 =1：1

灰、油料加工做预检；麻层处理、捉缝灰及磨细钻生后分别做隐蔽工程验收。

（4）地仗工艺要求：捉缝灰应横掖竖刮、表面收净，变形部位初步衬形衬平，缝灰饱满严实，无蒙头灰。

通灰要抹严造实，过板子的搭接处应在不明显处，拣灰应使边、角、棱等局部完美准确，厚度均匀（2−3毫米），铁板刮过的地方不得高于总体平面，表面平整，线角直顺。

中灰厚度要薄，交接处仍要与压麻灰错开，使表面平整光圆，秩角干净利落，棱线宽窄一致，线路直顺。

细灰时应先找出边角轮廓，然后填心，保证厚度，来回造实，避免蜂窝，使之与中灰密实结合。细灰面层无龟裂、空鼓及脱层，大面基本平整，直线直顺，曲线圆润对称。

磨细钻生：先磨边、棱、线角，再磨大面，必须断斑。钻生应随磨随钻，钻透为止，并用麻头擦净表面淤油，避免流坠挂甲。

六、台明及地面做法要求

1. 台基踏步

各路轴线建筑用条石重新砌筑前后檐明间阶条石和踏步、砖砌象眼。清理台明四周原土夯实，青砖散水宽600毫米。其他各建筑保持280毫米 ×140毫米 ×60毫米条砖踏步。

清理砖砌台帮，按原规格砖料剔补或添配。阶条石夹肋截头表面剁斧见新，对风化严重的条石，用原规格、原材质的条石剔补。最后打点勾缝，表面做旧。每层台阶背后用石或砖背好，并灌足灰浆。

2. 各类石活归安、修补

（1）石活归安：台阶、阶条石、压面石、垂带石、踏跺石归安前，首先根据设计图纸要求对进行归安的各类石料要拴通线归安，所有要进行归安的石活均应按线找规矩、按线归安。归安应注意各层水平标高一致。根据拴线将走闪石活归安就位、灌浆稳固。归位时使用小撬棍垫石片找好位置，找平找直，并用砖围挡麻刀灰锁口，防止灰浆溢出污染石材。稳固时棱角完整，避免对石材的损坏，按传统工艺恢复。

（2）拆除、修补打点石活：拆除原有水泥陡板，基层清除干净，按照设计要求及实际尺寸配制石制陡板。补配石活时应选用与原材质颜色相同的石材，根据原有形式加工，使用环氧树脂进行黏接。要求接触尽可能严密，分别在原有和修补料的接触面上涂抹环氧树脂进行嵌补黏接，要求粘贴牢固，接缝尽可能小。环氧树脂不得污染石材表面。粘贴牢固后根据石材外观原有几何形式进行洗剁加工，直至达到原有式样，新旧石材颜色尽量保持一致。

补配破碎的阶条、压面，横向断裂的台明石，用色泽、材质相同的石材粘修。

补配的石料应与原有石料一致，按应补配的部位，选择同质荒料做成雏形，参照相同部位构件纹样仿制，要预留0.2−0.3厘米荒料，待安装后再凿去做细成活。新旧茬接缝处要求做成糙面并清除尘污，用环氧树脂粘牢（环氧树脂：乙烯三胺：二甲苯 =100：10：10），接缝时要求环氧树脂涂到距离外口约0.2厘米处为宜，缝隙再用同色石粉掺环氧树脂勾抿严实，最后，用錾子修正，以看不出接缝为佳。

采用环氧树脂进行粘结，粘结要求同上，残缺部分采用同材质石料补齐粘牢。

（3）石活安装：根据设计图纸要求，有的需要进行打细和石活安装。首先根据设计图纸要求，各殿座套顶石和阶条石拴通线安装，所有石活均应按线找规矩、按线安装。套顶石安装应注意套顶石的平整和水平标高一致。根据拴线将石活就位铺灰坐浆，打石山将石活找好位置、标高，找平、找正、垫稳，无误后灌浆，为了防止灰浆溢出，需预先进行锁口。安装落心石时确定准确尺寸后“割头”，保证“并缝”宽度一致，不得出现“喇叭缝”。石活间连接的榫、榫窝、磕绊应合理牢固。安装完成后，交工前进行洗剁交活。

七、木装修工程做法要求

门窗装修材料采用一级红松，强度等级 TC13，含水率不得大于12%。

1. 门窗

拆除所有后人添建、改建的门窗，中路、南路和北路轴线建筑按照设计图纸恢复，前檐次间做槛墙及槛窗，缺失的棂条参照院内保存完好的样式恢复。各院南、北厢房门窗按设计图纸复原。

2. 室内隔断

室内隔断参照南路后院正房原有木隔断形式，根据展示需要制作、安装。

3. 天花顶棚

原建筑为秫秸顶棚，棚上海墁印花纸，考虑现代使用，可以按设计要求采用现代轻质材料吊顶，或恢复原有的古建传统天花板形式。

4. 拆除

拆除前做好相关记录，如材质、原工艺做法、尺寸、形式、数量、破损原因、损坏程度等，并做好临近文物的保护，拆除要更换的材料时绝不能将非更换部位拆除或损坏。

拆除所有后添建的附属建筑物时必须对临近文物建筑进行保护，严禁野蛮拆除。不得使用大锤和整墙推倒的拆除方法，应自上而下逐层拆除，从外向内推进，逐段拆除。拆除应使用小撬、瓦刀和小铲等工具。拆除前应保护临近文物建筑，使用板材将文物建筑的墙体、石活、小台、金边等保护好，避免损坏文物。拆除到后添附属建筑和文物建筑交接处时，应使用小铲或开刀等工具进行剥离。

5. 添配隔扇门及槛窗

槛框、踏板、隔扇、槛窗的整修加固，要求加楔使膘饱满，表面光平，无明显戗茬、戗痕、锤迹、斧痕；边抹、棂条相交处肩角严实，线条直顺；团花、卡子花、卧蚕按原样添配，位置准确对称，五金齐全，位置正确，外观与原存实物要接近；修缮后的隔扇、槛窗必须保证开关灵活，其木材的含水率符合设计要求。

添配隔扇、槛窗的制作、安装，按照建筑上同一类型的隔扇、槛窗的规格、样式加工、制作。隔扇、槛窗所用木材的品种及含水率应符合设计要求。

安装下槛时应在地面铺墁完成的基础上施工操作，安装前进行垂直吊线，并按轴线平行定位。

槛框、榻板应根据设计要求的尺寸制作，各构件制作后应按照出料、净面、画线、做榫卯的工序和质量检查。槛框、榻板安装应保持线肩严密平整、垂直方正，棱线交圈不皮棱，构件接头部位留茬，以榫相接，整体构件表面保持平整，各条棱线通顺交圈。

隔扇、槛窗等木构件应参照设计要求和原构件的尺寸，按各间施工中的尺寸加工制作，制作时应根据抱框间距分扇定宽，按两槛间距定高，确定每扇的规格尺寸、隔扇心的形式。安装下槛时应在地面铺墁完成的基础上施工操作，安装榻板应在槛墙完成后施工操作，安装前进行垂直吊线及按轴线平行定位。各构件制作完成后，须通过出料、净面、画线、做榫卯的工序检查质量，合格后才可安装，安装应根据设计尺寸分配规格、确定数量。

配制门、窗扇部件应边框和抹头榫卯结合（边梃凿眼、抹头两端做榫），榫卯相交做割角、合角肩（榫卯为双榫双卯），抹边线条交圈。边梃抹头内面打槽装裙板及绦环板，边框与裙板、绦环板同时制作安装。隔扇、槛窗、隔心、仔屉在边框内安装头缝榫或销子榫，抹头对应打槽，上起下落安装。棂条制作外檐为凸面，棂条榫卯做丁字交接，做肩半榫。外檐棂条为凹面，棂条榫卯做半银定榫割角。隔扇、槛窗添加边抹的肩角必须严密、加楔严实、榫眼饱满，不得劈裂，打槽宽度要准确，线角要交圈，线条要光洁直顺。表面要光平洁净，无戗茬、刨痕和锤迹、斧痕。安装后裁口直顺，刨面平整光滑，分缝适度，开关灵活稳定。安装以样板组装，并与仔屉榫卯吻合。安装扇窗首先确定连楹位置，并保留两扇之间的缝路，以保证开启灵活，扇关合后与框里皮平行一致。

添配修复、添配棂条：首先将现有改变的门窗扇与原有门窗扇进行复合性对照检查，确定制作形式、规格，针对所需更换的构件制作加工与安装。针对具体的损坏情况，检修加固可采取剔补、添配门板、换隔扇边抹、裙板门心板嵌缝、仔屉添配棂条、仔屉隔心配换、添配面叶等等。装修、检修、加固应按设计要求，按原做法进行，隔扇、槛窗、隔心、仔屉在边框内安装头缝榫或销子榫，抹头对应打槽，上起下落安装。

添配仔屉棂条、窗心的加工制作：外檐棂条应为盖面，仔屉边里口必须做窝角线，榫卯丁字交接处须做飘肩半榫，搭接处做马蜂腰。同时，参照同一建筑上团花、卡子花、卧蚕的式样雕刻加工和安装。安装时必须做榫，严禁用寸钉钉。线条要直顺光洁，深浅一致，相交处肩角严实，胶榫饱满无松动。大框与仔屉绞套严实，松紧适度，棂条空档均匀一致，对应棂条直顺，交点光平。团花、卡子花、卧蚕位置对称，无疵病，其木材的含水率不得大于12%。

桁条局部断裂、损坏部件的补配与更换：整修、更换局部断裂损坏桁条，应做桁屉的整体拆卸检修。局部更换损坏的桁条拆除后，应依据原有规格及榫卯做法加工制作，桁屉整体更换与制作应按原有部件套制样板。新桁条与旧桁条整体组装时，应保持榫卯严密性和菱花规格整体的协调性。

八、脚手架支搭方案

1. 脚手架支搭文物保护要求

外檐架子立杠不准与地面直接接触，均铺垫脚手板一层，排木、戗杆一律不准与建筑物相连，架子稳定要靠架子戗杆形成几何不变体系解决。

二层檐下油活架子站立杆时，瓦面要采取相应措施，如垫麻袋布。架木枋子不准与底瓦及瓦面直接接触，屋面捅持杆架子挑脊、宝顶采取相同方法。

内檐架子支搭满堂红架子，在满足施工操作的同时不与建筑物有任何直接接触，支搭过程中要谨慎操作，防止触碰。

在现场架木运输过程中均应采取保护措施，手推车腿用胶皮防护，装卸时地面要采取措施，手推车辆进入现场防止对建筑物刮、磕、碰。

脚手架在搭设、拆除和搬运时，必须轻拿轻放，上下、左右有防护，有人传递。

2. 脚手架选用

根据本工程特点，采用双排外钢管脚手架，距檐头不大于15厘米、立杠间距不大于1.5米、大横杆不大于1.8米、小横杆不大于1.5米、架宽1.2米。室内支搭满堂红架子，立杠间距不大于1.5米、大横杆不大于1.8米、小横杆不大于1.5米、架宽不大于1.8米，按装修步距搭设。

3. 施工注意事项

小横杆长度应基本统一，且两头超出立杆的长度不少于10厘米，立杆、大横杆接头位置要错开。

铺设脚手板，小横杆要与大横杆用扣件固定。

脚手架斜撑、剪刀撑每7根立杆设一组、角度不大于45°。

脚手架须设抛撑，撑点高为5米，底角为60°。

防止脚手架向外倾倒，竖向4米、水平方向每隔6米应设连墙杆。

密目安全网用16#铁丝捆绑在大横杆上，每点都应绑扎，且上下左右都绷直。所有绑扎头必须朝向架外，以免挂烂衣服或伤人。

在架体搭设时，各种材料必须进行可靠的传递，不得随意乱抛，同时施工人员要系好安全带。

搭设好的架体上的构件，特别是扣件、钢管等在使用中严禁随意拆卸，严禁用架体做材料堆场，架体上只准许放临时用的零星材料，且放置要稳定。

建立完善验收制度和检查制度，搭好的脚手架在分段验收合格后方能投入使用。同时对架体进行定期或不定期检查，安排专人对架体检修和维护，随施工项目进行调整，保证施工作业需要，并及时清理架体上的零星材料，检查各连接点是否有松动，特别是雨后、大风天后必须经过检查，符合安全要求后，才能继续使用。

架子拆除时周围应设围栏并设专人看管，以从上而下顺序拆除，注意保护成品，脚手板、钢管、扣件一步一清，应向下传递或用绳子吊下，禁止往下投扔。

4. 扣件式钢管脚手架的构造要求及技术措施

（1）立杆：脚手架采用双排双立杆，立杆顶端高出结构檐口上皮1.5米，双立杆应采用双管底座。

立杆接头采用对接扣件连接，立杆与大横杆采用直角扣件连接。接头交错布置，两个相邻立柱接头避免出现在同步、同跨内，并在高度方向错开的距离不少于50厘米；各接头中心与主节点的距离不超过60厘米。

（2）大横杆：大横杆置于小横杆之下，在立柱的内侧，用直角扣件与立柱扣紧。其长度大于3跨、不小于6米，同一步大横杆四周要交圈。

大横杆采用对接扣件连接，其接头交错布置，不在同步、同跨内。相邻接头水平距离不小于50厘米，各接头与立柱的距离不超过50厘米。

（3）小横杆：每一立杆与大横杆相交处（即主节点）都必须设置一根小横杆，并采用直角扣件紧扣在大横杆上，该杆轴线偏离主节点不超过15厘米。小横杆间距应与立杆柱距相同，且根据作业层脚手板搭设的需要，可在两立柱之间等距增设1－2根小横杆，其最大间距不超过75厘米。

小横杆伸出外排大横杆边缘距离不少于10厘米；伸出里排大横杆距结构外边缘15厘米，且长度不超过44厘米。上、下层小横杆应在立杆处错开布置，同层的相邻小横杆在立柱处相向布置。

（4）纵向、横向扫地杆：纵向扫地杆采用直角扣件固定在距底座下皮20厘米处的立柱上，横向扫地杆则用直角扣件固定在紧靠纵向扫地杆下方的立柱上。北侧裙房顶板存在较大高差，则将高处的纵向扫地杆向低处延长两跨与立柱固定。靠边坡的立柱轴线到边坡的距离不少于50厘米，并对此立杆采取双向斜拉加固措施。

（5）剪刀撑：本脚手架采用剪刀撑与横向斜撑相结合的方式，随立柱纵横向水平杆同步搭设，用通长剪刀撑沿架高连续布置。双立杆部位采用双杆通长剪刀撑，单立杆部位则采用单杆通长剪刀撑。

剪刀撑每6步4跨设置一道，斜杆与地面的夹角为45°－60°。斜杆相交点处于同一条直线上，并沿架高连续布置。剪刀撑的一根斜杆扣在立柱上，另一根斜杆扣在小横杆伸出的端头上，两端分别用旋转扣件固定，在其中间增加2－4个扣结点。所有固定点与主节点距离不超过15厘米。最下部的斜杆与立杆的连接点距地面的高度控制在30厘米内。

剪刀撑的杆件连接采用搭接，其搭接长度超过100厘米，并用不少于2个旋转扣件固定，端部扣件盖板的边缘至杆端的距离超过10厘米。

横向斜撑搭设在主楼脚手架部位，在同节内，由底至顶层呈“之”字形在里、外排立柱之间上下连续布置，斜杆应采用旋转扣件固定在与之相交的立柱或横向水平杆的伸出端上。除拐角处设横向斜撑外，中间应每隔6跨设置一道。

（6）脚手板：脚手板采用厚5厘米、宽35–45厘米、长度不少于3.5米的松木板。在作业层下部架设一道水平兜网，随作业层上升，同时作业不超过两层。首层满铺一层脚手板，以上每隔六层也要满铺一层脚手板，并设置安全网及防护栏杆。

脚手板设置在三根横向水平杆上，并在两端8厘米处用直径1.2毫米的镀锌铁丝箍绕2–3圈固定。

当脚手板长度少于2米时，可采用两根小横杆，并将板两端与其可靠固定，以防倾翻。

脚手板应平铺、满铺、铺稳，接缝中设两根小横杆，各杆与接缝的距离均不超过15厘米。靠墙一侧的脚手板与墙的距离不应超过15厘米。拐角处两个方向的脚手板应重叠放置，避免出现探头及空当现象。

（7）连墙件：连接件采用刚性连墙杆，垂直间距为3.60米、水平间距为4.05米。连墙杆用 Φ48×3.5的钢管，其与脚手架、建筑物的连接采用直角扣件。

在结构每一外框架柱处设一组双杆箍柱式拉杆与框架柱拉结。在顶板上框架柱间中点处，在结构外皮1.5米处预埋 II25钢筋（加工尺寸与悬挑架预埋件相同），用 Φ48×3.5的钢管与脚手架可靠的转角处，于框架柱上双向设置上述箍柱式拉杆。在建筑物的首层置两道连墙件。

连墙件横、竖向顺序排列，均匀布置，与架体和结构立面垂直，并尽量靠近主节点（与主节点的距离不超过30厘米）。连墙杆伸出扣件的距离应超过10厘米。底部第一根大横杆就开始布置连墙杆，靠近框架柱的小横杆可直接作连墙杆之用。

九、防护设施和卸料平台

1. 防护设施

脚手架要满挂全封闭式的密目安全网，密目网采用1.8米 ×6.0米的规格，用风绳绑扎在架杆外立杆里侧。作业层网应高出平台1.2米，产基作业层下步架处设一道水平兜。在架内3.6米高处设首层平网，往上每隔五步设隔层平网，施工层应设随层网。

作业层脚手架立杆于0.6米和1.2米处设有两道防护栏杆，底部侧面设18厘米高的挡脚板。

2. 卸料平台

本工程主要是二层建筑及城墙维修，需要设置卸料平台，从经济实用的角度考虑，卸料平台设计为悬挑式型钢平台，规格为5.0米 ×4.5米 ×1.5米，悬挑长度为3.0米，平台上要设有限定荷载标牌。

第二章　施工方法及工艺流程

第一节　府墙及府门

一、府墙墙体

1. 搭建脚手架

按施工规程标准搭建脚手架，2米一层，要在架子外侧绑护向身栏和挡脚板，架子上不准留有单挑板、探关板，脚手板与建筑物的间隙不得大于20厘米。施工人员要正确使用个人防护用品和安全防护措施，进入施工现场必须戴好安全帽，二层以上要系安全带；高处作业人员不得随意向下抛物；施工前一定要检查脚下竹胶板是否牢固安全。

2. 铲除原有墙皮

人工铲除清理旧墙面出现的空鼓、翘皮、浮土，尤其是树根、杂草必须铲除干净。

3. 补砌垮塌墙体

铲除墙皮的同时，对墙体下部朽蚀严重，甚至垮塌的墙面，用手铲细心清理至原土，深度超过15厘米的朽蚀、垮塌墙面、坑洞用土坯、草泥补砌，补砌面要找平，低于整体墙面3–5厘米，先抹一层草泥，厚10毫米左右，风干后与整体墙面一同抹草泥。

4. 下麻揪

墙面清理干净后在墙面上下竹钉，钉麻揪，麻揪呈梅花状均匀分布，麻揪间距80厘米，抹泥打底时要把麻分散铺开，扎入泥中，拉成网状，麻要选质量好的长线麻。

5. 抹麦秸泥

选黏性好的黄土和上好的麦秸和泥，泥：麦秸 =100：30（体积比）。麦秸和泥搅拌均匀。按原抹灰做法分层，墙面横竖拉线，按原厚度竖抹一道灰梗，与拉线平齐，用大麻刀灰抹泥打底，厚10-12毫米，将灰揪分散压入泥层。用大麻刀灰罩面抹平，厚8-10毫米，大面积抹擀压实。揪子眼要平整，抹泥后无漏麻现象。一段墙面不能一次抹完，分段随抹随刷随压，接茬部位不刷浆，留坡茬，将甩茬部位用抹子压下去。墙面平整，无空鼓、翘皮、裂缝等。

二、府墙地面

1. 拆除原有地面

拆除、清理府墙地面原有的水泥方砖及渣土至原土层，垃圾外运，将地面清扫干净。

2. 水泥砂浆面层

在做防水层前先在地面抹一层水泥砂浆，水泥砂浆比例为1（水泥）：3（沙子），用搅拌机搅拌均匀即可。施工前，先在墙地面拉“十”字线，用于找平地面，也便于砂浆抹平，然后浇水，打湿地面，开始抹砂浆，从墙里到墙外要有5%的走水坡度，砂浆厚度平均为50毫米。

3.SBS 防水层及保护层

（1）涂刷基层处理剂：屋面采用3毫米厚 SBS 卷材施工，按产品说明书配套使用，基层处理干净，无尘土等脏物，用长把黏结剂滚刷均匀涂刷于基层表面，经过4小时常温后，开始铺贴卷材。

（2）附加层施工：一般用热熔法使用改性沥青卷材施工防水层，在女儿墙、水落口、管根、檐口、阴阳角等细部先做附加层，附加的范围应符合设计和屋面工程技术规范的规定。

（3）铺贴卷材：将改性沥青防水卷材剪成相应尺寸，用原卷心卷好，开始铺贴，铺贴时，随放卷随用火焰喷枪加热基层和卷材的交接处，喷枪距加热面300毫米左右，经往返均匀加热，趁卷材的材面刚刚熔化，将卷材向前滚铺、粘贴，搭接部位满粘牢固，搭接宽度为100毫米。

（4）热熔封边：将卷材搭接处用喷枪加热，趁热使二者黏结牢固，以边缘挤出沥青为度；末端收头用密封膏嵌填严密。

4. 方砖墁地

第一，在做好防水的地面上放“十”字线。从里到外走水坡度为5%，同时和黄土泥，泥要软硬合适。第二，挑砖。董府墙顶地面铺的砖是按设计要求专门定制的仿古青灰方砖，但砖出窑时尺寸、质地还是有细微差别的，所以在铺砖前要由师傅挑砖，砖要四棱四正，色泽一致，有瑕疵的放在一边，用于补铺边角。第三，铺砖。根据砖的尺寸计算好趟数，中间一趟铺好后，从两边铺下一趟，铺完为止。铺砖时要先垫一层泥，厚50毫米左右，要均匀合适，砖缝控制在10毫米左右，用胶皮锤敲打密实，砖缝大小均匀，外棱直、顺、平，不得有碎砖、裂砖。第四，收缝。用细砂浆灰收缝，收缝要密实，有光泽，整体一致，之后用纱布将砖缝余灰擦干净。

5. 府墙散水

按设计要求，城墙散水宽1200毫米，铺仿古青灰方砖，尺寸为400毫米 ×400毫米。第一，清理渣土、杂草、树根等，将施工地面夯实。第二，铺一层100毫米厚三合土，夯实。第三，铺砖准备。①师傅先挑砖，砖要四棱四正，无瑕疵。②和黄土泥，泥要软硬合适。③放“十”字线，线为铺砖找平标准。第四，载沿砖。散水里侧靠墙，外侧载一行沿砖，增强散水砖的稳固性。第五，铺地面砖。先外后里，黄土泥厚度为50毫米，砖缝控制在10毫米左右，用胶皮锤敲打密实，砖缝大小均匀，无裂砖、碎砖。第六，收缝。铺一层干沙灰，用笤帚赶扫，使灰缝严实。

三、府墙门洞

因门洞上雨水渗漏，导致门券砖砌灰浆流失，产生裂缝；因盐碱侵蚀致部分城砖朽蚀严重。按设计要求对毁损城砖进行剔补更换。

1. 工艺流程

清除残墙的灰尘、浮灰和酥碱严重的砖砌体，要求干净整洁。拆除时剔凿面积必须是单块砖的整数倍，接近非拆除部位时用扁铲、錾子拆除，将留茬部位剔净使接茬砖的棱角完整，避免损伤非拆除砖的棱角。根据测绘记录在原位置按原墙砌筑形式补砌，补砌砖应使用与原墙体形制、规格一致的砖。

砌筑流程：拴线——→摆砌——→背里——→灌浆——→逐层砌筑——→打点。

补筑时墙体接茬处清扫湿润，老浆灰砌筑灰浆饱满，灌浆使用桃花浆（白灰：黏土 =3：17），立卧缝均匀，控制在3毫米左右。砌筑轴线不得偏移。

墙轴线位置和标高必须与所记录的一致。

2. 技术要求

补砌后墙体表面平整，砖缝直顺严实，灌浆饱满，接茬处无搭痕，随旧自然。

四、府门

1. 补配府门

董府原城门因年代久远，尤其是20世纪50年代以后，机关、学校、部队、医院等单位先后进驻，府门遭到毁损，后期出于使用需求安装了铁木混合的板门，与董府建筑风格严重不符。按照设计要求和国家文物局专家组的建议，参照外地清代府邸大门的样式，设计补配对开实榻大门，同时根据董福祥的官阶等级，在门上安装了七路饰金门钉。

2. 府门地仗及油漆

因府门体量较大，为防止开裂变形，其地仗采用“一麻一布六灰”工艺。其流程为：汁浆⟶提缝灰⟶通灰⟶使麻⟶磨麻⟶压麻灰⟶使布⟶磨布⟶压布灰⟶中灰⟶细灰⟶磨细灰⟶钻生油。

地仗完成后，上铁红色油漆，门钉饰金。

五、府门楼（同府内坡屋顶建筑）

第一，屋顶和墙体拆除，将拆下的整瓦、整砖编号、记录、单独码放，同时记录原始施工工艺和主要材质。

第二，打牮拨正，将下沉错位屋架恢复原状，并做好基础加固。

第三，木构件剔补、更换，将朽蚀轻微的梁柱剔补、墩接，朽蚀严重的更换。

第四，墙体砌筑，将拆除的墙体按照整砖编号，依据记录工艺、流程砌筑，尽可能使用旧砖。

第五，屋顶苫背，按照古建筑苫背流程进行。

第六，瓦瓦，先按编号使用旧瓦，缺失部分用新瓦补齐。

第七，门窗补配，原有门窗多已损毁，参照中路后院门窗样式、风格，按实际尺寸设计、制作、安装。

第八，地仗油漆，按木构件油漆施工工艺操作，先处理基层，之后做地仗，最后上漆。

第九，参照清代门楼建筑风格和史料记载定制风铃，挂于门楼四角。

第二节　府内建筑

一、屋面部分

1. 屋面拆除

第一，由上至下逐层拆除屋面构件，严格按条例施工，不得伤到椽子等原木构件。

第二，拆除屋面至椽子等构件时，必须在椽子上搭设脚手板，严禁直接踩踏在原木构件上施工。

第三，泥背、青灰背。根据原苫背做法进行苫背，护板灰厚20毫米，由上向下进行，接茬做斜茬，塞严抹平，不翘边，七八成干时刷清浆轧活，隐检合格后苫两道麻刀泥背（每道40毫米厚），垫层泥背，按原泥背的做法、厚度自上而下层层轧抹密实、平顺、不裂，苫青灰背要等泥背七八成干时进行，苫三道麻刀青灰背（每道25毫米厚），层层拍灰，要求均匀，擀轧密实，撒青浆先浓后稀，三浆三轧，注意防止细微的裂缝，接茬处刷水茬轧光轧实。尤其要注意新旧青灰背接茬处，旧青灰背做成坡茬刷水充分湿润，斜茬搭接，塞严抹平，不翘边、不开裂。

做泥背，泥背用3：7掺灰泥，要求用生灰块泼制。做泥背不少于两遍，找出昂弯，苫背要分层分段苫好，用抹子抹平，总厚度不少于10厘米。青灰背找昂要和缓平整，并层层拍打严实。

泥背七八成干后再做青灰背拍麻刀，要均匀，不得出现麻刀蛋，待将麻刀揉实入骨后方可溜浆。擀轧后顺抹子花出亮交活，不得有灰拱子、麻刀泡和裂缝，同时须经有关检查部门验收后方可进行下一道工序。总厚度不少于2.5厘米，用泼浆灰掺大麻刀拍麻刷青浆，面层应三浆三轧，擀轧密实。

2. 屋面揭瓦

首先将勾头和滴水拆下，送到指定地点存好备用，然后将屋面部分需揭瓦的底瓦、盖瓦全部拆下，并清除底瓦、盖瓦泥（灰），存好备用。如泥（灰）背酥碱脱落，应铲除干净，如发现望板、椽子、飞头糟朽则更新，连檐、瓦口都重新更换。用水将茬子处洇透后，按原有做法重新苫背。待泥背干后开始瓦瓦（瓦瓦前仍要洇透旧茬）。新瓦按各个殿座设计要求添配，并应注意新旧瓦搭接处应清理干净，搭接严密，新瓦坡度适宜，不得出现“倒喝水”现象。新瓦插入旧瓦的部分不少于瓦长的1/2。凡新作苫背的，新旧灰背接茬处，新茬一定在旧茬的上方。

3. 筒瓦捉节、夹垄

筒瓦捉节灰、夹垄灰使用大麻刀青灰。夹垄前先将夹垄灰的基层盖瓦泥两侧喷水，充分湿润再进行夹垄。夹垄灰分两次进行，要密实、光滑、直顺。捉节要密实，不得有“蛐蛐窝”和“嘟噜灰”。瓦翅背严填实，捉节饱满，夹垄坚实，“睁眼”一致，下脚直顺，干净利落，无裂缝、无翘边。捉节灰和夹垄灰不得污染瓦面。按古建操作要求施工，屋面完成后瓦件清扫干净。

4. 屋面瓦瓦

（1）施工准备：施工前将瓦件、脊件运输到位，运输过程中轻拿轻放，严禁磕碰脊件。

（2）施工用具：瓦刀、施工线、尺子、灰槽子等。

（3）工艺流程。

①分中：在檐头部位找出整个栋号的横向中点，底瓦坐中。

排瓦当、钉瓦口：在已确定的中间一趟底瓦和两端瓦口之间赶排瓦口，如不能排出好活，可调整某几垄蛐蜒当的大小。

②号垄：将各垄筒瓦的中点平移到屋脊灰背上，并作出标记。

③瓦边垄：在每坡两端边垄位置拴线、铺灰，各瓦两趟底瓦、一趟盖瓦，并同时瓦好排山沟滴，两端的边垄应平行，囊势一致，边垄囊要随着屋面囊，瓦完边垄后应调垂脊。

④拴线：以两端边垄盖瓦垄“熊背”为标准，在正脊、中腰、檐头位置拴三道横线，作为整个屋面瓦垄的高度标准。

⑤冲垄：按照边垄曲线在屋面的中间位置先瓦几垄瓦。

⑥瓦底瓦：拴好瓦刀线后，铺掺灰泥瓦底瓦，底瓦泥的厚度一般为4厘米，底瓦窄头

朝下，从下往上依次摆放，搭接密度做到三搭头，操作中避免由于摆放不当造成喝风现象，明显不合适的瓦要尽量选换。

⑦背瓦翅：摆好底瓦后，要将底瓦两侧的泥顺瓦翅用瓦刀抹齐，背瓦翅时一定要将泥背足拍实。

⑧扎缝：背完瓦翅后，要在蛐蜒当处用大麻刀灰塞严塞实，扎缝灰要盖住两边底瓦垄的瓦翅。

⑨瓦筒瓦：在瓦垄右侧拴好瓦刀线，盖瓦泥应比底瓦泥硬，筒瓦要熊头朝上，从下往上依次安放，上面的盖瓦要压住下面筒瓦的熊头，熊头之上要抹“熊头灰”。

⑩捉节、夹垄：将瓦垄清扫干净后用小麻刀灰掺颜色在筒瓦相接的地方勾抹，用夹垄灰将“睁眼”抹平，夹垄时应将夹垄灰擀轧光实，下脚应直顺。

除调脊、檐头瓦瓦、捉节、夹垄时使用麻刀灰，其余使用掺灰泥。

5. 檐子砖加工制作

（1）施工准备：按照现场原旧砖或样砖确定雕刻纹饰和图案，砍磨加工所用砖料。

（2）主要工序：用笔在砖面上画出所雕刻的图案，多件相同的雕刻可用谱子拓画，并用小錾子细耕一遍图案，钉去形象以外的部分，直至达到立体形象轮廓的要求。

用錾子沿花饰图案侧面进一步细致剔凿，再雕刻图案细微处及看面，先深后浅，用细錾子清地整平，最后将图案内外粗糙处磨平磨细，补好砂眼，用砖面水将图案揉擦干净。

（3）质量要求：砖雕的图案完好无损，造型基本准确，接茬自然通顺。

砖雕外观较细致，形象自然，线条流畅清晰，无明显残损。单体砖雕与设计相比，宽与深的偏差不得超过2毫米。砖雕刻线的宽窄不得超过1毫米。

6. 苫背

（1）铺设苇席、苇帘：苇席铺设时严格按照各栋号编号铺设，搭接长度不少于300毫米，光面向下，毛茬面向上，平顶建筑不需固定，坡屋面建筑在铺设完毕后要逐一固定，防止苇席下滑。苇帘在苇席之上铺设，铺设时不需搭接，铺设严实。

（2）护板灰：只需在望板处抹护板灰，采用深月白麻刀灰，厚度为10-20毫米，要求将望板勾缝严实、抹灰均匀，不得有露木骨处。

（3）第一道泥背：此道泥背要求多掺麦秸，防止干裂，在施工时要找出泛水，平顶建筑泥背一直苫到檐头处，在泥背干至七八成时，要拍背，以使泥背密实。要求滑秸泥掺和均匀密实，左右厚薄一致。厚为100-120毫米。

（4）灰背：在泥背之上苫青灰背，使用大麻刀月白灰，反复刷青浆擀轧。擀轧要达到三浆三轧，作业方向要垂直于檐口。拍麻刀需使用麻刀绒，将麻刀绒均匀铺在已经苫好的一段青灰背上，用铁抹子将其拍入灰背，拍完后要用青浆泼洒两灰背并及时用铁抹子擀轧，全部苫完后要及时再次刷浆擀轧，不可露麻，之后反复刷浆擀轧，直至轧干为止。

此道工序需在砌筑完檐子砖后进行，灰背要直接卷轧到檐子砖上，以防止漏水，厚度为30毫米。

（5）平顶建筑最后一道泥背：此道工序分为两层，粗泥背、细泥背罩面。厚为60-80毫米，粗泥背做法同第一道泥背做法，细泥背要求使用麦糠泥，找好泛水，麦糠泥必须轧实并轧出光面，出水口位置要处理好，不得影响屋面排水。

二、木结构部分

1. 打牮拨正

（1）工艺流程：支搭屋面，拆除架子——→支搭屋面、墙身，拆除架子——→屋面卸载——→拆除妨碍打牮施工的槛墙等物体——→清理涨眼、卡口，清除枋子、穿插、抱头梁肩膀的地仗等——→打牮杆、支戗杆——→基础、柱顶处理——→松保杆——→柱子复位、调直拨正——→支顶迎门戗、龙门戗、钉拉杆，固定戗杆，封戗根——→掩卡口、塞涨眼——→钉木基层——→恢复墙体、屋面——→恢复装修。

（2）施工方法。

①架子搭设：支搭屋面、墙身等拆除架子。

②屋面卸载，墙身拆除：按设计图纸顺序拆除瓦面、泥、灰背；将需要打牮部位的廊心墙、槛墙等影响施工的物体拆除。

③归位部位清理：梁枋与柱子榫卯接缝处杂土、地仗、楦木等清除干净。

④打牮抬升：在靠近下沉柱子位置的底梁皮，支好立牮杆、卧杆、垫木等，工作时在卧牮的另一端加压，第一步先使立牮杆抬起50–100毫米，然后在底部用抄手楔垫实，如果重量大可以配合使用千斤顶等工具。随着梁的抬高，第二步使用单立牮杆支顶在柱子的附木上，采用同样的办法支顶牮杆，并且随时在底部用抄手楔垫实。当柱子抬升到预定高度时，按照正常的大木立架的程序吊正归位。

⑤支戗：完成以上工序后，必须稳固好戗杆并在榫卯处掩上卡口，堵塞涨眼。

⑥钉木基层：参考原做法，按原位置铺钉拆除的椽子。

⑦撤戗：恢复拆除的墙体，恢复屋面后方可撤戗。

2. 柱子墩接、剔补、抽新

（1）施工准备：选好柱料，确定上下头，根据排出的丈杆适当留荒进行打、截料。

（2）施工用具：千斤顶、丈杆等。

（3）主要工艺：柱子糟朽但是柱心完好，并且糟朽深度不超过柱径的1/5时，可以采取剔补包镶的做法，首先要将柱子糟朽部分剔除干净，用干燥旧木料按剔凿深度加工出包镶用料，每块木料的端头做人字肩，如果是周圈剔补的柱子，需要加铁箍1–2道。

柱子糟朽深度超过柱径的1/5，但是糟朽高度小于柱高1/3的，可以采取墩接柱根的方法，将接在一起的柱料各刻去直径的1/2作为搭接的部分，搭接长度一般为柱径的1–1.5倍（但不少于400毫米），端头做刻半榫，以防搭接部分位移。也可以采取抄手榫的搭接方式，视具体情况而定。在对接的柱子断面上画“十”字线，分为四瓣，各剔去对角的两半，上下对角相插，相插的长度为柱径的1–1.5倍（但不少于400毫米），在搭接部位打铁箍两道，要求铁箍与柱子卧平。

缺少柱子或柱根严重糟朽超过柱高1/3的，不得采用墩接方法，需要采取柱子抽换的方法进行修缮。用千斤顶、牮杆、戗杆将梁、枋支顶起来（抽换柱子前必须对其以上梁、枋等采取支顶加固，支顶的高度要求大于檐枋自身的高度），撤去朽柱，换上形状相同的新柱。

更换的木构件和安装的铁箍等需要做防腐处理。

（4）质量要求：构件使用铁活时，严禁破坏相邻构件。

剔补柱根必须采用较硬木材顺纹1/3补，补柱子表面做“人”字肩。

墩接长度严禁大于柱子高度的1/3，搭接榫的长度为柱径的1.5倍，但不得少于4厘米，巴掌榫的榫头宽2–3厘米，高4–5厘米。

墩接柱子应接口严实、加箍严紧，表面光洁直顺。

墩接柱子必须与柱顶石的接触严实无缝隙。

抽换的柱子，其高度、柱径、中线、升线、收分以及其他做法必须与原建筑构件一致。

3. 大木斩砍见木

（1）施工用具：砍斧、挠子等。

（2）施工流程：用小斧子横着木纹在木骨上将残破旧皮砍掉，斩砍出些许斧迹，每个斧迹间距为0.75厘米左右，不许顺着斩砍，以防破坏木骨，砍完之后用挠子全部挠刮干净，先从四角挠至大面，以全部露出木骨白茬为成活，在挠的时候必须顺着木纹挠砍活的施工顺序由下至上，砍框活儿要先左后右，从角柱顶石往上砍挠，全部砍挠完毕后，用小笤帚自上而下打扫干净。

（3）注意事项：砍挠上中槛和上架大木时，要经常检查斧头、挠子是否安装牢固，以免掉头伤人。

4. 大木构件制作、安装

（1）施工准备：施工前操作人员必须熟悉建筑总体情况及大木构件制作安装传统做法，应对材料、工具进行检查。

木构件制作宜在加工棚内进行，所用各种机具防护装置必须齐全有效，符合安全生产的有关规定。

木构件加工完毕后应分组分类码放整齐，注意垫平、防潮，适当遮盖，防止翘曲或碰撞。每日工作完毕后应及时清理木渣锯末，集运到指定地点。

（2）工艺流程。

①柱类构件制作。按照要求，选好柱料，确定上下头，根据排出的丈杆适当留荒进行打、截料。

在柱料两端直径面上分出中点，吊垂直线，再用方尺画出“十”字中线。

圆柱依据“十”字中线放出八卦线，柱头按柱高的7‰－10‰收分。然后根据两端八卦线，顺柱身弹出直线，依照此线砍刨柱料成八方。再弹十六瓣线，砍刨成十六方，直至把柱料砍圆刮光。

方柱依据“十”字中线放出柱身线，柱头收分宜比圆柱酌减。按柱身线四面去荒刮平后，四角起梅花线角，线角深度按柱子看面尺寸的1/10–1/15确定，圆棱石将柱身净光。

弹画柱身中线，按优面朝外原则，选定各柱位置，并在内侧距柱脚30厘米处标记位置号。外檐柱按柱高7‰－10‰弹出升线。

按照丈杆及柱位方向画定榫卯位置与柱脖、柱脚及盘头线，按所画尺寸剔凿卯眼，锯出口子、榫头。

②梁类构件制作。在梁两端画出迎头立线（中线），依据立线画出平水线（檩底皮线）、抬头线、熊背线及梁底线、两肋线（梁的宽窄线）。

将两端各线分别弹在梁身各面。按线将梁身去荒刮平，再用分丈杆点出梁头外端线及各步架中线，用方尺勾画到梁的各面。

画出各部位榫、卯，及海眼、瓜柱眼、檩碗、鼻子和垫板口子线。然后凿海眼、瓜柱眼，剔檩碗，刻垫板口子，刨光梁身，截梁头。海眼的四周要铲出八字棱，瓜柱眼视需要做单眼或双眼，眼长按瓜柱侧面宽，深按眼长的1/3，梁头鼻子宽按梁头宽的1/2，两侧檩碗要与檩的弧度相符。加工完成后复弹中线、水平线、抬头线。按各面宽度1/10圆棱，梁头上面及两边刮出八字棱。在梁背上标写构件部位及名称。

依照样板在老角梁上、下面弹出顺身中线，点画出各搭交檩的老中及里、外由中线，再用斜檩碗样板画出檩碗，然后锯挖檩碗，凿暗销眼，钻角梁钉孔，加工角梁头尾。

按样板制作仔角梁。钻角梁钉孔，加工梁头梁尾，锯挖檩碗。在两侧金檩外由中的外金盘线至老角梁头六椽径处剔凿翼角椽槽。复弹各线，标记位置号。

③枋类构件制作。在枋料两端弹出迎头中线，依要求的截面尺寸找方，弹线刨光。

在枋身上下面弹出顺身中线，按丈杆分别标出面宽、净面宽及加上榫长的满外尺寸线。

依照顺身中线，用抽板从柱头卯口讨退，确定枋肩及榫头形状、尺寸。

④桁檩类构件制作。在檩料两端弹出迎头“十”字线、八卦线。

顺身弹线砍成八方、十六方，直至砍圆刮光。

按檩径3/10弹金盘线，做出檩底和金盘。

依照分丈杆画出银锭榫及口子线，排出椽花。然后盘头、开榫、锯口子、复弹中线、标记位置号。一般桁檩银锭榫长按檩径1/4，宽按檩径3/10，根部每边按榫宽1/10收分，檩头按梁头鼻子宽刻半。搭角檩头亦按山面压檐面做刻半搭角榫。

⑤板类构件制作。垫板按两端装入梁头两侧垫板口子内定长，四面刮平刨光。

挂落板（滴珠板）用立板，挂檐板用横板，四面刨平刮光。与檐边木连接处做暗销，转角处做割角榫。

⑥椽、望、连檐制作。正身檐椽、花架椽、脑椽实样长度，刮、刨成圆椽或方椽，后尾按举架剪掌。

正身飞椽一般为一头三尾，按两根一对弹线制作，在飞椽脖两侧刻闸挡板口子，椽头搓三面棱。

翼角椽为单数，长度与正身檐椽相同。方翼角椽用规格板料制作时，先将板刮平刨光，再用活尺及搬增样板按次序在板两端画出各椽的迎头斜线，并在板面上弹出顺线，按线锯开后，刨光两侧面，分组编号，按号序上卡片具分左右弹线绞尾。

翘飞椽与翼角椽根数相同，各角同编号，翘飞椽宜在同一板料上弹线制作。先在顺板边等于椽头撇度尺寸处弹一条基准线，再用方尺及长度杆在板的大面垂直于基准线画出两端的椽头线及两条腰线。用举度杆在腰线及椽头线上点画出翘起高度和椽子自身尺寸，连接各点弹线，并用扭度搬增板过画到小面，交到另一大面的边棱上，照上法在另一大面弹线。固定翘飞板，由两人用二锯锯解翘飞椽，刨光底面、侧面，标记好编号。

望板按设计厚度一面刨光，横望板两侧刮柳叶缝。

小连檐宽同椽径，高为望板尺寸的1.5倍，长随通面宽加翼角尺寸。大连檐高同椽径，宽为椽径的1.1–1.2倍。大、小连檐宜两根相对弹线制作，用手锯对角拉成直角梯形。大连檐在翼角部位用手锯水平拉出三或四道口子，劈成4至5份，最下一道长约2.5倍步架，以上每道按20-40厘米递减，用绳子捆拢，放在水里浸泡待用。

（3）大木构件安装。

支搭大木脚手架。

从明间开始戳立柱子，绑临时戗杆，再依次立好次间、梢间柱子，安装柱头防穿插枋。

下架立齐后，验核尺寸，进行草拨，并掩上卡口，固定节点。然后支好迎门戗、龙门戗、野戗及柱间横向、纵向拉杆。

按先下后上的次序，安装梁、板、枋、檩、瓜柱、角梁等各部构件，安装时要勤校勤量，中中相对，高低进出一致。

吊直拨正，加固戗杆，堵严涨眼，钉好檩间拉杆及角梁钉。

立架完毕后，要往野戗根部打上撞板、木楔，并用灰泥糊好标记，以便随时检查下脚是否发生移动。

（4）椽望、角梁、翼角翘飞安装。

按原建筑的平出尺寸，在正身部位两端各钉一根檐椽，用木杆校对椽头高低，并在椽头尽端上棱挂线，中部再钉1-2根檐椽，挑住线的中段。然后两人一挡钉正身檐椽、椽碗、花架椽、脑椽。

在仔角梁下皮，距老角梁头向里5厘米处剔凿连檐口子，小连檐正身按椽径1/5留雀台，与椽头钉牢，两端插入连檐口子内，使之成为一条冲、翘圆滑的曲线并点上椽花，然后钉枕头木、翼角椽。铺钉望板后，再盘椽头、擦棱。铺钉望板时甯档间距不宜超过80厘米。

钉正身飞椽必须与下面正身檐椽对齐，在中部加钉，然后钉大连檐。大连檐外皮与飞椽头按1/4椽径留雀台，将椽档调匀后把飞椽与望板、檐椽钉牢。

将大连檐洒头端交代在仔角梁头连檐口子上，然后随冲翘曲线在连檐及翼角望板上点翘飞椽花，依次钉好翘飞椽、盘头、擦棱，最后安闸挡板、钉飞椽望板及压尾望板。

（5）质量要求。

柱子上下划盘头时，必须跟线，如有升的柱子应按升线画线，没升的柱子按中线画线，柱子中线、升线位置要求准确。

柱头需要做馒头榫，要求方正有卯。

柱子榫卯的涨眼高厚尺寸为本身尺寸的11/10。

柱子基本浑圆、直顺，无明显疵病。

开榫凿眼直顺，洗淌清秀无输根。

梁、枋的制作及安装符合设计要求或文物建筑操作规程。

梁的裹棱应按规定倒裹圆慢棱，严禁压棱或倒“八”字棱。

梁头挖檩时要做鼻子，撕鼻子的宽度为梁宽的1/2，两边碗宽各占1/4，口要符合檩的弧度，碗口径可大于檩径5毫米，不允许小于檩径，坐外口平顺，不得输根。

梁中线、水平线、抬头线、裹棱线等线条清楚，裹棱基本浑圆顺直。

枋子制作要求刮平、刨光，平、直、顺，不皮棱，中线、裹棱线准确。

枋子制作要求基本直顺、无输根，无明显疵病。

圆椽制作浑圆直顺，金盘平直，无疵病。

根据当地文物建筑风格形式，圆椽椽径并不为统一规格，并且椽子与椽中板接口处均做燕尾榫，与椽中板搭接。

望板制作要求拼缝弹线刨光，平直，无明显死弯，无劈裂。

各种椽安装牢固，檐椽和飞椽基本不偏斜。

望板铺钉牢固，露明望板表面平正，横望板错缝窜档宽不大于800毫米，板头盘截方正，望板顶头缝不少于5毫米，柳叶缝基本严实。

三、墙体部分

1. 墙体拆砌

清除残墙的灰尘、浮灰和酥碱严重的砖砌体，茬口干净整洁，符合设计要求。拆除时按设计要求进行，不得超过要求拆除的范围。接近非拆除部位时用扁铲錾子拆除，将留茬部位剔净，使接茬砖的棱角完整，避免损伤非拆除砖的棱角。根据测绘，记录在原位置，按原墙体砌筑形式、原标高尺寸砌筑。

砌筑砖的规格和砌筑灰浆与原墙体一致，或按设计图纸要求进行。

（1）槛墙：拆除改建的槛墙，恢复原有海棠池的干摆做法，按照传统工艺砌筑，必须加暗钉拉接墙体，保证墙体的整体性。干摆墙灌浆首先确定原墙所使用的浆，所灌浆应与原材料一致（白灰浆或桃花浆），丝缝砌筑使用老浆灰，砖后口用爪子灰并背塞。灌浆分三次完成，并用麻刀灰锁苫小背。丝缝墙砌筑后，应用砖面灰打点活，用老浆灰勾缝子，最后用麻刀将墙擦拭干净。缝子墙砌筑，卧立缝大小、深浅一致，墙面平直，干净利落。

墙体砌筑按传统做法施工，墙体宽度以原墙为准，墙体接茬处清扫湿润，纯白灰砌筑灰浆饱满，立卧缝均匀，控制在12毫米左右。砌筑轴线不得偏移。墙轴线位置和标高必须和原始记录一致并符合设计要求。砌筑时，设置皮杆以保证标高。砌筑应轴线准确，立卧缝与原砖缝基本相同，灰浆饱满、砖缝均匀，墙体表面平整，墙体收分符合设计要求。

（2）墙面抹灰：图纸要求墙面做法是大麻刀灰打底，小麻刀灰照面。所使用的灰符合原建筑物的时代特点，规格、品种、质量等必须符合传统建筑材料和设计的要求。在抹底前应根据室内墙阴阳角做水泥护角，要求垂直结牢。薄抹一层底子灰，接着分层装档、找平，大杠垂直水平刮找，木抹子搓毛。整面墙完成后要全面检查其平整度，阴阳角方正，靠尺检查垂直和平整。

2. 槛墙砌筑

（1）施工准备：施工前砖件运输到位，运输过程中轻拿轻放，严禁磕碰砖看面。

施工用具如瓦刀、施工线、尺子、灰槽子等准备齐全。

施工前操作人员必须熟悉建筑总体情况及槛墙砌筑的传统做法。

（2）工艺流程：原部件无损坏均可使用，酥碱、损坏部分需重新砍制、雕刻，但必须符合原建筑风格。

槛墙的方砖心砌筑要以能排出好活为准。

槛墙背后可用碎砖填馅，槛墙室内部分应砌筑下碱，下碱形式随原各栋号室内下碱，每层砌完后都应灌浆，最后修理打点。

所有厢房及耳房槛墙补配角花，正房及过厅还应补配中心花。

（3）雕刻：用笔在砖面上画出所雕刻的图案，多件相同的雕刻可用谱子拓画，并用小錾子细耕一遍图案，钉去形象以外的部分，直至达到立体形象轮廓的要求。

用錾子沿花饰图案侧面进一步细致剔凿，再雕刻图案细微处及看面，先深后浅，用细錾子清地整平，最后将图案内外粗糙处磨平磨细，用“药”补好砂眼，用砖面水将图案揉擦干净。

（4）质量要求：砌筑形式及砖的排列形式与原做法一致。

墙面整洁、灰缝严实、深度均匀。

砖雕图案完好无损，造型基本准确，接茬自然通顺。

砖雕外观较细致，形象自然，线条流畅清晰，无明显残损。

完活后要注意成品保护，特别是雕刻部位，不得磕碰、损坏。

3. 廊心墙砌筑

（1）施工准备：施工前操作人员必须熟悉建筑总体情况及廊心墙砌筑的传统做法。

施工前应对材料、工具进行检查。

（2）工艺流程：原部件无损坏均可使用，重新砍制、雕刻酥碱、损坏部分，要求符合原建筑风格。

廊心方砖、大叉、穿插当、搭脑及拐子用方砖砍制；线枋子用停泥砖砍制，线枋子要起线。

廊心的方砖砌筑要以横向能排出好活为准。

廊心墙背后可用碎砖填馅，表面为丝缝做法。细砖要用泼浆灰稳好，每层砌完后都应灌浆，最后修理打点。

下碱近似于须弥座形式，补砌雕刻部分。

（3）质量要求：砌筑形式及砖的排列形式与原做法一致。

墙面整洁、灰缝严实、深度均匀。

完活后要注意成品保护，特别是雕刻部位，不得磕碰、损坏。

4. 墙体剔补

（1）工艺流程：清除残墙的灰尘、浮灰和酥碱严重的砖砌体，茬口干净整洁。拆除时剔凿面积必须是单块砖的整倍数，接近非拆除部位时用扁铲錾子拆除，将留茬部位剔净，使接茬砖的棱角完整，避免损伤非拆除砖的棱角。根据测绘记录在原位置，按原墙砌筑形式、原标高尺寸进行砌筑。

补砌砖应使用与原墙体形制、规格一致的砖。

（2）砌筑流程：拴线——→摆砌——→背里——→灌浆——→逐层砌筑——→打点。

补筑时墙体接茬处清扫湿润，老浆灰砌筑灰浆饱满，灌浆使用桃花浆（白灰：黏土 =3：17），立卧缝均匀，控制在3毫米左右。砌筑轴线不得偏移。墙轴线位置和标高必须与所记录的一致。

（3）技术要求：补砌后墙体表面平整、砖缝直顺严实、灌浆饱满、接茬处无搭痕、随旧自然。

5. 台明墙砌筑

（1）施工准备：施工前操作人员必须熟悉建筑总体情况及台明墙砌筑的传统做法，应对材料、工具进行检查。

（2）工艺流程。

①放线：根据现场地势或群体建筑空间组合的需要制定台明高度，并在适当位置下龙门桩，在龙门桩上抄出台明上皮的水平线。

把需要的点用线坠引至灰土表面，随着基础的砌筑，依次把需要的点引至基础墙上，并随之画出标记。根据这些标记包砌台明等。每步完成后，均应拉通线与龙门桩上的标点复核。

②包砌台明：根据设计要求，轴线建筑（正房、过厅、倒座）台明基础及斗板墙砌筑淌白“十”字缝，每三块砖用整砖进行拉结使其牢固，其上安装阶条石、踏跺、垂带，条石重新夹肋，截头表面剁斧见新，缺失部位进行添配，最后打点勾缝、表面做旧。砖砌象眼，每层台阶背后用砖背里并灌足灰浆。其余建筑采用青砖甃砖淌白砌筑，缺失部位进行添配。

台明摆砌完成后要进行打点。

（3）质量要求：淌白墙卧立缝大小、深浅基本一致，墙面平直干净。

台明摆砌根据尺寸排好整活。

台明与地面接茬处不得漏脏。

台明砌筑完成后必须注意成品保护。

四、木装修部分

门窗槛框、抱框、窗台板等的制作、安装。

1. 施工准备

施工前操作人员必须熟悉建筑总体情况及装修传统做法。

施工前应对材料、工具进行检查。

装修构件制作宜在加工棚内进行，所用各种机具防护装置必须齐全有效，符合安全生产有关规定。

装修构件加工完毕后应分组分类码放整齐，注意垫平、防潮，适当遮盖，防止翘曲或碰撞。每日工作完毕后应及时清理木渣锯末，集运到指定地点。

2. 工艺流程

下槛长按净面宽加抱肩，两端头居中剔凿溜销口子，上面凿出各抱框卯眼，外边棱起八字线口，下面做门枕石口子。安装时刻去与柱顶石相抵的部分，在柱根栽溜销榫，用上起下落方法安装。

抱框长按门窗口高加两头榫长，上下做榫与横槛相交，外侧宜做卯眼，与柱用溜销结合。安装时贴柱子将里口吊直，然后岔活画墨线，取下抱框按墨线刨豁，里口外边棱起线后，再安装就位。

中、上槛做倒退榫，剔肩、起线。在柱上凿眼时上面要凿出涨眼，以便安装抱框，就位后将长榫一头夹榫空隙处用木块挤塞严实。

榻板长按面宽减半柱径，宽按槛墙厚加里外喷头（3厘米），厚按1/4板宽。两端用岔板岔活做柱碗、退“八”字，外上棱倒小“八”字。榻板靠柱碗与柱结合，不做榫卯。

边框按槛框空当适当考虑上下左右分缝，确定扇活边框的外皮尺寸，抹头两端出榫，边挺凿眼，上抹头、下抹头用大割角，中抹头用合肩角，均做双眼双榫。边框里口起线，打槽，与绦环板、裙板一起制作组装。

隔扇、槛窗安装：应先将上下左右分缝调验合适，然后装套筒，钉踩钉及面叶饰件，再装护口、海窝，安装就位。

3. 质量要求

槛、框不皮棱、窜角，垂直方正，表面光平，无明显刨痕、戗茬和残损，线条直顺、线肩严实平整，无明显疵病。

槅板表面平整直顺、不皮棱，无明显凹凸、裂缝，板面外口有泛水。

边框制作严禁出现所用材料正面、背面不分的现象；边抹的肩角必须严实、使胶加楔严实，榫眼饱满、不得劈裂。

隔扇、槛窗安装裁口顺直、刨面平整、分缝适度、开关灵活稳定。

五、油漆彩画部分

一布四灰地仗及三道灰地仗。

1. 施工流程

（1）一布四灰工艺流程：汁浆──→捉缝灰──→通灰──→糊布──→磨布──→压布灰──→细灰──→磨细钻生。

（2）三道灰工艺流程：汁浆──→捉缝灰──→中灰──→细灰──→磨细钻生。

2. 灰、油等配比

（1）油满配比：面粉加入稀薄石灰水搅烧至糊状，按照6（面糊）：4（灰油）搅拌均匀，按一油一水（血料）调制而成。

（2）汁浆配比：半桶水加两个油满和血料搅匀。

（3）捉缝灰比例：1（油满）：1（血料）：1.5（粗砖灰）

（4）通灰比例：1（油满）：1.2（血料）：1.5（中籽灰）

（5）中灰比例：1（油满）：1.5（血料）：3（小籽灰）

（6）细灰比例：1（油满）：2（血料）：5（细砖灰）

（7）糊布灰比例：1（油满）：1.2（血料）

3. 技术要求

（1）捉缝灰：砍净挠白、撕缝、揎缝、下竹钉、汁浆等工序完成并干燥后，将其表面打扫干净，开始捉缝灰工序。捉缝灰是头道灰，用铁板将粗灰嵌捉在木缝内，要横着木缝抹，使缝内的油灰达到饱满，再顺着缝纹将缝外的灰刮平，收净野灰，禁止出现蒙头灰。先捉大缝再捉小缝。待灰干透后用石片或缸瓦片磨之，直至磨去飞翘浮籽，秧角处用铲刀修齐扫净，并用湿布掸净表面浮灰。

（2）通灰：通灰是使布的基础，此项施工需三人一组流水作业，一人拿大块皮子在前茬灰；一人拿大中小板子跟在茬灰后按工作面的大小过板子，过板子除圆柱必须横刮外，平的要顺木纹刮，由上至下、从右到左，依次落到地平；另一人拿铁板跟在过板子后将过板子凿下的缺陷处、板子的接头处、秩角板子下不去处仔细找平。待油灰干燥后用石片或缸瓦片磨之，直至磨去飞翘浮籽，之后用笤帚打扫干净，并用湿布再掸一遍。

（3）糊布：开头浆，将上述糊布灰均匀涂于通灰之上，厚度以底浆经砸后能浸过笼布为宜，先在木构件的上边横着刷一下，顺着木纹涂，由上到下、自左至右，注意薄厚要均匀；开浆后即行糊布，要根据木纹横粘，边缘要整齐，布面平整，搭接严密不露灰地，秩角要严实，不得有窝浆空鼓处。

（4）磨布：布干后，用石片或缸瓦片磨之，使之磨出断斑为止，磨口不宜过长，磨完后用笤帚将浮布扫净并用湿布掸净。

（5）压布灰：布磨好后，抹上一道用中灰及小籽灰调成的灰油，操作方法同通灰，不同之处是刮板子时要横着木纹横推裹衬，以达到平、直、圆。要求表面浮灰、粉尘清除干净，无脱层空鼓现象，大面平整，棱线、秩角必须平、直、顺。

（6）中灰：表面浮灰、粉尘清除干净，用铁板刮使表面平整光圆，秩角干净利落，棱线宽窄一致，线路平整直顺。

（7）细灰：表面浮灰、粉尘清除干净，无脱层、空鼓、龟裂现象，大面平整，棱线宽度一致，直线平整、直顺，曲线圆润对称。

（8）磨细钻生：细灰磨透，但不得磨穿，大面平整光滑，秩角整齐一致，生油钻透，无挂甲。

第三章　修缮工程实施中的保护措施

吴忠董府是全国重点文物保护单位，极具历史、艺术、科学价值。文物本体以木结构为主，其最大的安全隐患为明火和人为破坏。同时府内还存有大量的可移动文物及花草树木，均应妥善保护。

第一节　施工前文保措施

其一，施工方进驻董府前，董府管理单位吴忠市文物管理所与施工方北京同兴古建筑工程有限责任公司签订董府安全保护协议书，自开工之日起至竣工验收结束，董府文物及府内设施、花草树木安全由施工方负责，吴忠市文物管理所负责监管。要求施工方完善《消防安全管理制度》《电气使用安全管理制度》《施工现场管理制度》《董府出入人员管理制度》《施工现场文物保护细则》等相关制度、规范，确保文物安全。

其二，由施工方指派一名专职文保员，每日对施工现场进行巡回检查，并向项目经理汇报检查结果。

其三，在拆除脊件、瓦面等施工中，如遇有原建筑物中埋藏的文物珍品时，必须保护好现场，并及时通知建设方和文物管理部门共同取出，并办好有关手续。

其四，所有施工人员签订董府施工文物保护协议书，建立奖罚制度，对不遵守文物保护规定，破坏文物、植被及府内设施，在府内抽烟的，处以50-100元罚款，并停工再次接受教育培训；情节严重的要处以更高的罚款，直至除名。对保护文物有突出表现的要适当给予奖励。

其五，制定员工入场培训教育制度。每一个进入现场的员工都要进行董府文物价值、文物保护规章制度的认识培训教育，考核合格后方可上岗。

其六，在工地显著位置设置文物保护标志，标志中说明文物性质、重要性、保护范围、保护措施以及保护人员姓名。

第二节　文物保护内容及要求

一、施工中文物保护内容

现存古建筑、可能发现的文物、周围树木、植被及设施等。

二、管理措施

（1）保护措施上报审批制度。要求凡涉及文物本体的施工项目，必须制订详细的文物保护方案，明确每个施工细节的保护措施，按修缮设计方案要求，该拆除更换、剔补、维护的一定要小心实施，保证不损伤其他完好部分。具体的施工方案和文物保护方案都要在得到文物部门和建设方的批准后才可以实施。

（2）每周召开一次由施工方、建设方、监理方、文物保护部门参加的施工现场文物保护工作专题会，根据前一周的文物保护情况及施工部位、特点，布置下一周的文物保护工作要点。

（3）加强施工现场周边其他文物、花草树木、府内设施的保护，开工前由文保员会同文物保护部门详细核查府内文物、设施、树木等，并拍照、编号，建立保护档案。

（4）对进入现场的施工人员进行严格审查，审查合格的人员，实行每日上下班检查制度。

（5）专职文保员须尽职尽责，发现问题，立即报告。

（6）定期与建设方、文物部门人员共同核查施工区及附近的文物、设施、树木等的安全，由文保员做好记录。

（7）做好施工用临时围挡，围挡外层采用硬质围挡，不得随意进出施工现场，现场施工人员未经项目经理允许不得进入文物保护区，也不得随意越出指定的施工现场区域。

（8）施工期间对防护棚做定期检查，对棚内文物定期检查，发现问题及时向上级文物部门汇报，并提出保护建议。

（9）砖活、石活、木活一律在现场外制作并试拼装，现场安装，避免噪声、粉尘污染。

（10）现场渣土封闭存放。渣土运出场必须做好苫盖，经文保员检查，严禁在院内路面遗撒。

（11）在支设、拆除和搬运脚手架时，必须轻拿轻放，上下、左右有防护，有人传递。

（12）建立文物保护记录档案。

①文字资料：做好对现状的精确描述，对保护情况和发生的问题做好详细的记录。

②测绘图纸：做好对文物现状的测绘，地理位置、保护范围、主要建筑、主要设施、名贵树木等须标识清楚。

③照片：包括文物的全景照片、各部位特写、需要重点保护部位的照片。

第三节　施工过程中保护措施

一、室内地面的保护

室内地面的保护确定不拆除部位先加以保护，使用旧地毯或草垫对其裸露部分进行覆盖。

清扫干净后干铺一层塑料布，上盖旧地毯（阻燃型），施工脚手架立杆下脚通长垫脚手板一层，防止脚手架立杆将地面戳坏。

二、室外树木的保护

对现有树木进行围挡处理，具体做法是用Φ38架木铁管进行围栏，围栏距栏板800毫米，铁管刷红白相间油漆，立杆间距2000毫米，栏杆高度1200毫米，横杆二道。

三、台阶处斜栏板的保护

与以上保护方法一致，台阶部分做斜马道，台阶踏步处用大木枋平垫好，要超过台阶的棱角，使之铺设木脚手板不压台阶踏步棱，脚手板马道与木枋固定牢固，便于施工人员通行。

四、台明的保护

各殿座保持完好的台明用脚手板做护角保护。

五、柱顶石的保护

将柱顶石用水刷净，上面覆盖塑料布，然后用塑料不干胶带（50厘米宽）将塑料布粘住，以防止污染，在施工过程中由专人定期进行检查，如发现损坏及时补粘，工程完成后用温水进行清洗。

六、内外檐架子的保护

外檐架子为双排齐檐瓦木油画施工架子，所有架子立杆不准与地面直接接触，均铺垫脚手板一层。排木、打戗等一律不准与建筑物相连，架子的稳定性要靠架子的戗杆解决，形成几何不变体系。二层檐下油活架子站立杆时瓦面上要采用相应的措施，如铺麻袋布、架木枋，均不准与瓦面直接接触。屋面捅持杆架子查补瓦面，采用相同方法。

七、对拆除下来再利用构件、瓦件等材料的保护

对于修缮工程中再利用的构件等材料在拆除之前由施工管理人员进行拆前检查登记、照相、清点数量，拆除后运至指定地点分类码放。对易受雨浸、易燃物采取相应措施处理，并做好文字记录，作为原始资料归档。不能重新在工程上使用的瓦件、地面砖等有文物价值的构件，经文物部门审查后，再进行处理。

八、防止气候影响的保护

查补瓦面，添配瓦件，下雨采取遮挡和苫盖的防范方法，日常备齐充足遮挡苫盖材料，屋面瓦拆除后，每天下班之前安排专人负责将拆除面和施工作业面用苫布盖好，以防止气候的变化。

九、外檐油漆部分的保护

凡是容易受到风雨侵害的，均备彩条编织布进行立面遮挡。彩条编织布须上下固定，均不准把钉子钉在椽飞望上，只允许固定在架子上。本工程湿作业一律在常温下施工，木构件、地仗、油漆、彩画，未完成的作业面无人施工时要一律覆盖。

第四节　文物保护资料的收集措施

工地指派一名专业水平较高的技术人员，负责文物原状的资料收集工作。采用摄像、照相、文字记录和实测大样图的方法，真实、完整地记录各部位的构件尺寸、形式特征、

工艺特点、材料做法等内容，对所要修缮的部位，修缮前仔细进行测量，做详细的文字记录，对测量过程进行摄像或照相，然后根据记录资料绘制图纸，作为修缮复原的技术依据，待工程竣工后留下完整真实的技术资料存档，以备专家、学者将来研究考证。具体内容包括：细部尺寸列表记录，工艺做法文字记录，附于测绘图后，同时配以测量过程中拍摄的照片、录像，最后汇总转录成电子文件存档。

第四章　董府修缮工程监理工作

第一节　工程监理工作要点

2009年5月，宁夏回族自治区文保中心与银川市鸿利建设工程咨询有限公司签订宁夏吴忠市董府抢险修缮保护工程监理合同，监理公司依据工程设计要求对修缮工程进行全程监理，并于工程完工后出具监理报告。

针对工程建设中的工程规模、设计标准、规划设计、生产工艺设计和使用功能要求中存在的问题，需及时向委托人提出建议、意见。

对工程设计中的技术问题，按照安全和优化的原则，向设计人提出建议，如果拟提出的建议可能会提高工程造价或延长工期，应当事先征得委托人的同意。当发现工程设计不符合国家颁布的建设工程质量标准或设计合同约定的质量标准时，监理人应当书面报告委托人并要求设计人更正。

审批工程施工组织和技术，按照保质量、保工期和降低成本的原则，向承包人提出建议，并向委托人提出书面报告。

主持工程建设有关协作单位的组织协调，重要协调事项应当事先向委托人报告。

征得委托人同意，监理人有权发布开工令、停工令、复工令，但应事先向委托人报告。如在紧急情况下未能事先报告，则应在24小时内向委托人做出书面报告。

对于不符合设计要求和合同约定及国家质量标准的材料、构件、设备，有权通知承包人停止使用；对于不符合规范和质量标准的工序、分部分项工程和不安全施工作业，有权通知承包人停工整改、返工，承包人得到监理机构复工令后才能复工。

检查、监督工程施工进度，工程实际竣工日期提前或超过工程施工合同规定的竣工期限须由监理方签字确认。

在工程施工合同约定的工程价格范围内，工程款支付的审核和签认权，以及工程结算的复核确认权与否决权。未经总监理工程师签字确认，委托人不得支付工程款。

监理人在委托人授权下，可对任何承包人合同规定的义务提出变更。如果因此严重影响了工程费用或质量、进度，则这种变更须经委托人事先批准。在紧急情况下未能事先报委托人批准时，监理人所做的变更也应尽快通知委托人。在监理过程中如发现工程承包方人员工作不力，监理机构可要求承包人调换有关人员。

在委托的工程范围内，委托人或承包人对对方的任何意见或要求（包括索赔要求），均必须首先向监理机构提出，由监理机构研究处置意见，再双方协商确定。当委托人和承包人发生争议时，监理机构应根据自己的职能，以独立的身份判断，公正地进行调解。当双方的争议由政府建设行政主管部门调解或仲裁机关仲裁时，应当提供做证的事实材料。

第二节　工程监理工作综述

董府抢救性修缮工程于2009年6月1日开工，至2014年9月竣工。由吴忠市文化体育广播电视局组织，设计、监理、施工单位参加，自治区文物局组织专家评审组于2014年9月11日对工程进行初验，工程质量评定为合格。现将该工程项目监理工作情况总结如下。

一、工程概况

董府位于宁夏回族自治区吴忠市利通区金积镇露田洼子村，隶属吴忠市利通区金积镇，由吴忠市文物管理所管理。董府现为全国重点文物保护单位。

经考古部门现场实地勘察，现存董府建筑群总体布局与原布局有一定差距，原护城河、外府墙及外寨已损毁，仅存内府墙及府内建筑群，四周均被水田、公路叠压。建筑群总占地面积14459平方米；府院建筑群东西长57.1米，南北宽27.1米，占地面积4183.23平方米。总建筑面积8721.91平方米。

建筑群多年未进行修缮，存在屋面松动，局部脊饰、瓦件缺失，部分平屋顶坍塌、漏雨的现象。梁架部分由于用料较多，保存较好。主体建筑回廊外侧檐柱多有下陷，前廊台明凹凸不平，地面铺砌也有较大变动；部分外墙体松动，特别是墙体下碱部分青砖酥碱较为严重，多数槛墙破损、拆改，甚至坍塌；南北两路及中路前院厢房前檐墙体全部为后改，门窗除中路以及南北少量建筑保存原状外，其他均有较大改变。

本次修缮的内容主要有三部分：各建筑维修（府邸建筑、城墙与城门、城门楼）、构建加固防护（石质构件、保留的彩画、木构件）、内院地表排水（府墙内整体地平整理）。

二、施工过程质量控制

施工方监理项目部根据设计文件和监理委托合同内容制订了监理规划及监理实施细则，对各施工环节从不同角度制定了质量控制规范，同时制定了各工序验收程序，监理人员严格执行此程序，并把质量控制作为重点。在整个施工过程中，监理人员严格遵循《中华人民共和国文物保护法》、《中华人民共和国建筑法》、《古建筑木结构维护与加固技术规范》（GB50165—92）、《木结构工程施工质量验收规范》（GB50206—2012）、《古建筑修建工程质量检验评定标准》北方地区（CJJ39—91）、《古建筑修建工程施工与质量验收规范》（JGJ159—2008）等法律、法规，以及《宁夏回族自治区吴忠市董府保护规划》相关规定和要求，严格执行工程监理规程。凡没有施工单位自检合格报告的不予验收，验收工程中存在问题整改不彻底的不予认可，从而保证了施工质量。

1. 文物解体阶段监理

在此期间，监理人员要求施工单位依照先后次序拆卸，对拆下的文物构件分类码放，逐一进行登记，切实保证文物安全。发现历史遗存及新问题，及时上报主管部门进行协调，需要设计单位出具变更的问题，及时与建设、设计单位沟通，做好协调工作。

（1）屋面、木基层解体阶段：要求施工人员对屋顶脊饰、筒瓦、板瓦、博缝砖等构件谨慎拆卸，做到少损耗，多利用；对椽子、飞椽等木构件要分类拣选，清除糟朽的构件和后人添加的杂椽。

（2）解体后建墙体及挑顶阶段：在此期间，监理人员现场巡视，发现历史遗存及新问题及时上报主管部门；对歪闪、脱榫的梁架督促施工方进行支顶、绑扎加固，并随时检查架体搭设质量，保证文物及施工人员安全。

2. 大木维修安装监理

在此分项工程阶段，严格按照设计方案，凡是确实需要更换的构件，要求施工方保持原有形状、工艺做法，并采用相应材质进行补配。柱子墩接采用巴掌榫，搭接长度为柱径的1.5倍，但不得少于400毫米，榫头宽40−50毫米，高40−50毫米，露明柱的墩接高度应不超过柱高的1/5，山柱应不超过柱高的1/3，所有墩接柱子需打铁箍，铁箍搭接不得少于100毫米。墩接柱所用木材的含水率不得大于16%（必须符合设计要求），以尽量保留原有构件为原则。

（1）南路院。

①前院倒座房：前檐南侧第1根柱子墩接，北侧第1根柱子墩接；后檐4根柱子全部剔补。

②倒座北耳房：前檐柱6根柱子抽换，后檐柱6根柱子墩接，前檐枋更换5根，前檐垫板更换5根，金枋更换5根，金垫板更换5根。

③前院南厢房：金柱东侧第4、6根柱子墩接，后檐柱东侧第2、3、4、5、6根柱子墩接，其余金柱和后檐柱子剔补。

④前院北厢房：后檐东侧第1根柱子抽换，东侧第2、3、4、5根柱子墩接；金柱西侧第1、6根柱子墩接。

⑤过厅房：过厅南耳房前檐柱全部抽换（2根），后檐东侧第2、3根柱子抽换。

⑥后院南厢房：后檐东侧第2、6根柱子墩接，其余后檐柱和金柱剔补。

⑦后院北厢房：后檐东侧第2、6根柱子墩接，其余后檐柱和金柱剔补梁更换1根；随梁枋更换1根。

⑧后院正房：后檐枋更换2根，垫板更换3根，檩更换3根，柱子抽换1根。

⑨正房南耳房：前檐南侧第2、3、4根柱子墩接，南侧第6根柱子抽换；后檐南侧第1、2、3根柱子抽换。

⑩正房北耳房：前檐6根柱子墩接；后檐南侧第3、4根柱子抽换，后檐南侧第2、5根柱子墩接，南侧第1、6根柱子剔补。

⑪前院北门（垂花门）：东侧柱子墩接1根。

（2）中路院。

①倒座房：前檐柱1根柱子墩接。

②前院南厢房：后檐柱5根柱子抽换，前檐垫板更换2根。

③前院北厢房：后檐柱2根柱子抽换，后檐柱2根柱子墩接。

④前院南门（垂花门）：1根柱子墩接。

（3）北路院。

①前院倒座房：后檐柱南侧第2、3根柱子墩接；前檐柱南侧第1根柱子剔补；金柱南侧第1根柱子墩接、北侧第1根柱子墩接。

②前院南厢房：后檐柱东侧第2根柱子墩接，东侧第3、4、5、6根柱子缺失、补换；前檐柱西侧第1根柱子墩接；金柱6根柱子全部墩接；金枋更换4根；金垫板更换4根。

③前院北厢房：后檐柱东侧第1、6根柱子墩接，第2、3、4、5根柱子剔补；金柱东侧第4根柱子墩接，东侧第1、2、5、6根柱子剔补；金枋更换5根；金垫板更换5根。

④过厅房：后檐金柱南侧第4根柱子抽换，前檐柱南侧第1根柱子墩接，檩更换1根，梁更换1根，抱头梁更换1根。

⑤过厅北耳房：后檐柱西侧第2、3根柱子墩接，前檐柱中间2根柱子抽换，梁更换2根，檩条更换6根。

⑥后院南厢房：后檐柱西侧第1、2、3、6根柱子墩接，金枋更换5根，金垫板更换5根，前檐枋更换1根。

⑦后院北厢房：金枋更换5根，金垫板更换5根，前檐枋更换2根。

⑧正房南耳房：后檐柱南侧第3根柱子墩接，前檐柱北侧第1、6根柱子墩接。

⑨正房北耳房：后檐柱北侧第1根柱子抽换，前檐柱西侧第2根柱子墩接，梁更换1根，梁头剔补1根，檩条更换6根，垫板更换3根，檐枋更换3根。

（4）府院大门（二门）。

南、北耳房前檐柱子4根墩接。

上述维修加固措施均采用镶补、墩接、铁箍加固等手法，监理人员现场进行监督。按照设计要求，监督施工人员对木柱需要墩接、剔补、包镶部位的糟朽部分清理干净并刷防腐漆，符合要求后方可允许施工人员实施下一道工序。

3. 墙体砌筑、挖补阶段的监理

清除残墙的灰尘、浮灰和酥碱严重的砖砌体，茬口干净整洁符合设计要求。拆除时按设计要求进行，不得超过设计规定的拆除范围。接近非拆除部位时用扁铲錾子拆除，将留茬部位剔净，使接茬砖的棱角完整，避免损伤非拆除砖的棱角。根据测绘记录在原位置，按原墙体砌筑形式、原标高尺寸进行砌筑。砌筑砖的规格和砌筑灰浆与原墙体一致或按设计图纸要求。

拆除改建的槛墙，参照中路后院厢房的形式恢复槛墙，槛墙砖雕缺失的，按原有形制用300毫米 ×300毫米 ×65毫米青砖铺砌，并添配岔角。必须按照传统工艺砌筑，墙体中间加暗钉，对墙体进行拉接，保证墙体的整体性。灌浆前首先确定原墙所使用的浆，所灌浆应与原材料一致（白灰浆或桃花浆）。廊心墙去除泥层和水泥，局部拆砌，补全残损的砖雕。将墙面原有酥碱砖及底灰剔除干净，浇水浸透，按所剔凿的砖的质量、规格，砍、磨加工，用足实的白浆或桃花浆补砌，应与旧墙面平行，且严丝合缝、干净美观。

4. 屋面工程监理

该项工程主要从构件制作的工艺、材质、椽当的间距、望砖的拼缝、灰泥背的厚度、瓦垄的顺直度等方面进行监理。由于该建筑群普遍年久失修，屋顶多处坍塌漏雨，飞椽、望板等木构件解体后仅存少量可以使用，按照设计方“原构件尽可能使用”的要求，对原构件进行认真挑选，修补后仍可使用的不再更换，瓦件、仿古青砖用量缺口较大，经清点计算后，督促施工方依原件形制加紧订购不足部分。

5. 木装修阶段监理

此项工程包括门、窗、隔扇等分项工程，监理人员着重在用料的质量、制作的工艺、配制构件与原件的风格、手法等方面进行监督。由于历史原因，木装修部分原构件损坏、遗失较为严重，仅存少量遗留构件可以参考，经设计人员到现场实地勘察后，同意根据历史遗留痕迹，并参照中路后院的装修风格进行补配。修缮后的隔扇、槛窗必须保证开关灵活，其木材的含水率不得大于12%。

6. 石活制作安装阶段监理

此项工程主要包括踏步石、垂带、台明等构件的补配。因风化、残损比较严重，在此阶段监理人员要求施工单位依据设计要求，尽量保存原有构件，原面破损的翻身用。遗失或残损严重的采用与现存构件色泽、石质、纹路比较一致的石料加工补配。施工方先后自陕西购进400厘米 ×1600厘米的条石，对遗失的构件进行补配，监理人员主要从构件的形制、规格以及接缝处的严实度、平整度进行控制。

7. 地坪、散水阶段监理

施工过程中，监理人员主要从地面的平整度、方砖接缝的宽度、散水的坡度等方面进行检查。

8. 油漆阶段监理

（1）地仗施工质量监理：地仗分项工程是油漆彩绘工程的基础，质量的好坏直接关系到油漆彩绘工程的质量，为了保证地仗工程施工质量，项目监理人员应首先熟悉《油漆彩绘地仗施工规范》，地仗工程主要包括木基层施工和地仗施工，木基层施工主要包括砍净挠白、剁斧迹、撕缝、下竹钉或揎缝、除锈等操作工序；地仗施工主要包括支浆、捉缝灰、通灰、糊布、压布灰、细灰、磨细钻生7道工序。同时，了解施工方提交的地仗施工方案，知道此次董府油漆彩绘地仗施工的做法为上下架大木均采用一布四灰的使布做法，椽、望、连檐则使用单批灰中的三道灰做法。监理人员通过对规范和施工方案的了解，做到心中有数，只有这样，才能保证地仗分项工程施工质量。在地仗施工过程中，监理人员认真监督检查施工中的每道工序和工艺，对于不符合施工技术规范的，责令施工方纠正处理。为保证地仗工程施工质量，监理人员采用如下具体措施：对于木基层的施工，监理人员监督检查原地仗铲除是否砍净挠白，新装木构件剁斧迹是否均匀，撕缝、下竹钉和揎缝是否规范和牢固，如果合格，允许施工方进行地仗施工。对于地仗施工，监理人员采取的控制措施是未经验收合格的工序，施工方不能进行下一道工序；现场监督施工方按传统方法进行发血料、打油满、砖灰规格和级配；局部做破坏性试验，检查地仗各层灰结合得是否牢固等；对用于工程的原材料进行验收，合格后方可使用。监理人员现场履行检查的工作有：在使灰前检查木构件表面的浮灰是否清扫干净，支浆涂刷有无遗漏、起亮等缺陷；下层灰施工前上层灰是否干透，是否有脱层、空鼓、裂缝、龟裂、翘皮等缺陷；使布后，不得有脱层、空鼓、龟裂等缺陷；地仗成活后检查构件地仗表面是否平整光滑，棱角是否直顺，灰缝接茬是否平整，圆形或曲线构件地仗工艺是否圆顺，有无砂眼和龟裂缺陷等。通过采取上述措施和现场工序检查，使地仗工程施工质量达到预控标准。

（2）油漆施工质量监理：油漆工程属于装修工程，颜色的调配直接影响最终油漆观感效果和油漆质量的评价。为把好油漆质量关，监理人员按照《油漆彩绘地仗施工规范》和业主批准的油漆色调小样来控制油漆施工质量。首先要求施工单位根据设计方案提交油漆出厂证明和产品合格证书，确保原材料合格，杜绝不合格油漆使用于油漆工程。其次是现场监督检查油漆调配和试刷，通过反复适配，使配置好的油漆色调与小样色板一致，同时在刷漆过程中要求施工人员刷下一道漆时一定待上一道油漆干后再刷，而且第一道漆要薄而均匀，第二道漆要色调均匀、无漏底、掉刷、流坠现象，第三道漆表面平整、美观，达到与油漆小样无明显误差。

9. 地面工程

要求施工单位尽量保留可以使用的旧砖，拆下的旧砖应集中使用。砖的材质和尺寸与修缮设计图纸要求一致。将经检查合格进场的加工砖码放整齐，做好半成品保护，施工中轻拿轻放，以防碰坏棱角。不得有花羊皮，不得有棒槌肋、肉肋及倒包灰，各种砖的规格尺寸要一致，四角要格方，棱角必须齐全。室内地面铺墁须在室内正中拴两道互相垂直的“十”字线，使砖与房屋轴线保持平行，趟数应为单数，破活应放在里面或两端，门口必须整活。麻刷蘸水将砖肋刷湿，用木宝剑在砖棱均匀挂油灰条，均匀浇浆，重新铺墁，再用礅锤将砖叫平叫实，砖缝严密。按卧线检查砖棱，进行刹趟。往复循环地面完成后，铲尺缝后墁干活，并擦干净，做好成品保护。钻生前必须保持地面干净、洁净。做好的地面均满钻生桐油，要求钻生饱满，表面油皮起净，砖表面无损坏现象，墨色均匀一致，光亮洁净。

三、原材料的质量控制

文物保护工程质量，不仅取决于施工管理的完善与否，还与建筑材料的优劣有着密切的关系，因此在监理规划的编制中明确规定了材料的报验程序和复检条件，在实际施工过程中，监理人员要求凡是运到现场的原材料应有出厂合格证及技术说明书，并由施工方自行检验合格后，向监理工程师提出检验或实验报告，经审查认可后，方准进场使用。凡不合格、不符合程序的材料一律不准进场。质量合格的材料进场后，监理人员要求施工单位严格保管，合理堆放，尤其是木材等要采取防雨、防潮、防火措施。

四、对文物保护的技术措施

施工单位在现场设一名专业水平较高的技术人员，负责文物原状的资料收集工作。具体工作内容包括采用摄像、照相、文字记录和实测大样图的方法，真实完整地记录各部位的构件尺寸、形式特征、工艺特点、材料做法等。对所要修缮的部位，修缮前仔细进行测量，做详细的文字记录，对测量过程进行摄像或照相，然后根据记录资料绘制图纸，作为修缮复原的技术依据，待工程竣工后留下完整真实的技术资料存档，以备专家、学者将来研究考证。具体内容包括细部尺寸列表记录，工艺做法文字记录，附于测绘图后，同时配以照片，录像测量过程，最后汇总转录成电子文件存档。

五、安全监理控制

安全控制也是工程监理工作的重点之一。对任何工程来讲，虽然质量是第一位的，但其安全也是不容忽视和放松的，尤其在一段时间内全国其他地方安全事故频发的情况下更是不能有丝毫放松和懈怠，文物安全、人身安全均是重中之重。监理人员进驻工地后，要求施工方工程项目部制定安全责任制度，责任落实到人，树立安全标志牌。监理人员一方面向施工人员宣传文物保护法和古建筑修缮原则，另一方面要求施工人员强化安全意识，文明施工，确保人员安全，对施工中违反操作程序的行为及时制止。认真检查防火措施和设备的配置，严禁在施工现场吸烟，严禁无证人员搭接电路，并对电路及用电机械设备进行定期检查。在对原构件的保管、运输、修补、安装等环节的监控中，严格执行施工技术规范，做到妥善保管、安全运输、合理修补和对号安装。由于文物安全、人身安全意识的提高和增强，各项工作得以有效落实、有序开展，杜绝了各种安全隐患。在整个施工过程中未发生任何人身伤亡和文物被毁事故。

六、进度监理

董府抢险修缮保护工程原定于2009年6月1日开工，合同工期定为458天，即于2010年8月31日完工。监理人员通过对施工进度计划的分析，结合实际情况，要求施工方负责人在时间紧、任务重的情况下，合理安排劳动资源组合，达到组合优化，以此提高工作效率，并定期报送短期进度计划，监理人员跟踪监督执行情况，对个别进展缓慢的项目，与施工单位共同分析、查找原因，提出解决方案。督促施工单位提前确定砖、瓦供应商，避免出现施工材料不足的情况。因宁夏境内古建筑维修工程的规模相对比较小，只有固原地区有一些生产砖、瓦的小窑厂，质和量都没有保障，所以督促施工方尽快到西安的厂家订购，从而解决了供料问题，保证了施工的顺利进行。

尽管各方做了许多努力，但由于在施工过程中出现了一些不确定因素，诸如设计变更未能及时确定、冬季无法施工、工程款未能及时到位等因素的影响，最终还是导致了工程延期。

七、资料信息的收集与整理

资料信息的收集与整理是文物保护监理工作的重要内容，也是监理人员的重要职责。为了能够真实反映施工过程与工程质量，监理人员付出了相当大的努力，收集该工程的大量资料信息，为质量和进度控制提供第一手资料。对施工方提供的各种资质证明文件与施工组织设计进行审核，要求完善各种组织机构和各种责任制度，对各分部、分项工程报验资料的收集，严格控制质量。通过收集各工序技术交底资料，使施工方对图纸的精神及设计要求有了更清晰的理解。收集的施工工程资料如下。

1. 施工方

中标通知书、施工组织设计（方案）报审表、开工申请报告、公司资质证明文件、工作人员上岗资格证等。

2. 监理方

招标备案书、建设工程委托监理合同、总监理工程师授权书、监理工作联系单、监理工程师通知单、图纸会审纪要、监理月报、监理日志、设计变更。

八、监理工作的特点及存在的问题

1. 特点

董府抢险修缮保护工程，是一项十分重要的工程。作为国家重点文物保护单位，国家文物局、宁夏回族自治区文化和旅游厅、宁夏回族自治区文物局、吴忠市政府、吴忠市文化旅游体育广电局、北京建工建筑设计研究院、北京同兴古建筑工程有限责任公司、银川市鸿利建设工程咨询有限公司都十分重视。2013年7月25日，文化部副部长、国家文物局局长励小捷莅临工地现场检查指导，自治区、吴忠市等有关领导也多次进入施工现场检查指导，对工程质量达标和工程顺利进行起到了十分重要的作用。

对文物保护工程的施工进行质量、安全、进度三方面监督控制是文物工程监理工作的重点。监理人员利用自身专业优势满足文物保护工程市场需要，对文物保护工程进行的监理得到了文物管理部门的好评。

2. 存在的问题

北京同兴古建筑工程有限责任公司是一个从事过较多古建筑维修工程的施工单位，但在自身队伍的管理上有待加强，虽然在上岗前统一进行安全培训，但在施工过程中，仍然发现个别施工人员在作业时不戴安全帽，尤其是在刷防腐材料时不注意佩戴口罩、手套等防护器具，虽然对保护文物的安全有一定认识，但自我防护的意识仍有待提高。

文物建筑复建、迁建、修缮等工程施工工期往往不易把握，该工程也不例外，由于客观原因，勘察设计阶段没有能够彻底勘察地基情况和构件残损数量，引起了工程变更，造成工程量追加和工期延续。

文物建筑保护工程具有一定的特殊性，工程质量与文物保护两者要兼顾，而目前相关行业标准仍不够健全，造成一些分部、分项工程的验收标准不够清晰，从而给监理工作带来了一定困难。

本工程只有一支施工队伍，施工人员相对较少，所以监理人员在施工过程中的监理通知，多以口头形式下达，缺乏书面文字记录，这在今后的监理工作中应予以改进。

整个工程进度迟缓，究其原因，主要是维修经费迟迟不能到位所致。各级政府有文物保护事业经费，但是该经费迟迟不能按时足额到位，使整个工程陷入被动，既不利于文物保护事业，也大大降低了工作效率。

九、工程总体评价

北京同兴古建筑工程有限责任公司是一家具有古建筑修缮一级资质的施工企业，其中参与吴忠董府修缮项目的管理人员中既有多年从事古建修缮经验的工程师，又有长期从事古建修缮施工的工长和工人。在具体维修过程中，施工队以保护文物建筑及构件为第一责任，坚持“修旧如旧，保持原状”的维修原则，找准依据，谨慎操作，精心施工，并不断总结经验，积极配合监理人员的工作，接受监理人员的检查和指导，对指出的问题能够及时改正，对监理人员要求返工的地方坚决返工，因此整个监理过程中对出现的问题基本以口头通知的形式下达，没有签发过不合格事项通知书。

监理方忠于职守，在整个施工过程中监督指导工程的具体实施，要求遵循传统工艺与手法，并在施工中强化验收程序，确保工程质量。

在各方共同努力下，董府抢险修缮保护工程顺利完成，最大限度地恢复了董府建筑原貌。经三方初验，认为该工程为合格工程。

第五章　董府修缮工程规划、立项、施工和验收

第一节　修缮工程立项和规划

全国重点文物保护单位董府抢险修缮工程于2007年8月由国家文物局以文物保函〔2007〕1078号文件批准立项。2008年3月，《宁夏吴忠市董府文物保护总体规划》经国家文物局专家组评审通过。2008年11月28日，国家文物局核发《关于宁夏吴忠董府修缮设计方案的批复》（文物保函〔2008〕1270号），原则同意《宁夏吴忠董府修缮设计方案》。随后，宁夏回族自治区文化和旅游厅、吴忠市人民政府成立董府维修领导小组。

第二节　竣工验收组织和验收结论

一、工程施工

2009年5月，董府抢险修缮工程全面开工，北京同兴古建筑工程有限公司中标。至2014年8月，工程全面竣工，完成建筑主体结构、墙体、木装修、油漆彩画、地面及府墙、门楼的修缮。

二、工程初验

2014年8月，施工方北京同兴古建筑工程有限责任公司向建设方吴忠市文化体育新闻出版广电局提交了自验报告和竣工验收申请。

2014年9月，吴忠市文化体育新闻出版广电局组织市发改委、建设、规划等相关部门对董府修缮工程进行了初验：董府修缮工程符合设计图纸、变更及洽商

的内容，各分部验收达到国家施工验收规范的标准，符合竣工条件。同时对发现的问题，如档案资料不全、部分工程细部处理不到位等，要求施工方尽快组织力量整改。

三、工程验收

2015年7月，施工方完成整改，经吴忠市文化体育新闻出版广电局申请，2015年10月20日，自治区文物局组织专家组对董府抢救性修缮工程进行验收。

验收专家组成员有中国文化遗产研究院付清远教授、杨新教授、李大伟教授，北京故宫博物院张克贵教授，浙江省古建筑设计研究院黄滋教授，北京建工建筑设计研究院汤羽扬教授，自治区文物局石学安局长、姚卫玲副局长，自治区文保中心主任马建军教授，吴忠市文化体育新闻出版广电局禹晓平副局长和吴忠市文物管理所所长任淑芳副研究员。经过专家组讨论，同意通过竣工验收，并形成验收意见。

附录

董府修缮工程大事记

1993年8月 自治区文化厅拨款1.1万元，由银南行署文物管理所组织对内府墙进行抢险修缮。滑塌府墙就地取同类黄土补平，凹陷墙基除去皮土，以石料填垫，用黄泥覆盖。墙上多处漏洞全部用三合土回填夯实。

1994年3月 自治区文化厅文物处与银南地区文管所共筹集资金3万多元，清挖董府环内府墙外排水沟。东南两面排水沟以石料砌护，西北两面对自然沟渠进行了清挖，四面贯通，并在内府墙东门前建简易石板桥一座。

2000年8月 国家文物局划拨维修费40万元，在自治区、吴忠市文化和文物部门直接领导下组织施工，历时一年，于2001年完工，对董府府墙的墙基、墙面、女儿墙、墙顶面、上墙马道进行修复。

2006年11月 自治区文物局委托甘肃省文物保护维修研究所对董府古建筑进行全面勘察。

2007年3月 完成《宁夏吴忠市董府保护修缮工程方案》。

2007年8月 国家文物局批准《宁夏回族自治区董府保护规划》立项。

2008年3月 国家文物局批准《宁夏回族自治区吴忠市董府文物保护总体规划》。

2008年11月 国家文物局批复同意《全国重点文物保护单位董府修缮设计方案》。

2009年2月 自治区文化厅以宁文发〔2009〕51号文件通知成立董府维修领导小组，自治区文化厅厅长杨玉经和吴忠市市长吴玉才任组长，文化厅副厅长陶雨芳、吴忠市副市长李卫宁、自治区文物局局长陈坤任副组长，下设办公室，陶雨芳任办公室主任，自治区文物局副局长沈子龙、吴忠市文化体育广电局局长张铭生任办公室副主任。

2009年3月 宁夏建设工程招投标管理中心发布《宁夏回族自治区吴忠市董府抢险修缮保护工程》招标公告。

2009年4月23日 北京同兴古建筑工程有限责任公司中标。

2009年5月　自治区文物保护中心与北京同兴古建筑工程有限责任公司签订宁夏吴忠市董府抢险修缮保护工程施工合同、与银川市鸿利建设工程咨询有限公司签订宁夏吴忠市董府抢险修缮保护工程监理合同。

2009年5月下旬　宁夏吴忠市董府抢险修缮保护工程开工仪式在董府举行，自治区文化厅副厅长陶雨芳，吴忠市委常委、宣传部部长赵利宁，吴忠市人大常委会副主任杜灵娅，吴忠市政协副主席刘占保，自治区文物局局长陈坤以及吴忠市文化体育广电局、吴忠市文物管理所、施工方、设计方、监理方代表参加了开工仪式，自治区文化厅副厅长陶雨芳宣布董府抢险修缮保护工程开工。

2011年11月　吴忠市人民政府办公室以吴政办发〔2011〕157号文件通知成立董府维修工作领导小组，副市长马和清任组长，市政府办公室主任丁玉山、市文化体育广电局局长张铭生任副组长。

2012年6月　吴忠市文化体育广电局与施工方——北京同兴古建筑工程有限责任公司就董府修缮工程相关事宜签订补充协议，进一步明确双方责权。

2013年7月23日　吴忠市副市长马和清到董府调研工程进展情况。

2013年7月25日　国家文物局局长励小捷在吴忠市委书记赵永清、自治区文化厅副厅长卫忠陪同下，调研董府文物保护修缮进展及开发利用情况。

2013年8月12日　中国文化遗产研究院付清远教授、北京建工建筑设计研究院汤羽扬教授一行检查、指导董府修缮保护工程施工。

2013年10月23日　自治区政协副主席洪洋在自治区文化厅副厅长卫忠陪同下，调研董府文物保护修缮工作。

2014年8月　董府修缮保护工程竣工，完成门楼、府墙、内院等修缮工程，施工方北京同兴古建筑工程有限责任公司组织自验，各项指标均符合古建筑维修和设计内容要求，向建设方提出竣工验收申请。

2014年9月　吴忠市文化体育新闻出版广电局组织市发改委、建设、规划等相关部门对董府修缮工程进行了初验：董府修缮工程符合设计图纸、变更及洽商的内容，各分部验收达到国家施工验收规范的标准，符合竣工条件。

2015年10月20日　自治区文物局组织专家组对董府抢救性修缮工程进行验收。

董府修缮工程图纸

测绘图纸

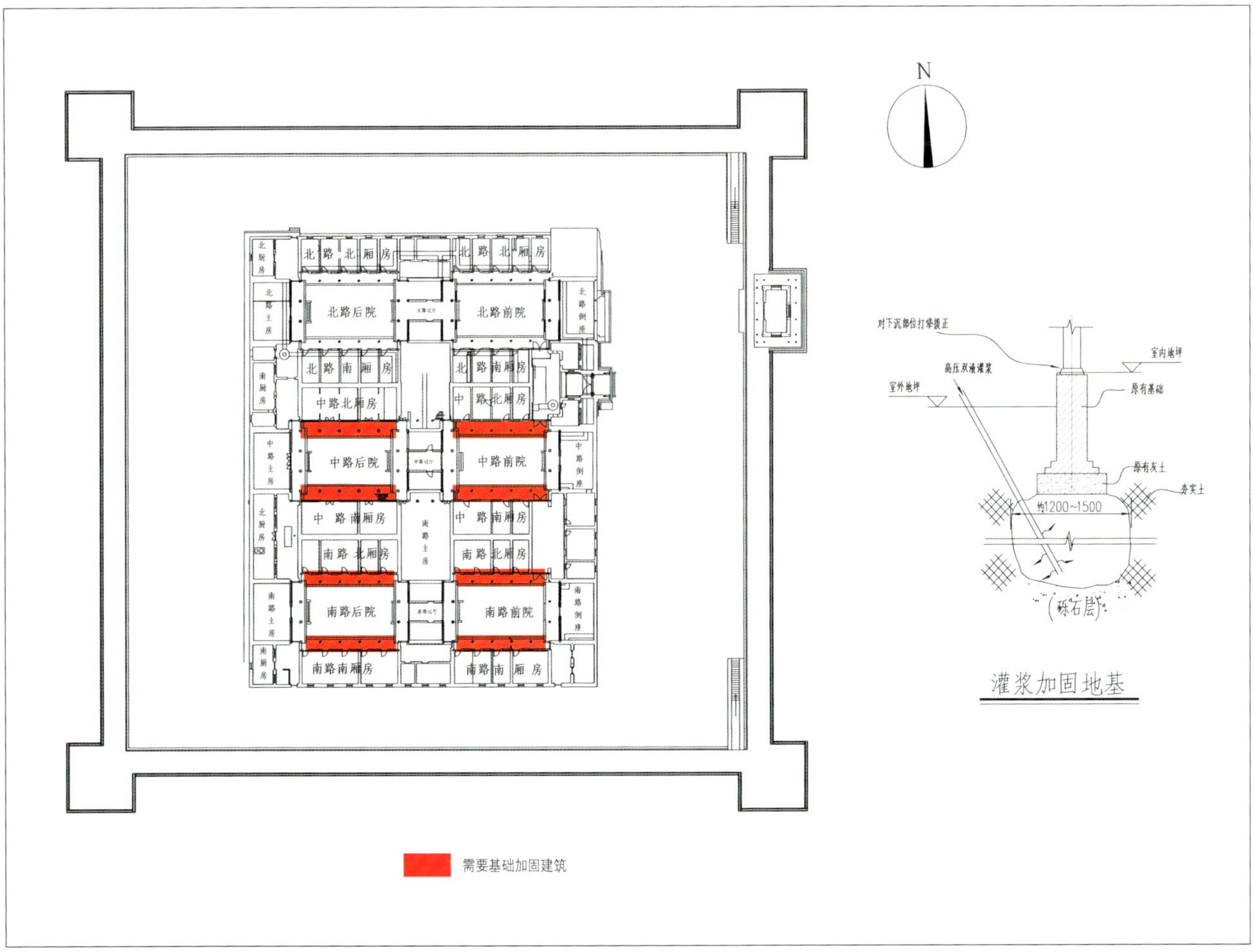

基础图

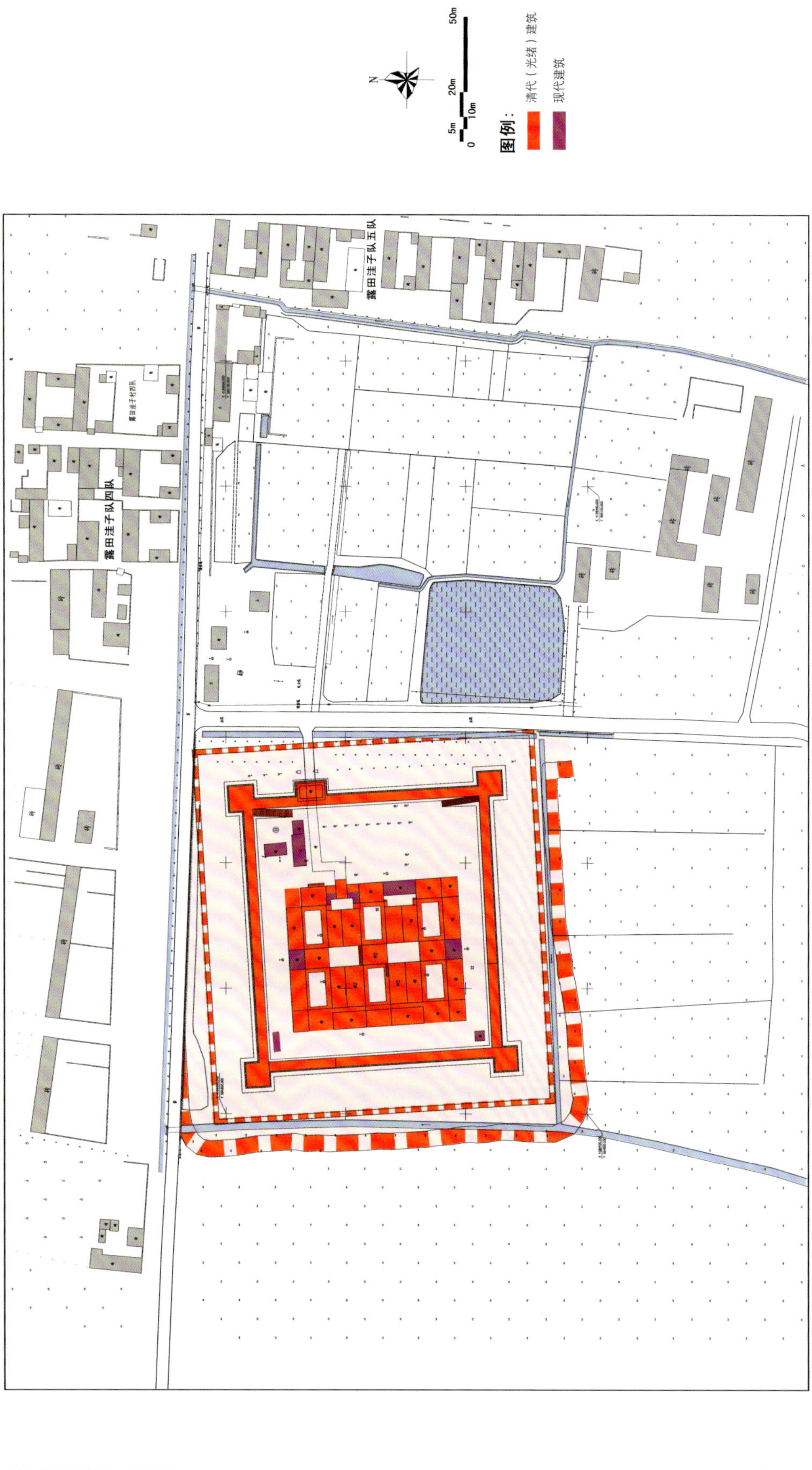

文物建筑与遗址年代分析图

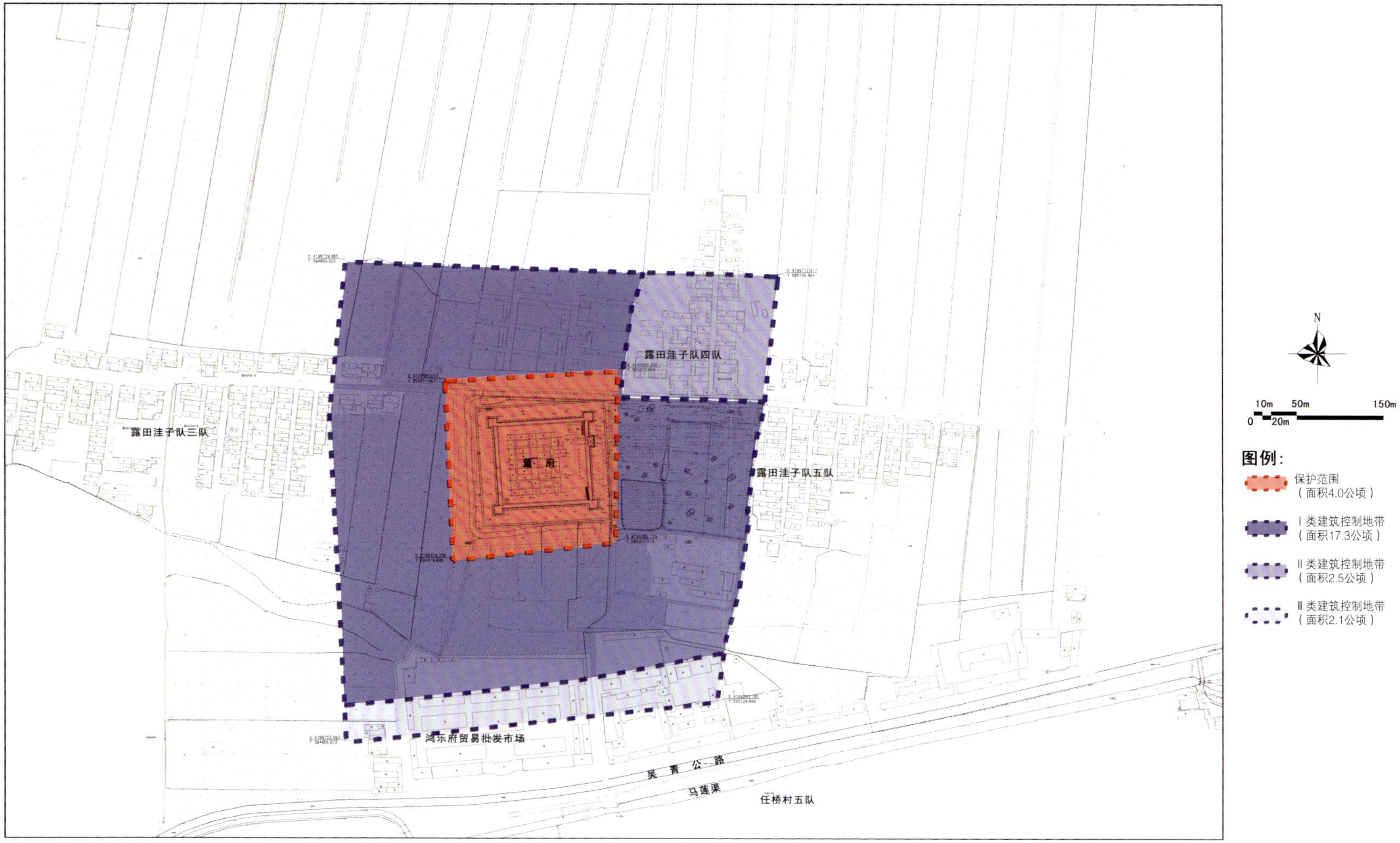
露田洼子队四队
露田洼子队三队
董府
露田洼子队五队
鸿乐府贸易批发市场
吴青公路
马莲渠
任桥村五队
N
10m 50m 150m
0 20m
图例：
保护范围
（面积4.0公顷）
Ⅰ类建筑控制地带
（面积17.3公顷）
Ⅱ类建筑控制地带
（面积2.5公顷）
Ⅲ类建筑控制地带
（面积2.1公顷）

保护区划规划图

修缮工程建筑设计图

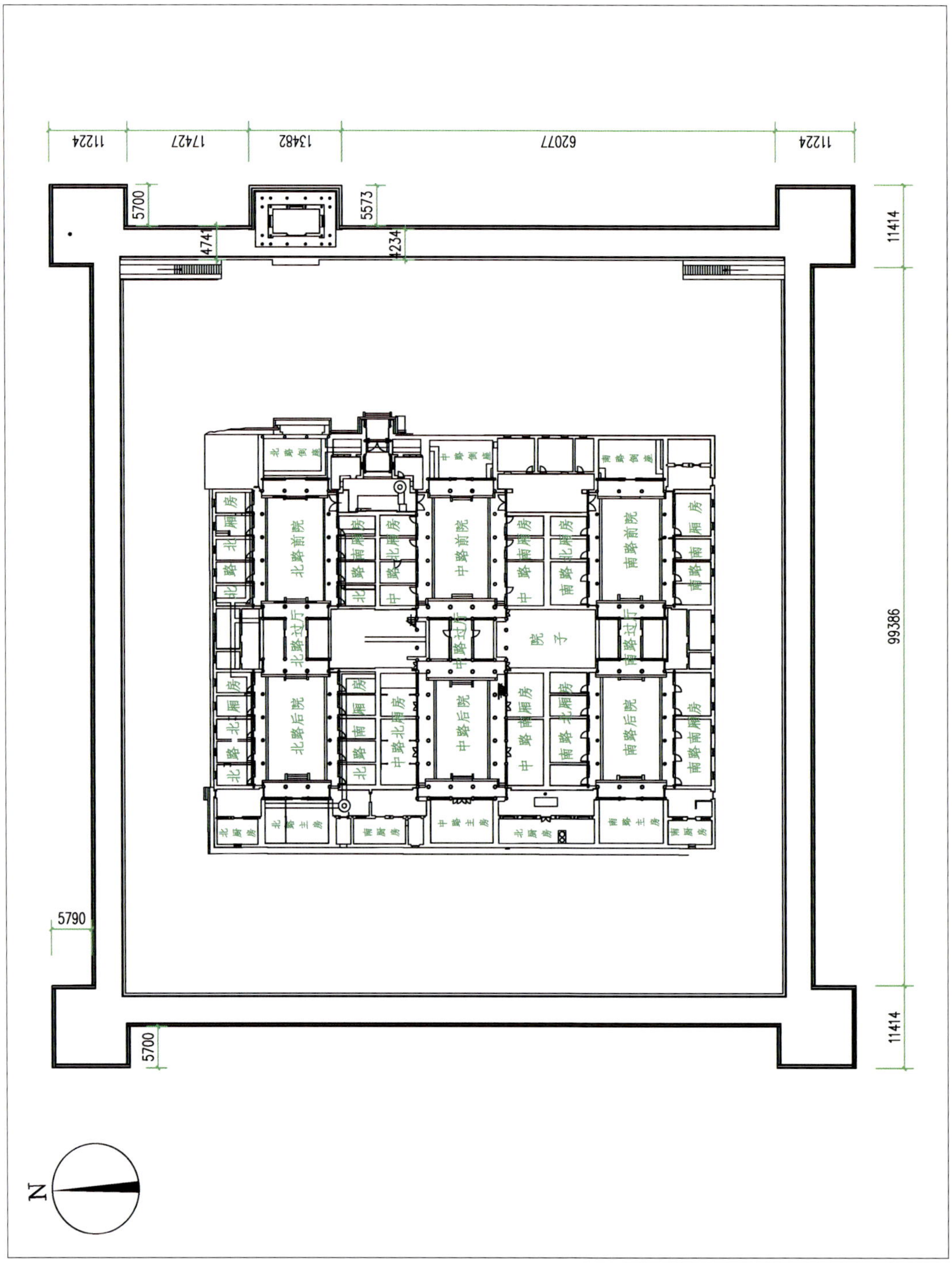

董府总平面图

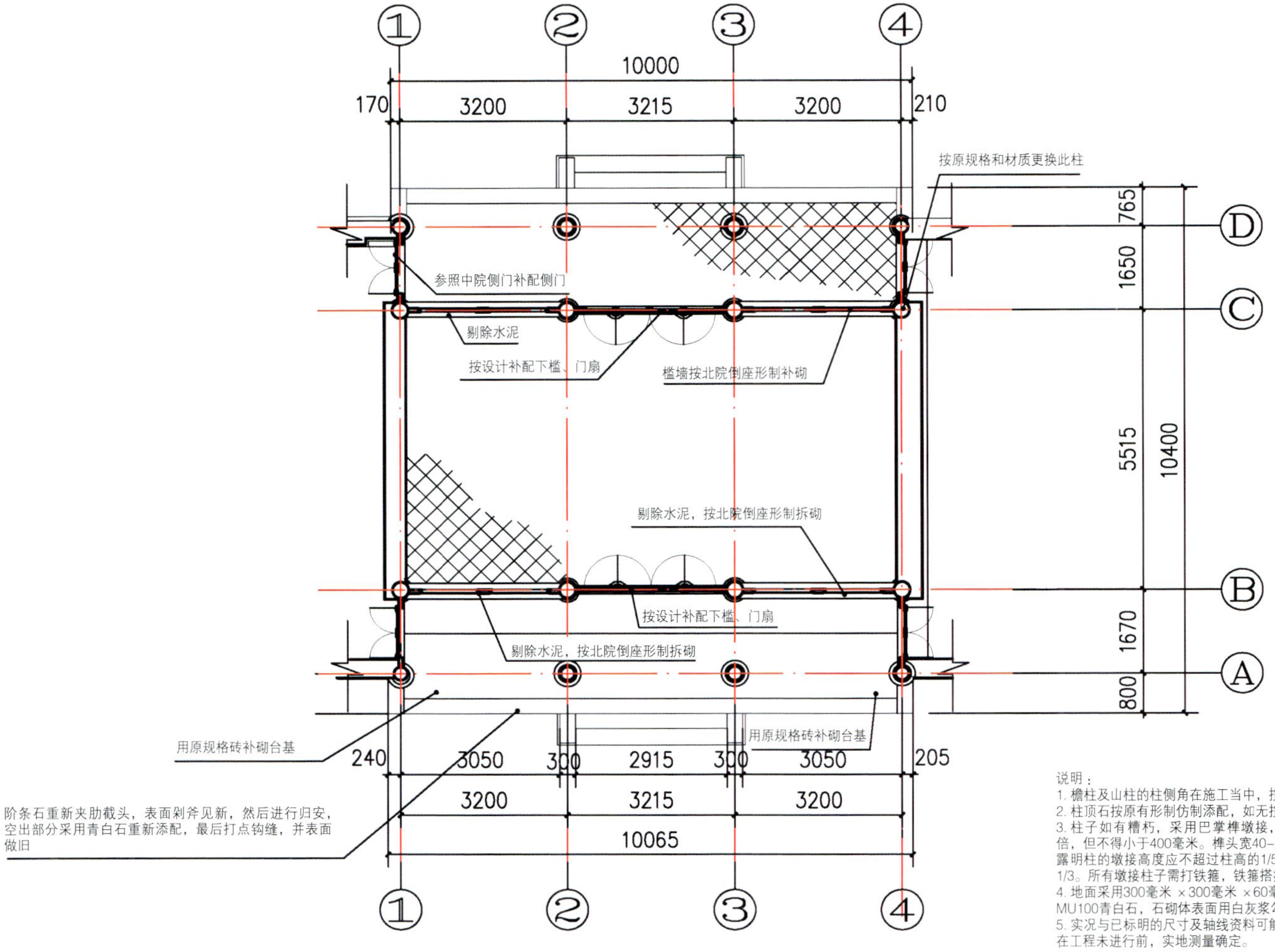

说明：
1. 檐柱及山柱的柱侧角在施工当中，按实际柱高的1% 掰升。
2. 柱顶石按原有形制仿制添配，如无按设计尺寸添配。
3. 柱子如有糟朽，采用巴掌榫墩接，搭接长度为柱径的1.5倍，但不得小于400毫米。榫头宽40–50毫米，高40–50毫米。露明柱的墩接高度应不超过柱高的1/5，山柱应不超过柱高的1/3。所有墩接柱子需打铁箍，铁箍搭接不得低于100毫米。
4. 地面采用300毫米 ×300毫米 ×60毫米青砖细墁。台阶采用MU100青白石，石砌体表面用白灰浆勾抹。
5. 实况与已标明的尺寸及轴线资料可能有出入，所有尺寸均须在工程未进行前，实地测量确定。

北路过厅平面图（1：100）

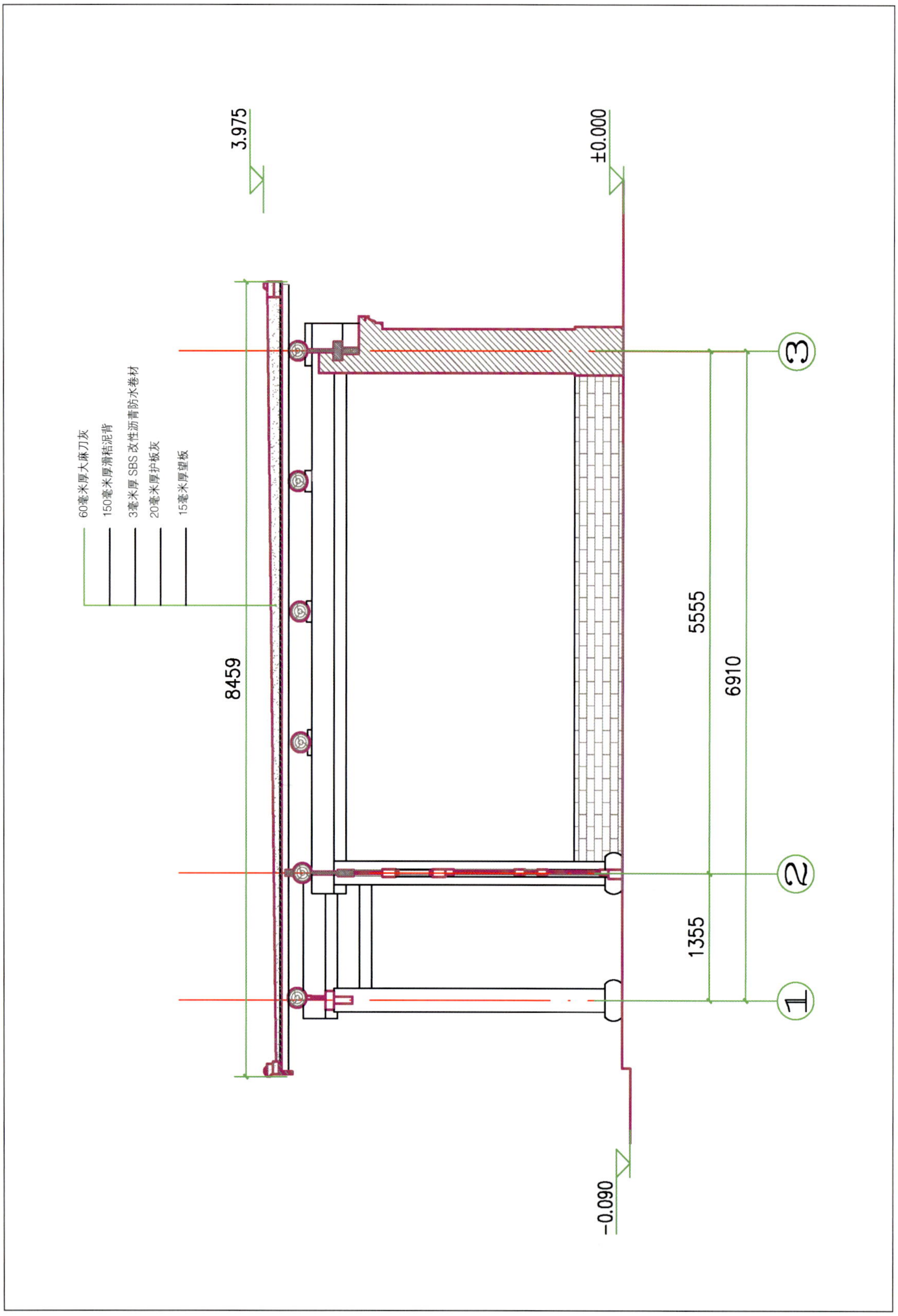

北路前院北厢房剖面图（1：50）

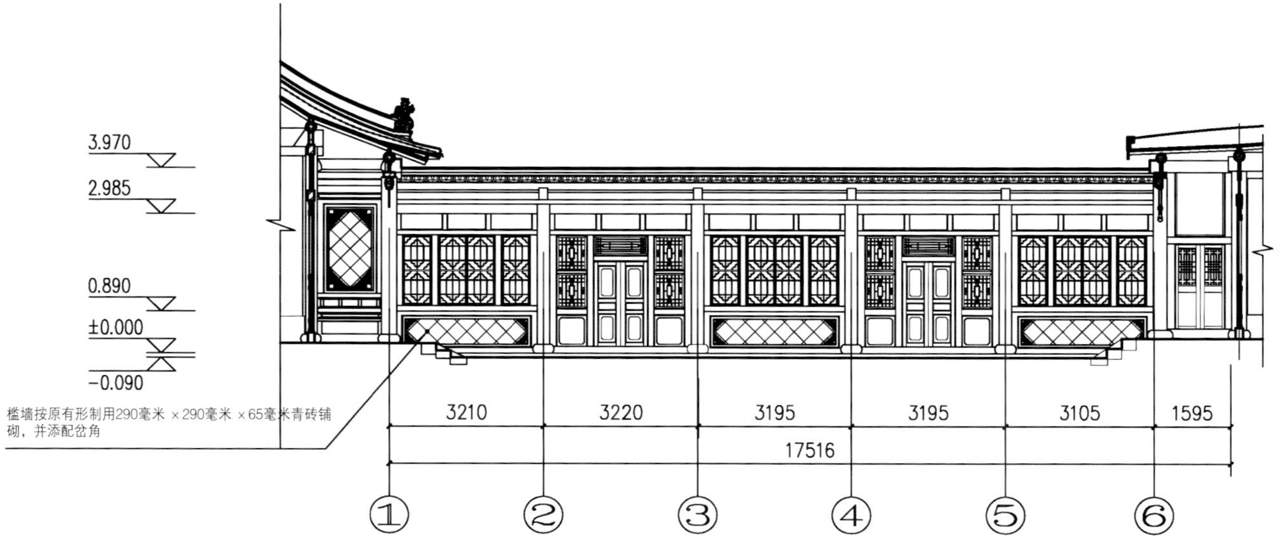

北路前院北厢房正立面图（1：100）

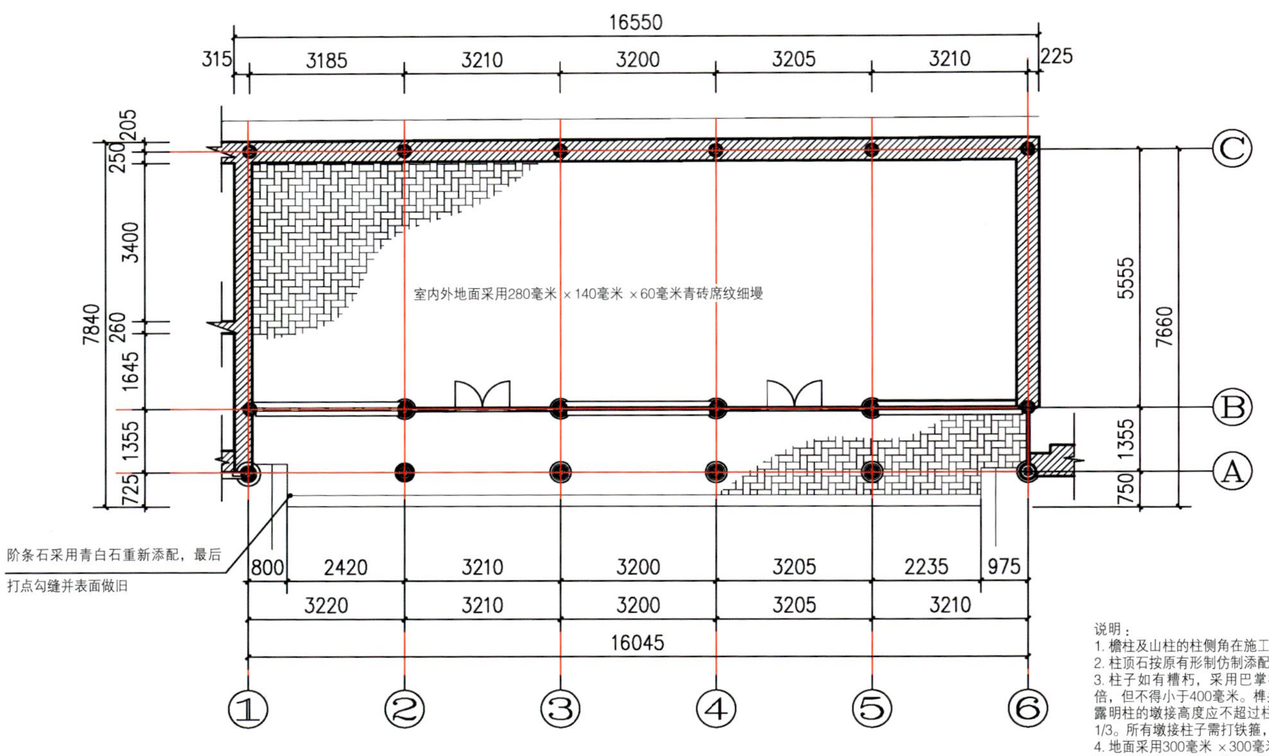

说明：
1. 檐柱及山柱的柱侧角在施工当中，按实际柱高的1% 掰升。
2. 柱顶石按原有形制仿制添配，如无按设计尺寸添配。
3. 柱子如有糟朽，采用巴掌榫墩接，搭接长度为柱径的1.5倍，但不得小于400毫米。榫头宽40–50毫米，高40–50毫米。露明柱的墩接高度应不超过柱高的1/5，山柱应不超过柱高的1/3。所有墩接柱子需打铁箍，铁箍搭接不得低于100毫米。
4. 地面采用300毫米 ×300毫米 ×60毫米青砖细墁。台阶采用MU100青白石，石砌体表面用白灰浆勾抹。
5. 实况与已标明的尺寸及轴线资料可能有出入，所有尺寸均须在工程未进行前，实地测量确定。

北路前院北厢房平面图（1：100）

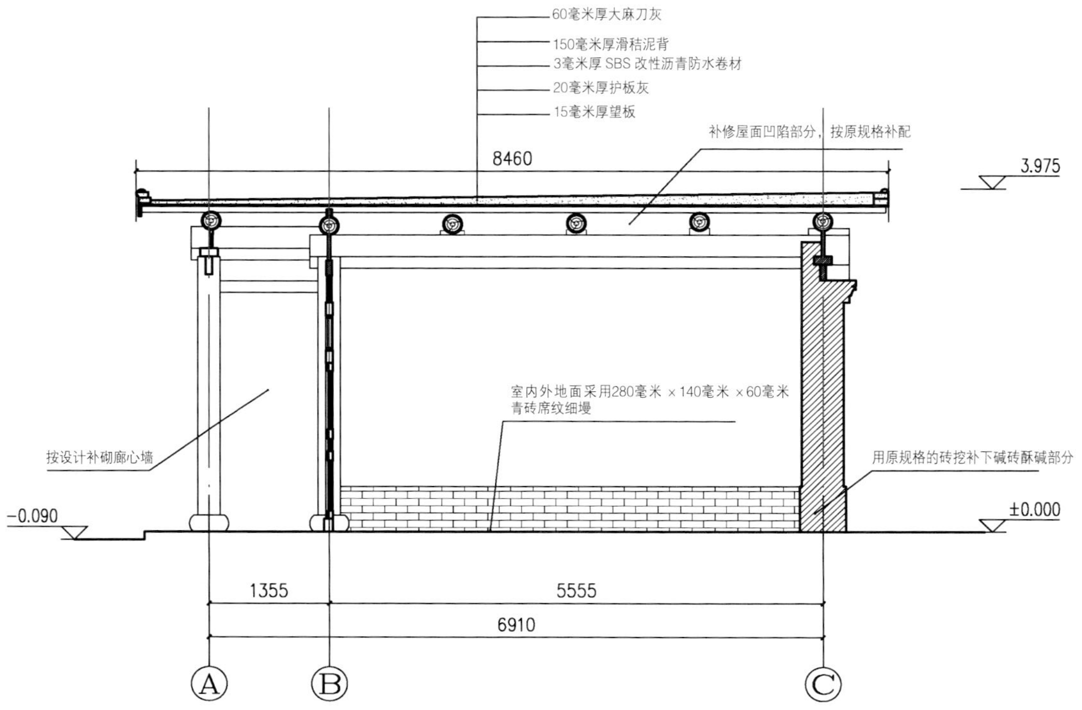

北路前院南厢房剖面图（1∶50）

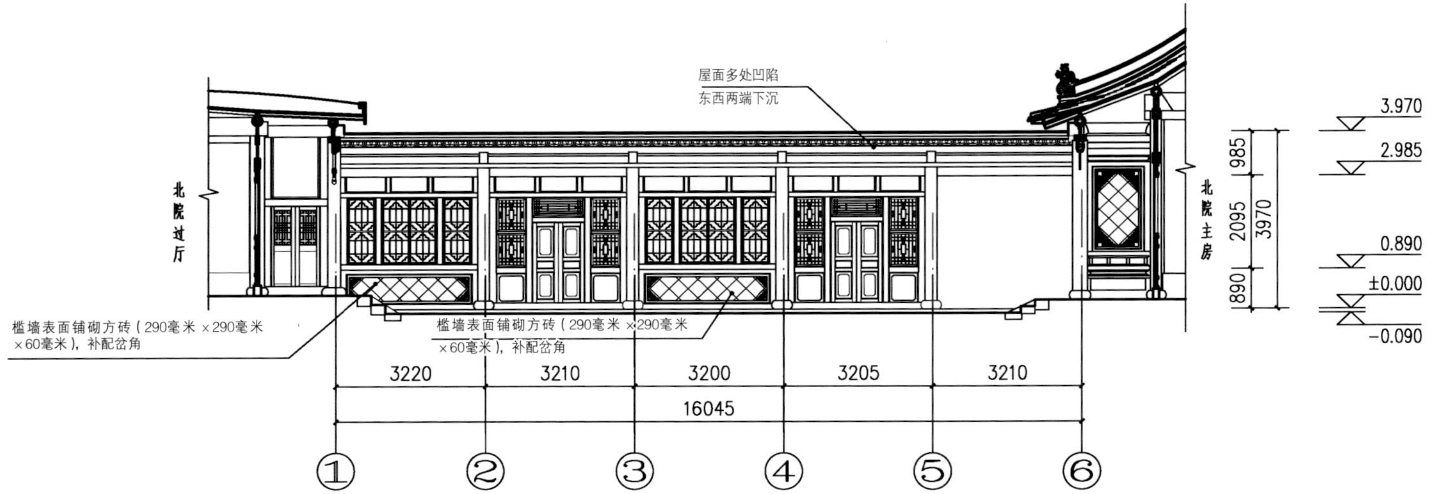

注：
1. 按照原形制补配廊柱柱顶石，抬升廊柱约5厘米，按原规格、原材质更换糟朽的柱子。
2. 门窗按设计恢复为传统形式。
3. 重砌檐墙，恢复为传统形式。

北路前院南厢房正立面图（1：100）

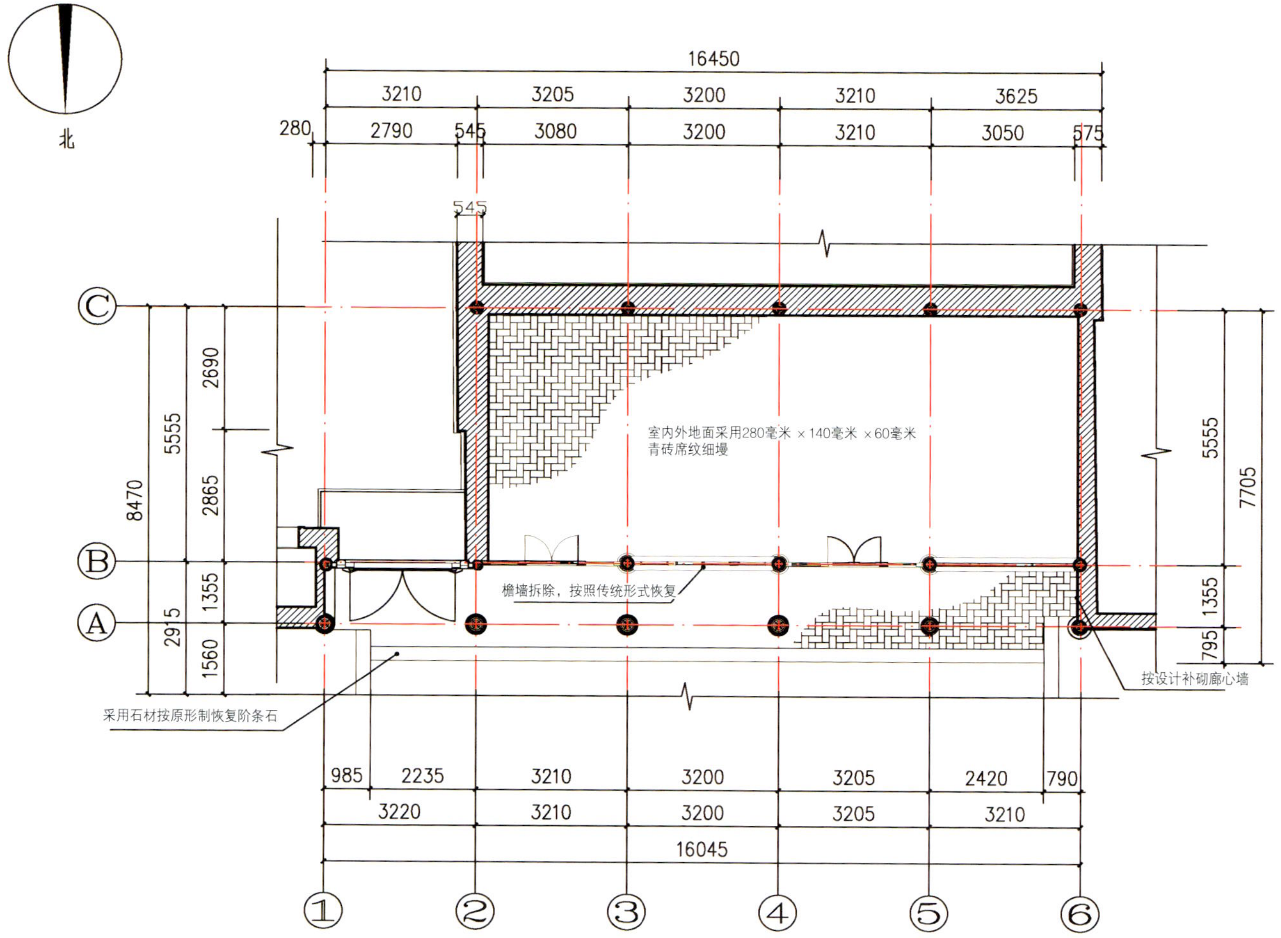

注：
1. 按照原形制补配廊柱柱顶石，抬升廊柱约5厘米，按原规格、原材质更换糟朽的柱子。
2. 门窗按设计恢复为传统形式。
3. 按原材质、原规格挖补后墙下碱砖酥碱部分。
4. 拆除室内后人加建隔离墙体。

北路前院南厢房平面图（1：100）

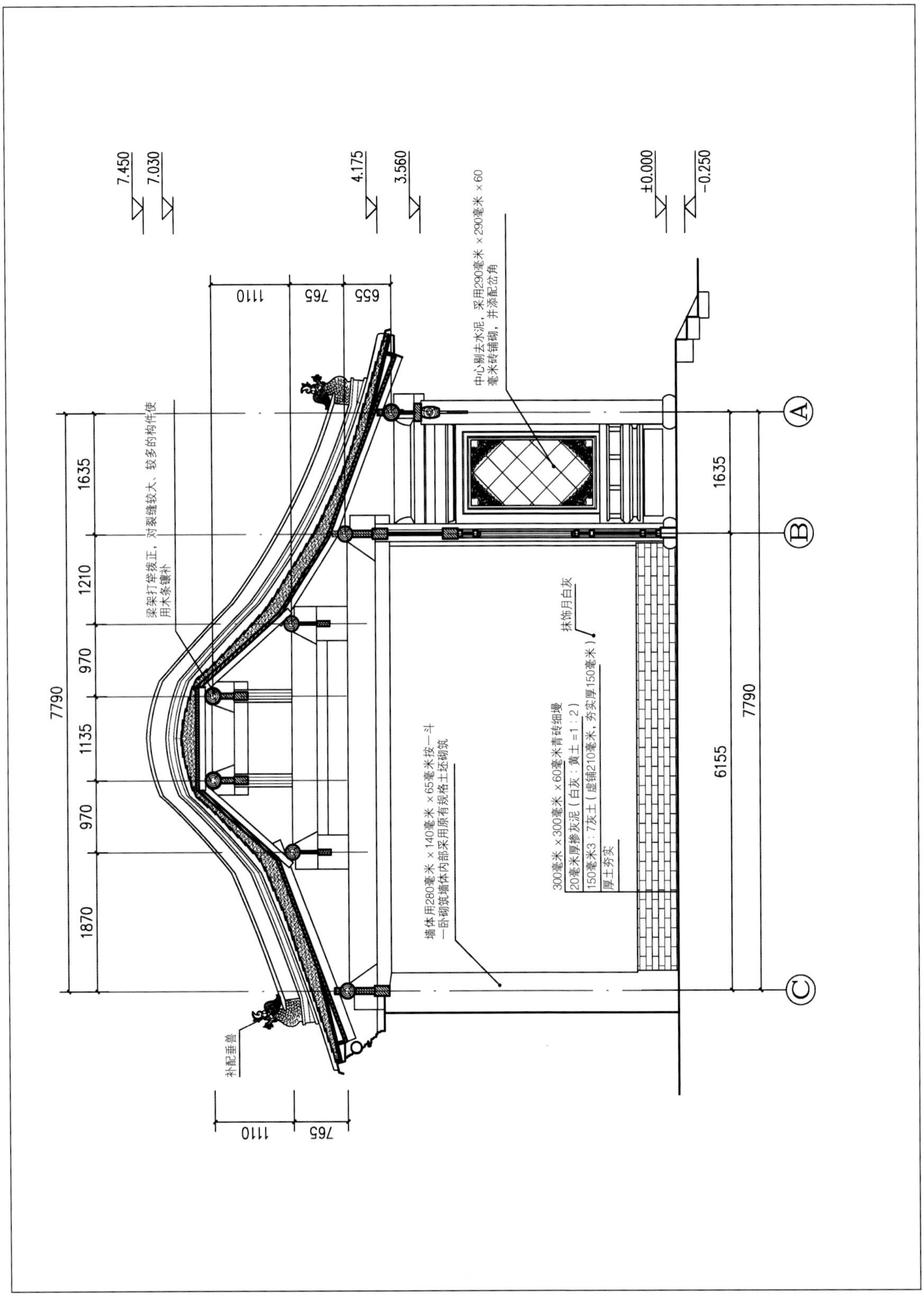
7.450
7.030
4.175
3.560
±0.000
-0.250
1110
765
655
1635
1210
970
1135
970
1870
7790
6155
A
B
C
梁架打牮拨正，对裂缝较大、较多的构件使用木条镶补
补配垂兽
墙体用280毫米×140毫米×65毫米按一斗一卧砌筑墙体内部采用原有规格土坯砌筑
300毫米×300毫米×60毫米青砖细墁
20毫米厚掺灰泥（白灰：黄土=1：2）
150毫米3：7灰土（虚铺210毫米，夯实厚150毫米）
厚土夯实
抹饰月白灰
中心剔去水泥，采用290毫米×290毫米×60毫米砖铺砌，并添配岔角

北路倒座剖面图（1：50）

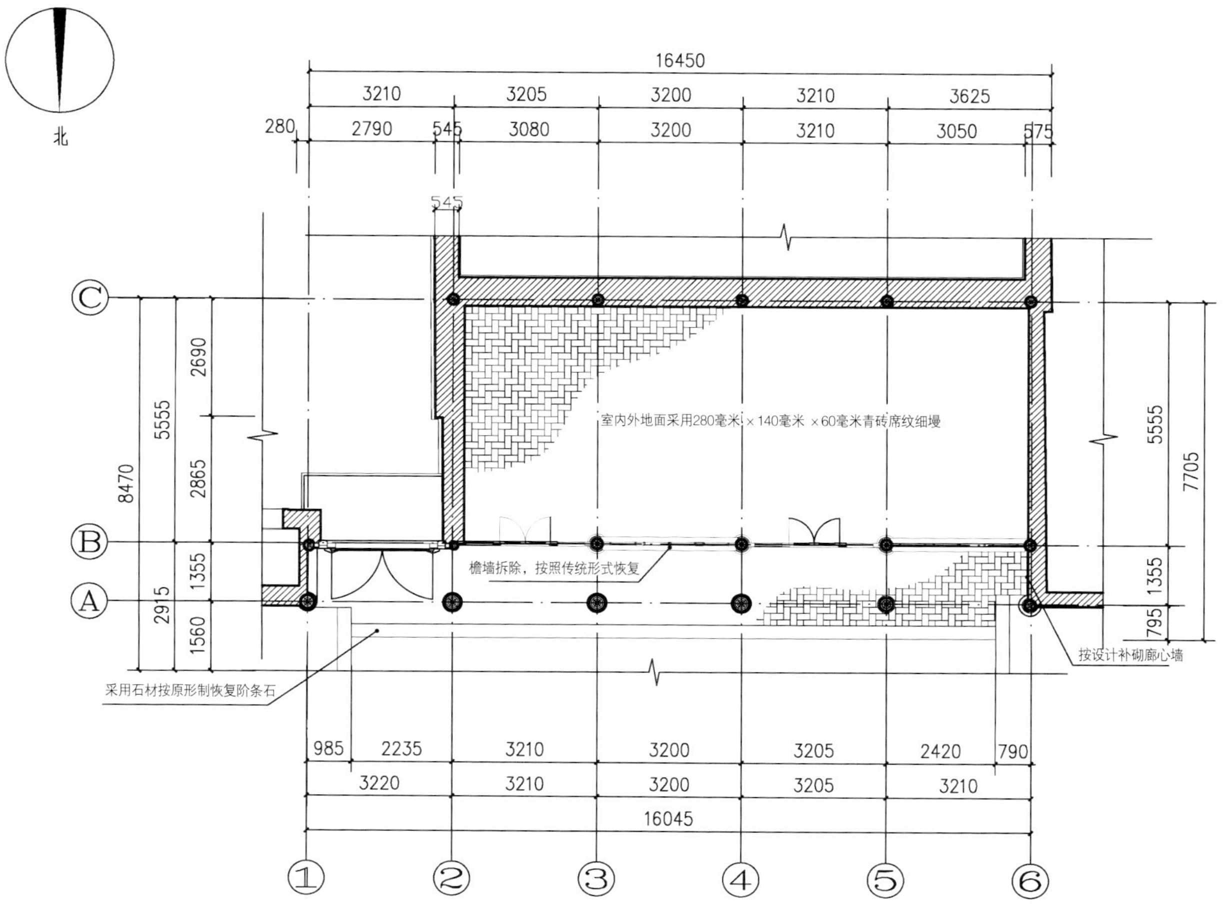

注：
1. 按照原形制补配廊柱柱顶石，抬升廊柱约5厘米，按原规格、原材质更换糟朽的柱子。
2. 门窗按设计恢复为传统形式。
3. 按原材质、原规格挖补后墙下碱砖酥碱部分。
4. 拆除室内后人加建隔离墙体。

北路前院南厢房平面图（1∶100）

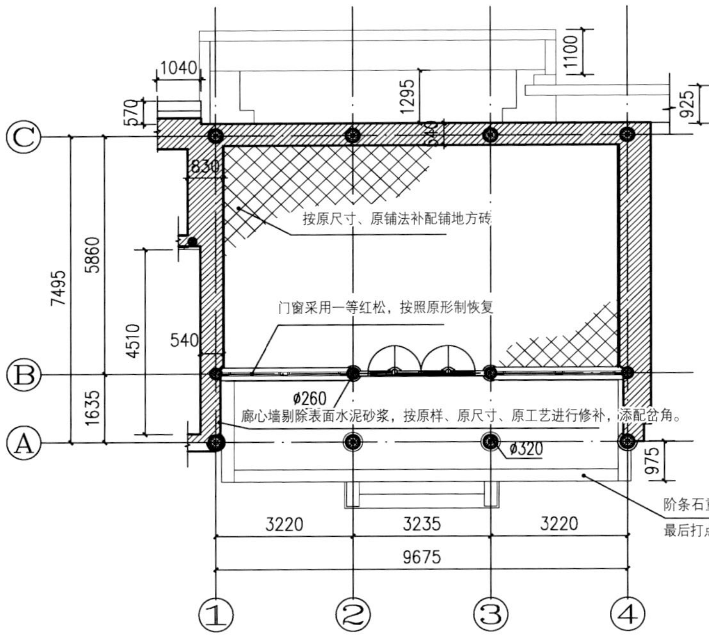

说明：
1. 檐柱及山柱的柱侧角在施工当中，按实际柱高的1% 掰升。
2. 柱顶石按原有形制仿制添配，如无按设计尺寸添配。
3. 柱子如有糟朽，采用巴掌榫墩接，搭接长度为柱径的1.5倍，但不得小于400毫米。榫头宽40-50毫米，高40-50毫米。露明柱的墩接高度应不超过柱高的1/5，山柱应不超过柱高的1/3。所有墩接柱子需打铁箍，铁箍搭接不得低于100毫米。
4. 地面采用300毫米 ×300毫米 ×60毫米青砖细墁。台阶采用MU100青白石，石砌体表面用白灰浆勾抹。
5. 实况与已标明的尺寸及轴线资料可能有出入，所有尺寸均须在工程未进行前，实地测量确定。

北路倒座平面（1：100）

中路后院二层过厅前面门窗大样

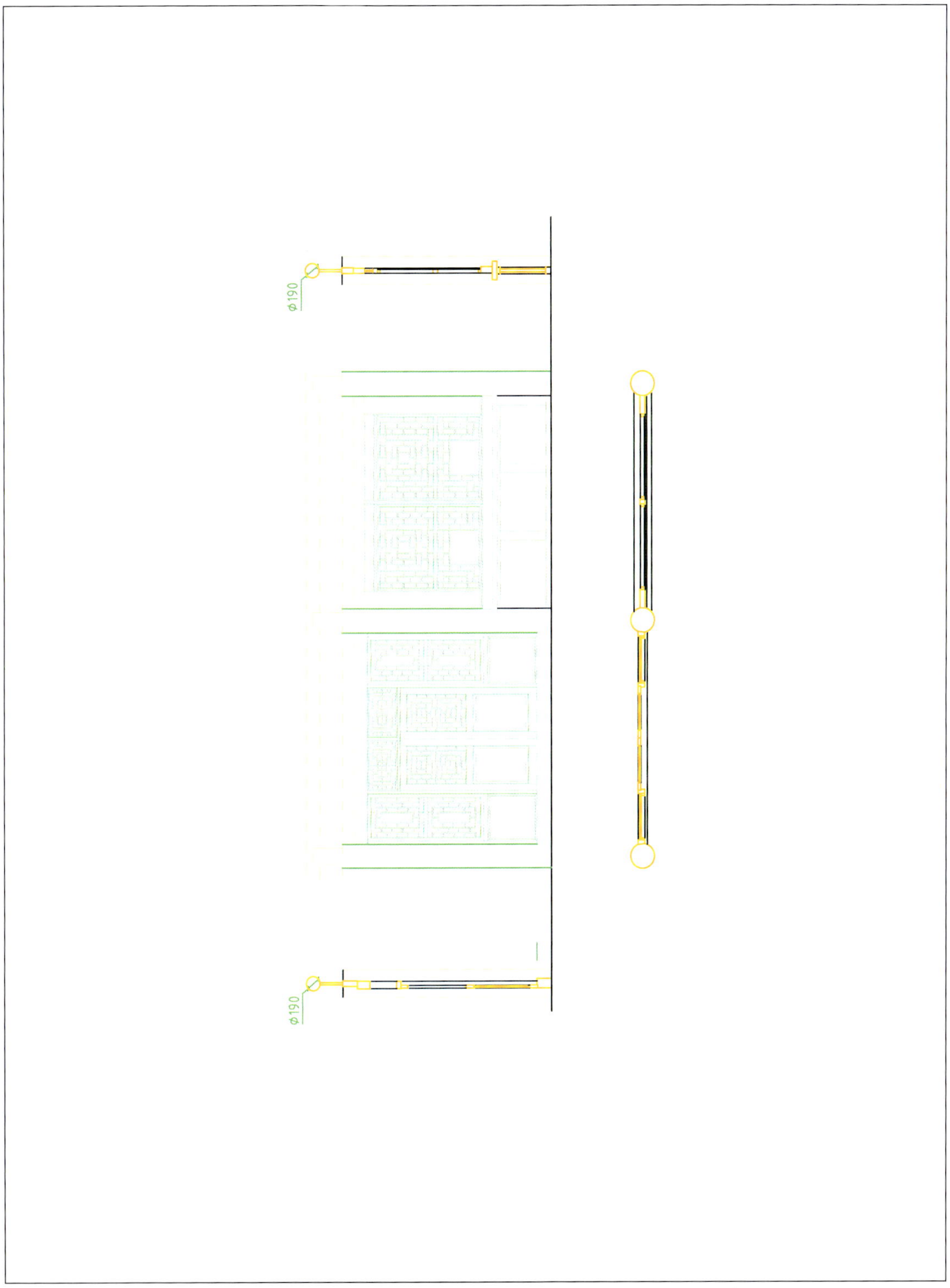

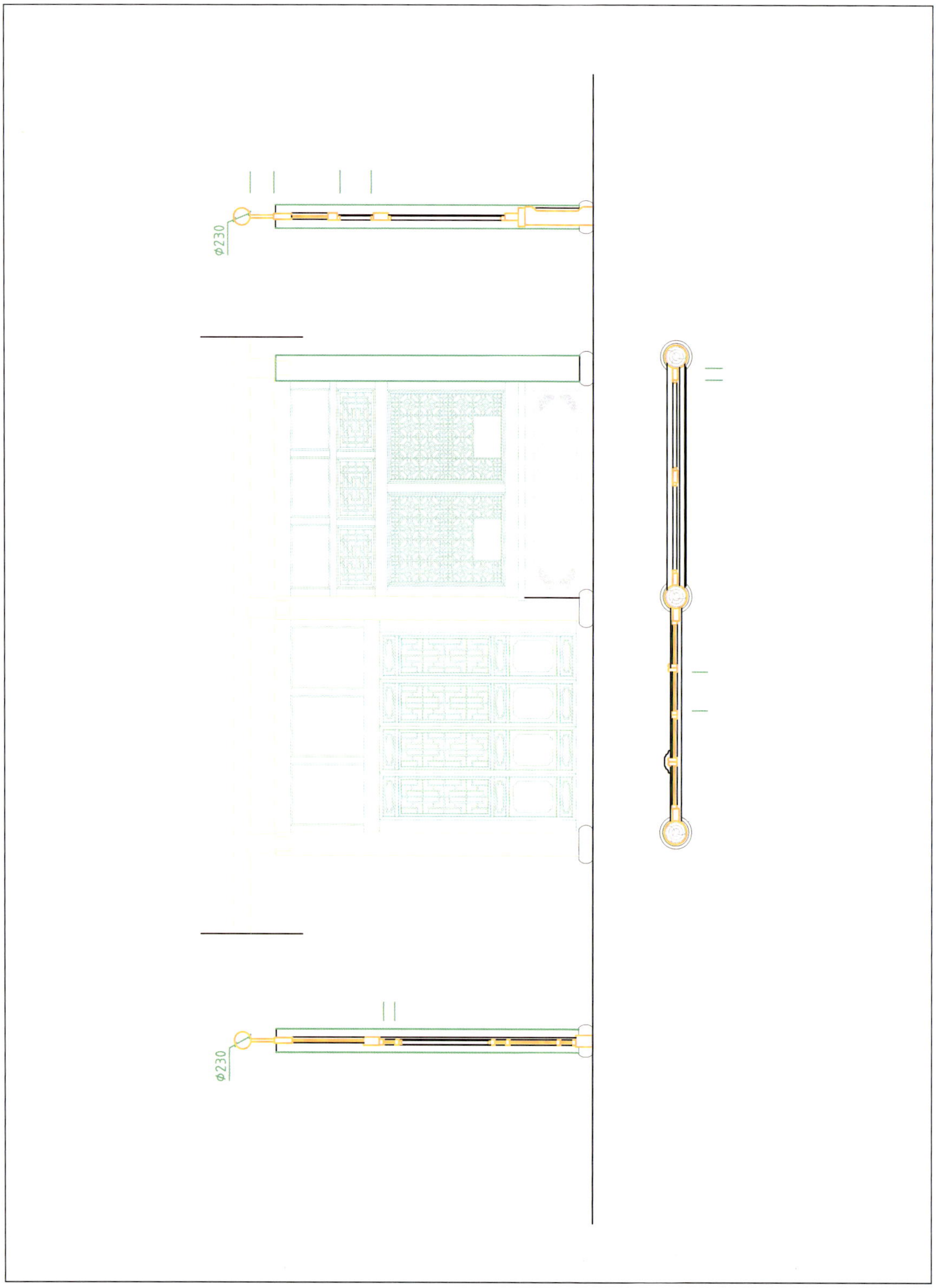
φ230
φ230

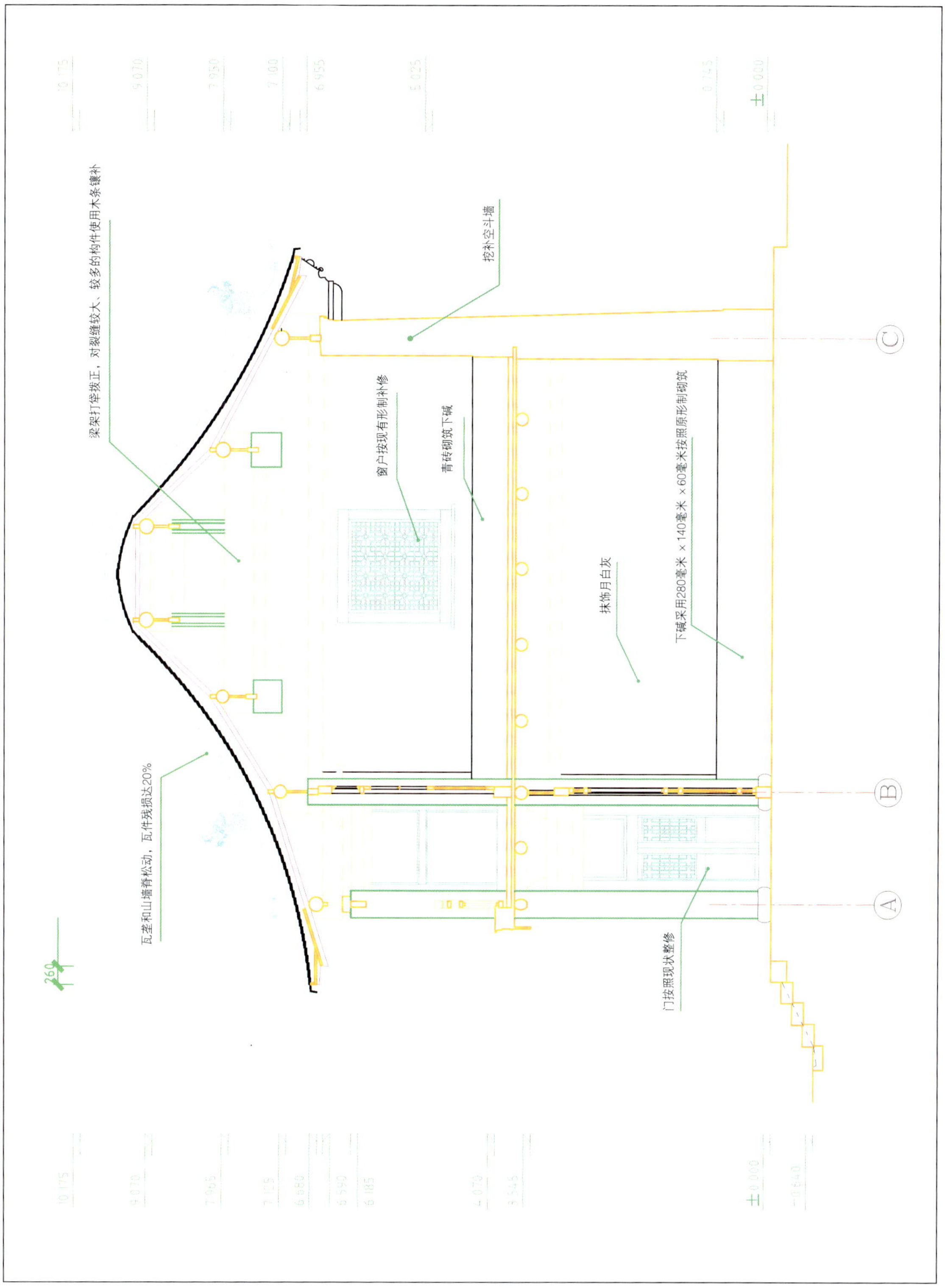
梁架打牮拨正，对裂缝较大、较多的构件使用木条镶补
瓦垄和山墙脊松动，瓦件残损达20%
窗户按现有形制补修
青砖砌筑下碱
挖补空斗墙
抹饰月白灰
下碱采用280毫米×140毫米×60毫米按照原形制砌筑
门按照现状整修
260
±0.000
A
B
C

中路正房明间剖面图

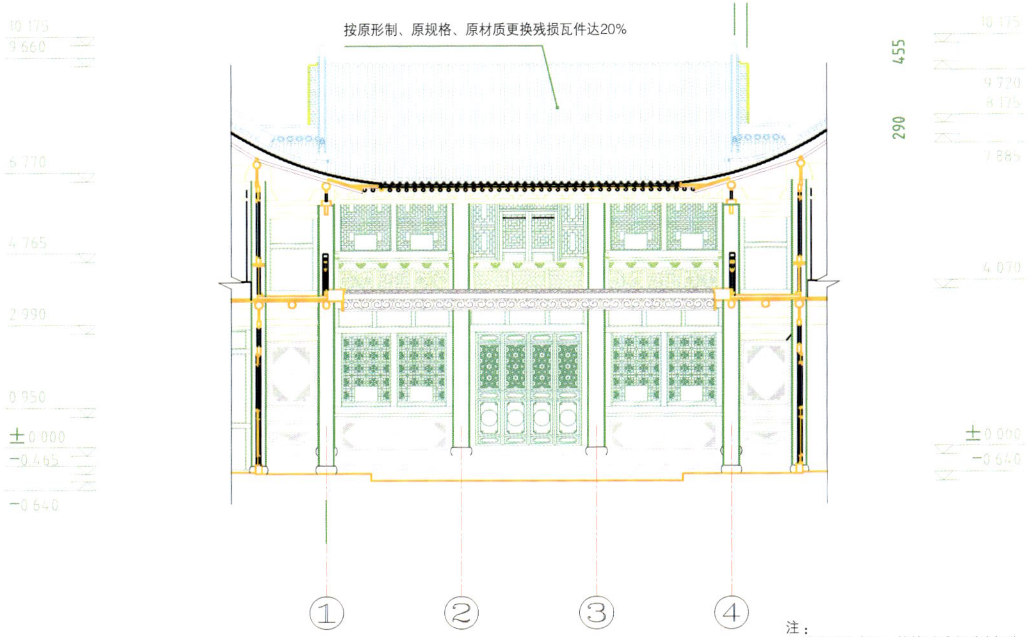

注：
1. 槛墙剔除水泥，挖补酥碱和裂缝部分，按原有形制用290毫米 ×290毫米 ×65毫米青砖铺砌，并添配岔角。
2. 按原形制添补槛窗16个丢失图案，补修2个残损图案。

中路正房正立面图

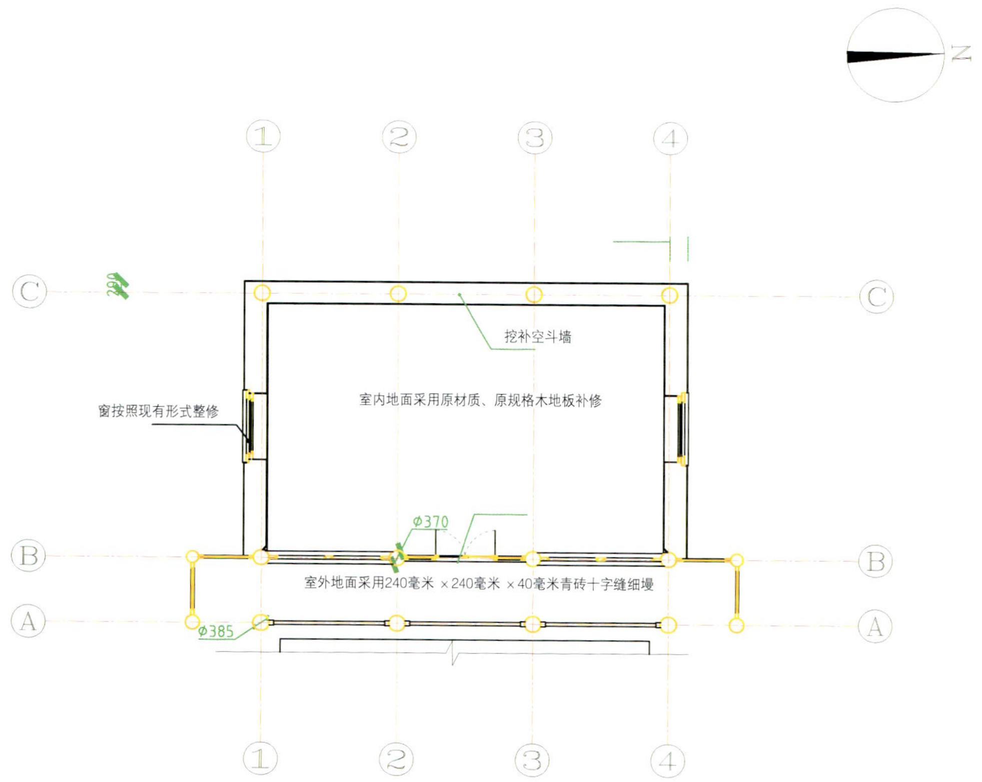

注：
1. 拆除现代添建的窗帘盒。
2. 拆除后期改建的门窗，利用现有上、下槛对心屉部分进行复原设计。门窗用一等红松，强度等级 TC13，含水率不得大于12%。
3. 楼地面加固木板，在木板上刷防腐漆一道，用3毫米 SBS 改性沥青防水卷材一道，座30毫米掺灰泥，上铺墁240毫米 ×240毫米 ×40毫米方砖，并勾缝。

中路正房二层平面图

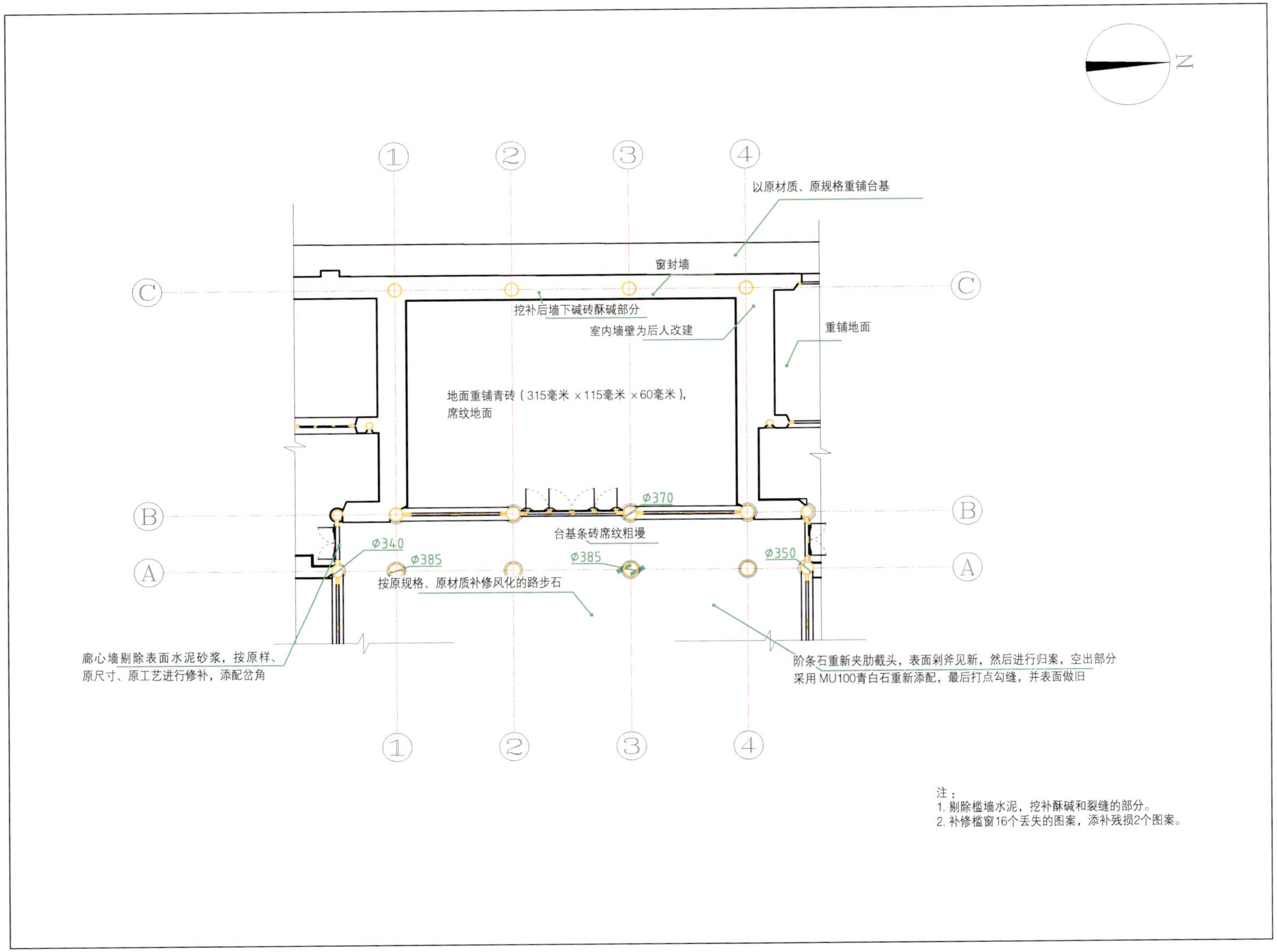

注：
1. 剔除槛墙水泥，挖补酥碱和裂缝的部分。
2. 补修槛窗16个丢失的图案，添补残损2个图案。

中路正房一层平面图

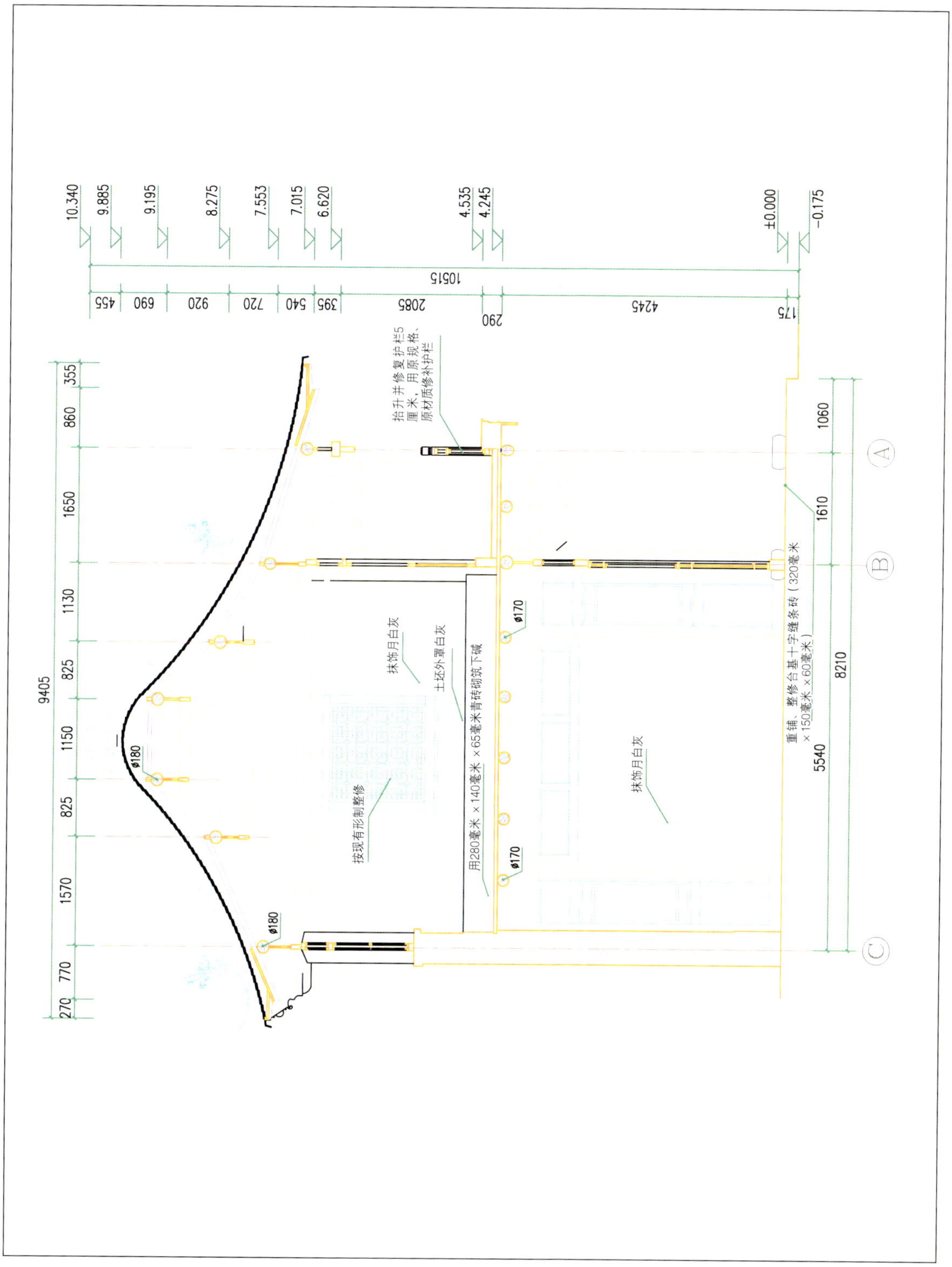

抬升并修复护栏5厘米，用原规格、原材质修补护栏
抹饰月白灰
土坯外罩白灰
用280毫米×140毫米×65毫米青砖砌筑下碱
按现有形制整修
抹饰月白灰
重铺、整修台基十字缝条砖（320毫米×150毫米×60毫米）
ø180
ø170
10.340
9.885
9.195
8.275
7.553
7.015
6.620
4.535
4.245
±0.000
-0.175
10515
9405
8210
5540

中路后院北厢房剖面图

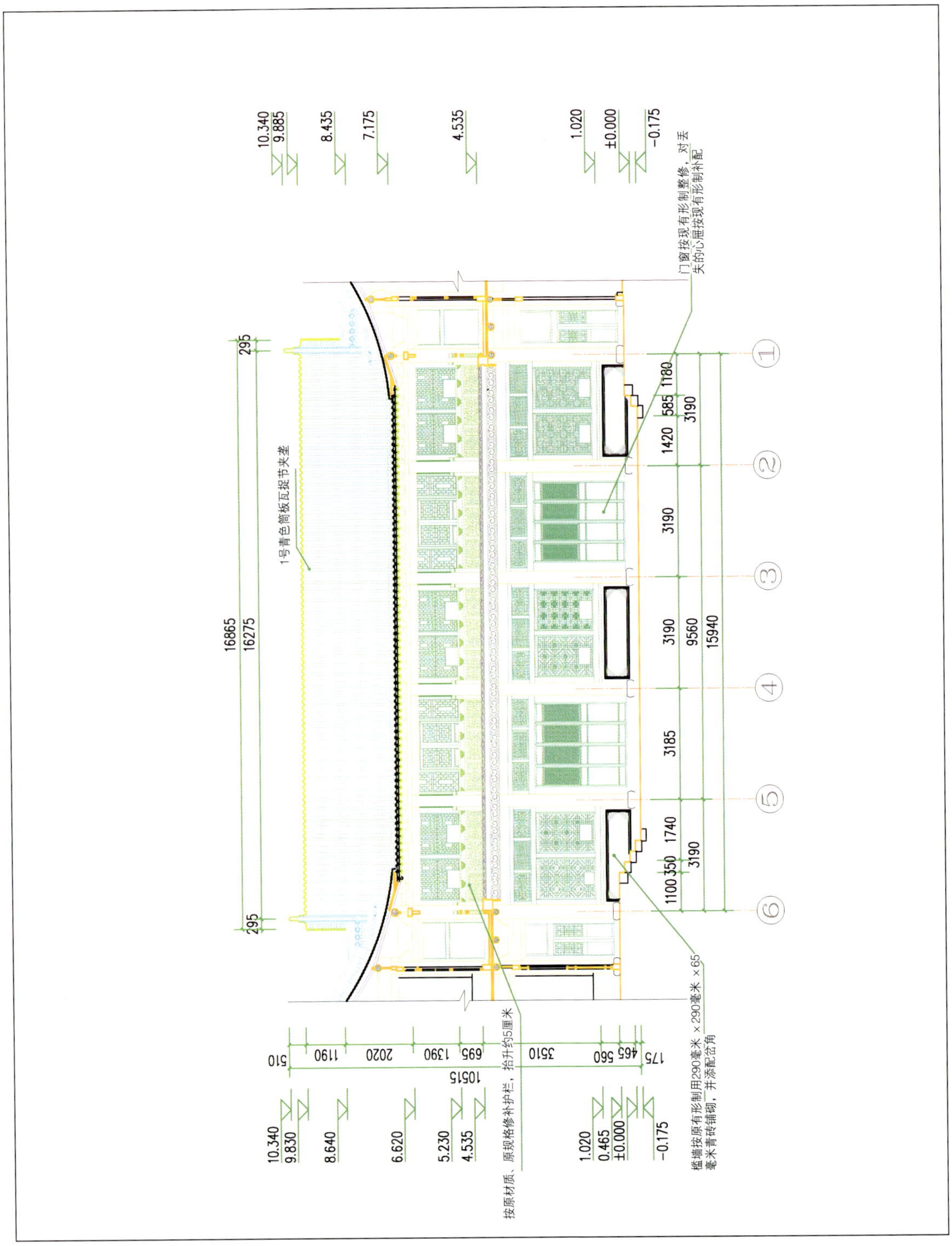
1号青色筒板瓦捉节夹垄
门窗按现有形制整修，对丢失的心屉按现有形制补配
按原材质、原规格修补护栏，抬升约5厘米
槛墙按原有形制用290毫米 ×290毫米 ×65毫米青砖铺砌，并添配岔角
16865
16275
295
10515
15940
9560
3190
3185
1420
585
1180
1740
1100
350
510
1190
2020
1390
695
3510
465
560
175
10.340
9.885
9.830
8.640
8.435
7.175
6.620
5.230
4.535
1.020
0.465
±0.000
−0.175

中路北厢房正立面图

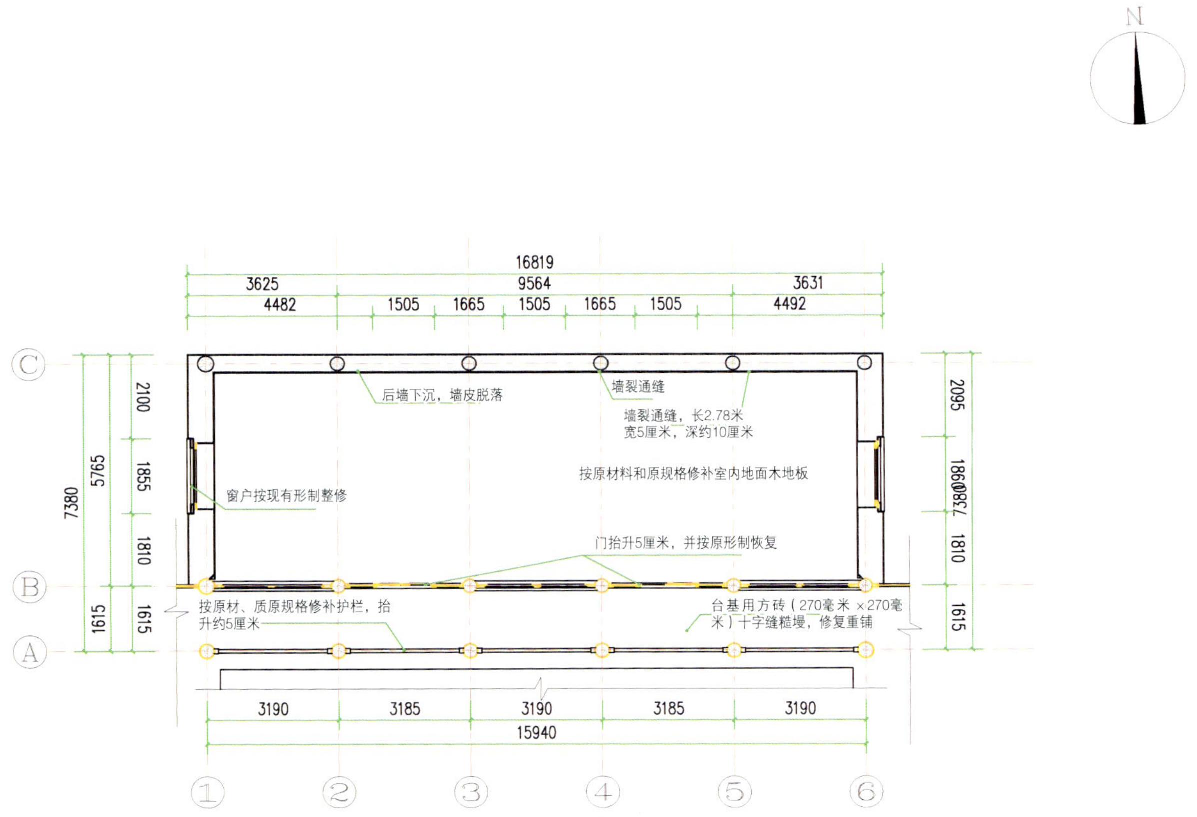

说明：
1. 拆除现代添建的窗帘盒。
2. 拆除后期改建的门窗，利用现有上、下槛对心屉部分进行复原设计。门窗用一等红松，强度等级 TC13，含水率不得大于12%。
3. 楼地面加固木板，在木板上防腐漆一道，用3毫米 SBS 改性沥青防水卷材一道，座30毫米掺灰泥，上铺墁240毫米 ×240毫米 ×40毫米方砖，并勾缝。

中路后院北厢房二层平面图

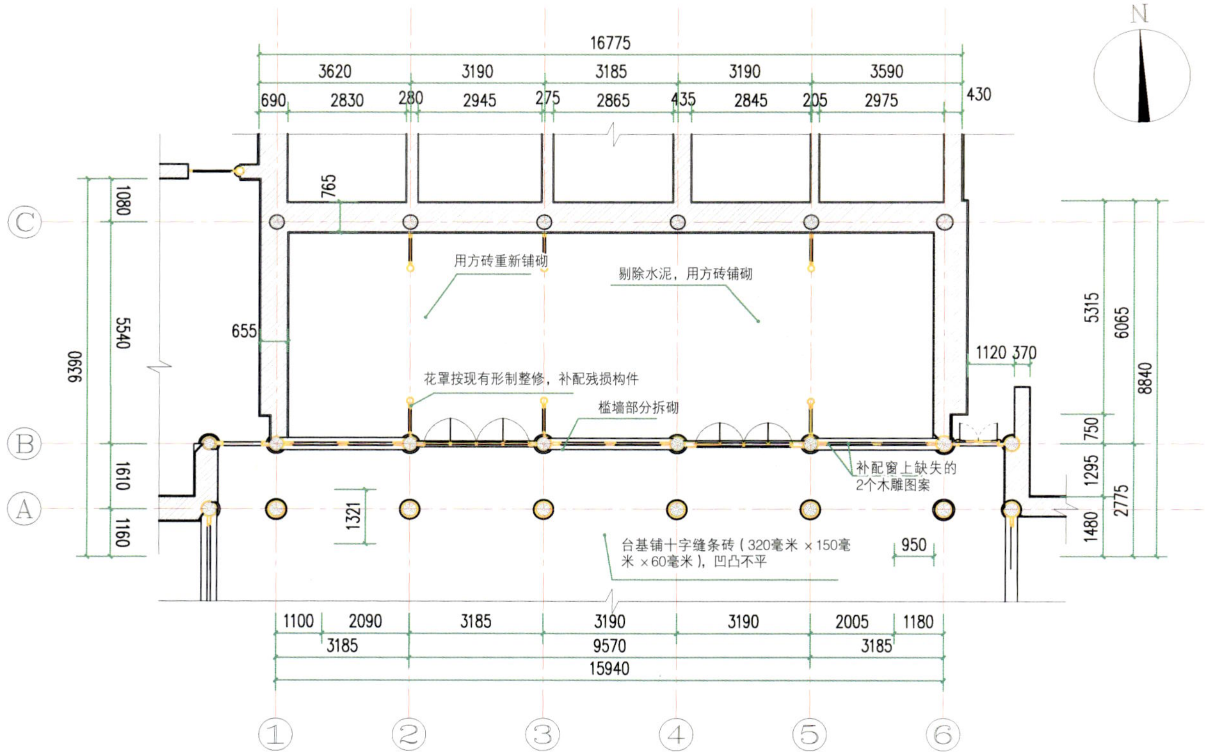

说明：
1. 檐柱及山柱的柱侧角在施工当中，按实际柱高的1% 掰升。
2. 柱顶石按原有形制仿制添配，如无按设计尺寸添配。
3. 柱子如有槽朽，采用巴掌榫墩接，搭接长度为柱径的1.5倍，但不得小于400毫米。榫头宽40-50毫米，高40-50毫米。露明柱的墩接高度应不超过柱高的1/5，山柱应不超过柱高的1/3。所有墩接柱子需打铁箍，铁箍搭接不得低于100毫米。
4. 地面采用300毫米 ×300毫米 ×60毫米青砖细墁。台阶采用MU100青白石，石砌体表面用白灰浆勾抹。
5. 实况与已标明的尺寸及轴线资料可能有出入，所有尺寸均须在工程未进行前，实地测量确定。

中路后院北厢房一层平面图

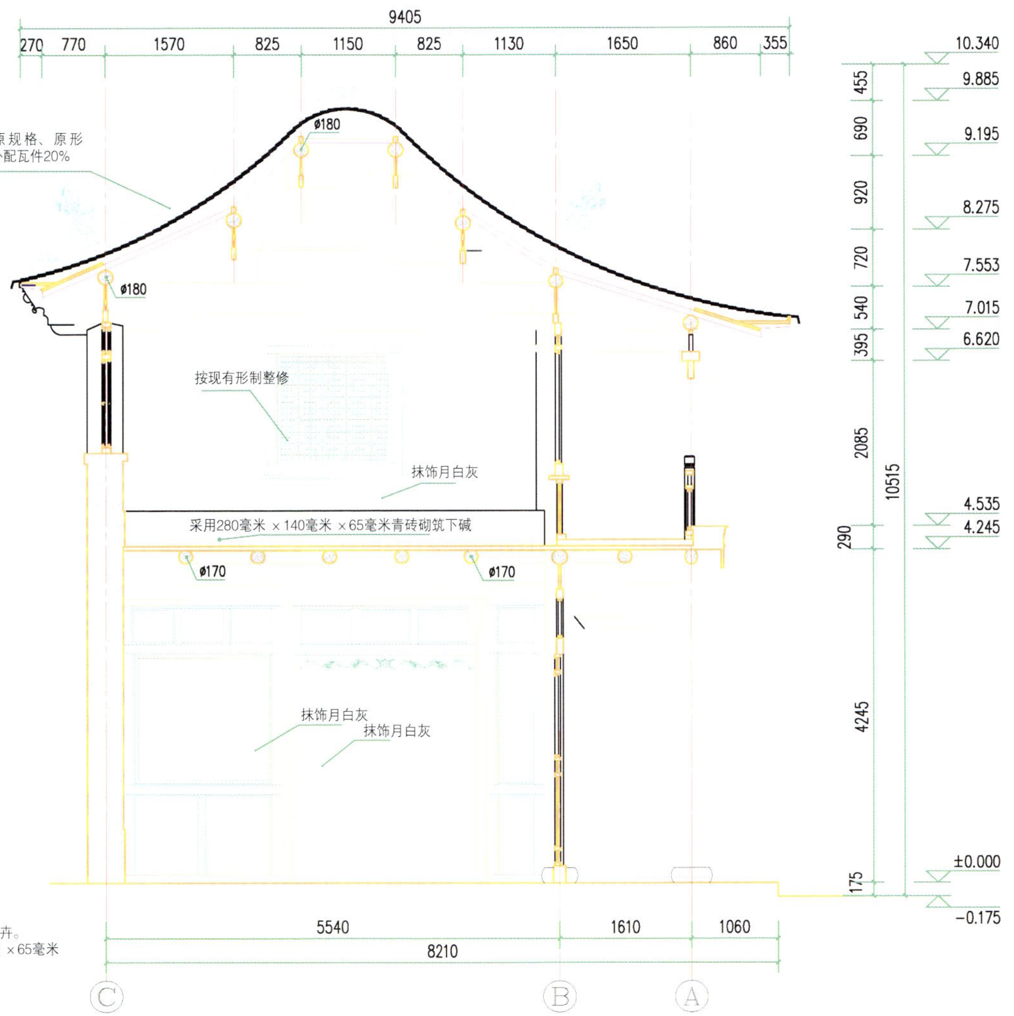

注：
1. 抬升前檐柱及金柱，廊柱抬升约10厘米。
2. 按原状整修门窗，补配左右窗上佚失的2个木雕花卉。
3. 用原形制的砖拆砌槛墙，表面290毫米 ×209毫米 ×65毫米青砖铺砌，并添配岔角。

中路后院南厢房剖面图

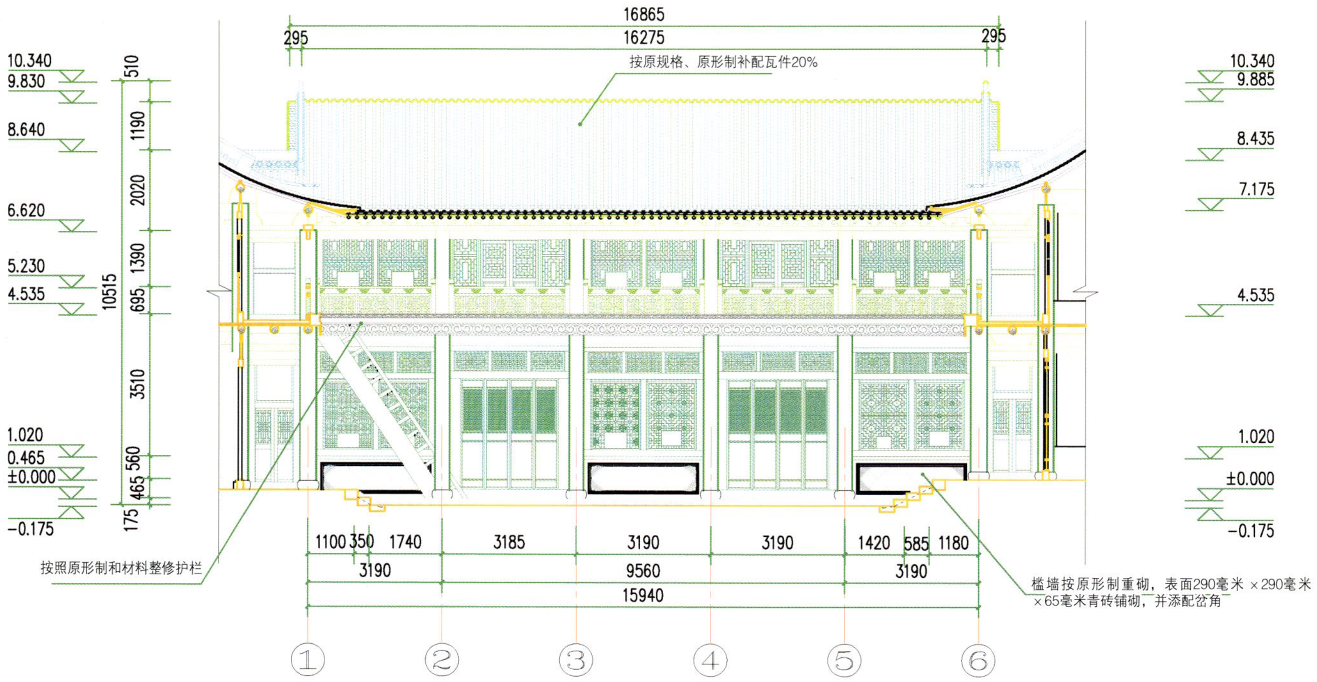

注：
1. 抬升前檐柱及金柱，廊柱抬升10厘米。
2. 按原状整修门窗，补配左右窗上佚失的2个木雕花井。
3. 整修椽椽结构，补修或更换糟朽椽。

中路南厢房正立面图

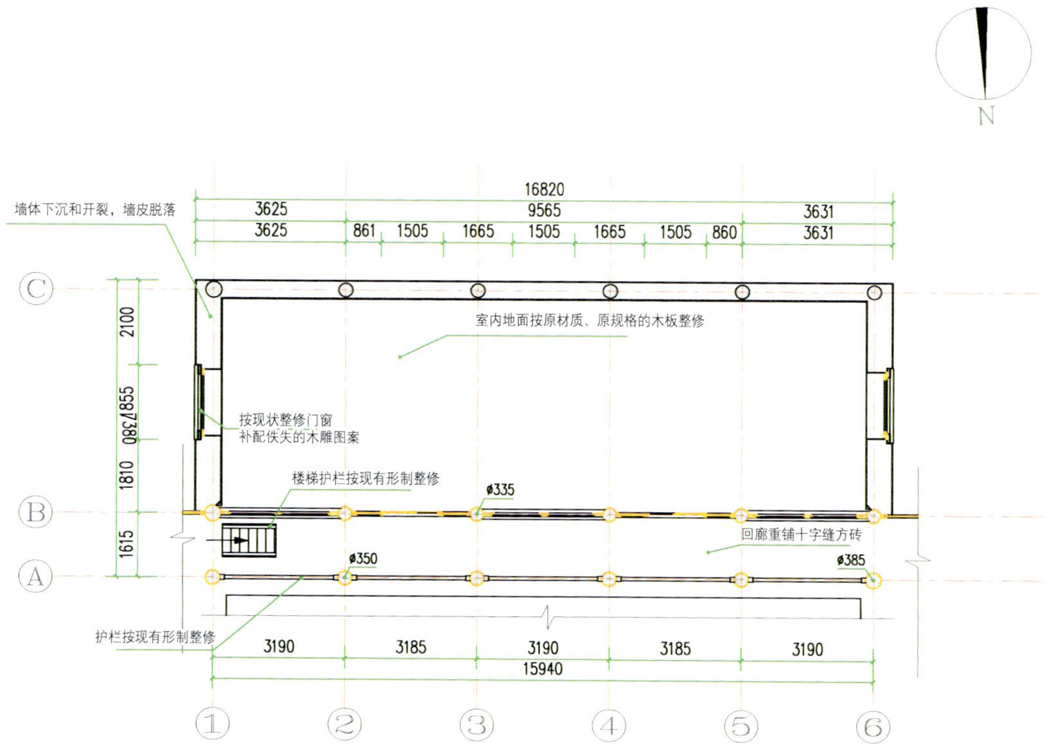

注：
1. 拆除现代添建的窗帘盒。
2. 拆除后期改建的门窗，利用现有上、下槛对心屉部分进行复原设计。门窗用一等红松，强度等级 TC13，含水率不得大于12%。
3. 楼地面加固木板，在木板上刷防腐漆一道，用3毫米 SBS 改性沥青防水卷材一道，座30毫米掺灰泥，上铺墁240毫米 ×240毫米 ×40毫米方砖，并勾缝。

中路后院南厢房二层平面图

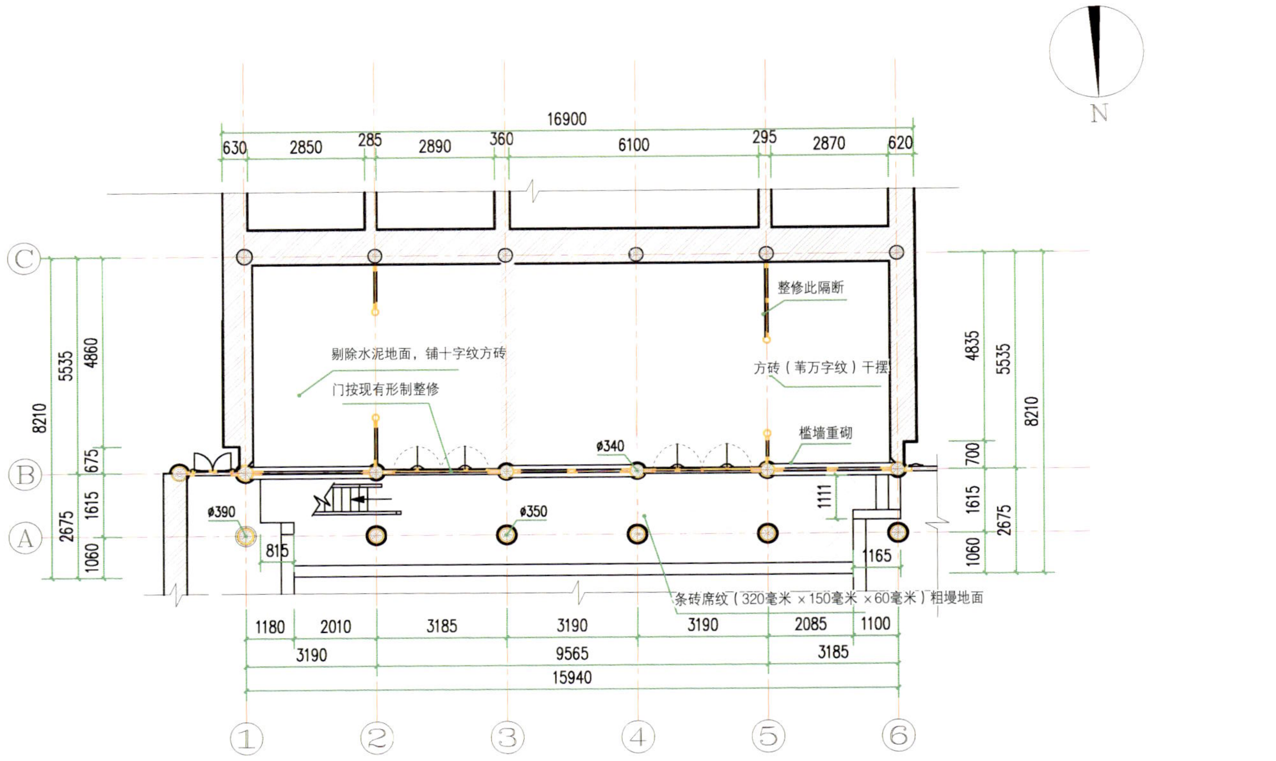

说明：
1. 檐柱及山柱的柱侧角在施工当中，按实际柱高的1% 掰升。
2. 柱顶石按原有形制仿制添配，如无按设计尺寸添配。
3. 柱子如有糟朽，采用巴掌榫墩接，搭接长度为柱径的1.5倍，但不得小于400毫米。榫头宽40-50毫米，高40-50毫米。露明柱的墩接高度应不超过柱高的1/5，山柱应不超过柱高的1/3。所有墩接柱子需打铁箍，铁箍搭接不得低于100毫米。
4. 地面采用300毫米 ×300毫米 ×60毫米青砖细墁。台阶采用MU100青白石，石砌体表面用白灰浆勾抹。
5. 实况与已标明的尺寸及轴线资料可能有出入，所有尺寸均须在工程未进行前，实地测量确定。

注：
1. 抬升前檐柱及金柱，廊柱抬升约10厘米。
2. 按原状整修门窗，补配左右佚失的2个木雕花卉。
3. 用原形制的砖拆砌槛墙，表面290毫米 ×290毫米 ×65毫米青砖铺砌，并添配岔角。
4. 东西山墙下沉、开裂和鼓闪，墙皮脱落。

中路后院南厢房一层平面图

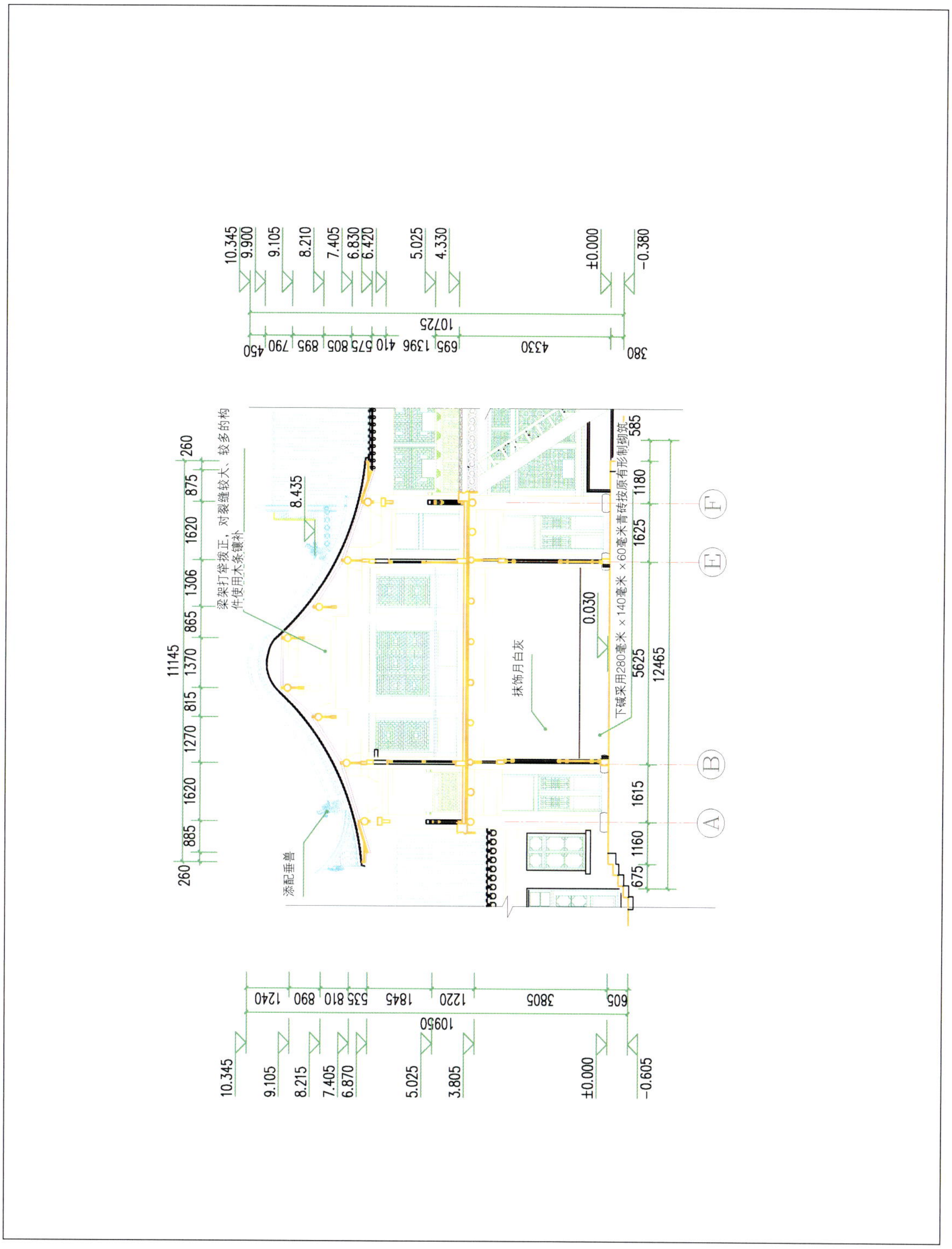
添配垂兽
梁架打牮拨正，对裂缝较大、较多的构件使用木条镶补
抹饰月白灰
下碱采用280毫米×140毫米×60毫米青砖按原有形制砌筑
8.435
0.030
10.345
9.900
9.105
8.210
7.405
6.830
6.420
5.025
4.330
±0.000
−0.380
10.345
9.105
8.215
7.405
6.870
5.025
3.805
±0.000
−0.605
11145
12465
10725
10950

中路过厅剖面图

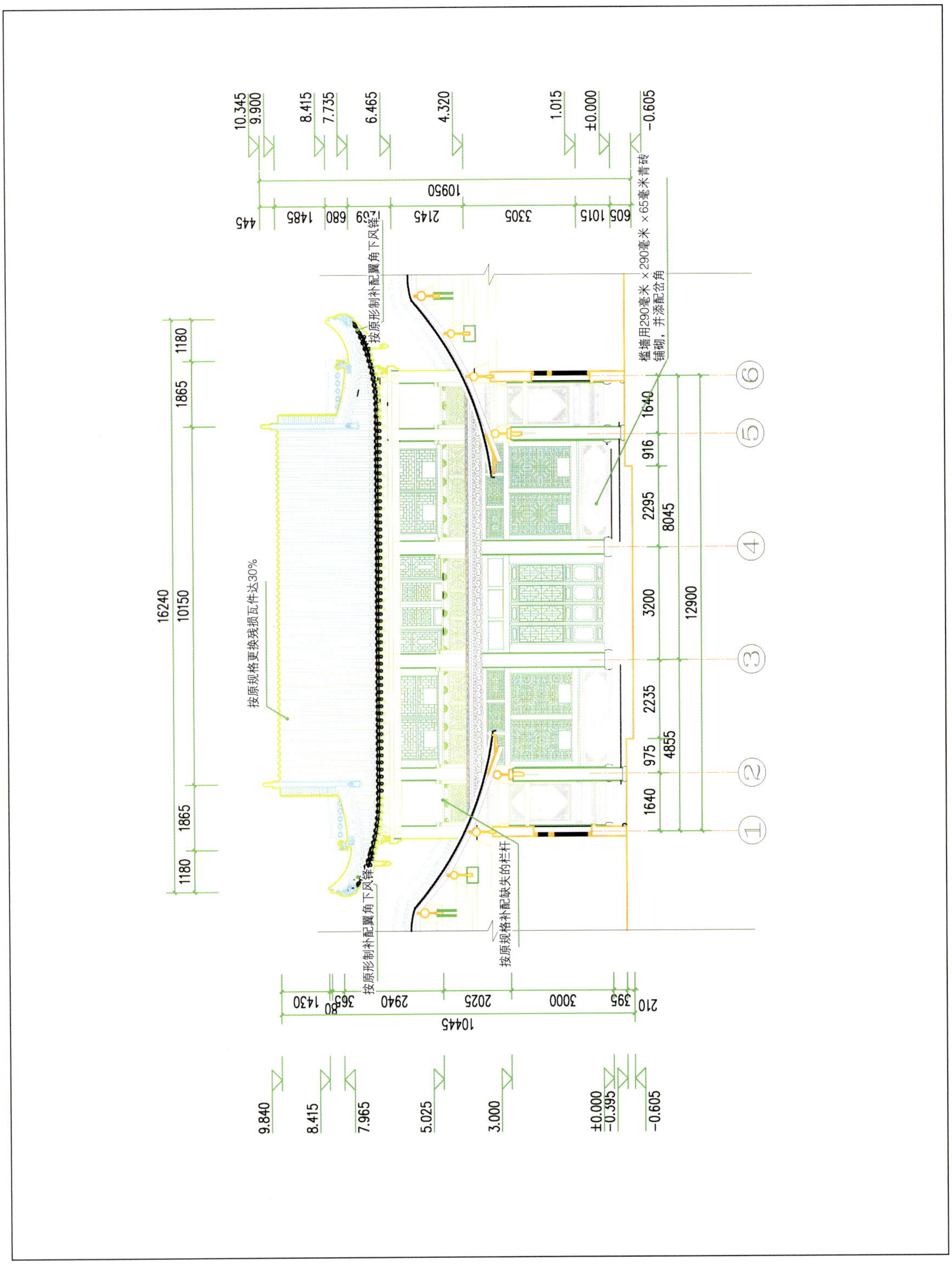
按原规格更换残损瓦件达30%
按原形制补配翼角下风铎
按原形制补配翼角下风铎
按原规格补配缺失的栏杆
槛墙用290毫米×290毫米×65毫米青砖铺砌，并添配岔角
16240
10150
1180
1865
1865
1180
12900
8045
4855
1640
975
2235
3200
2295
916
1640
10950
445
1485
680
695
2145
3305
1015
605
10445
1430
80
365
2940
2025
3000
395
210
10.345
9.900
8.415
7.735
6.465
4.320
1.015
±0.000
-0.605
9.840
8.415
7.965
5.025
3.000
±0.000
-0.395
-0.605
1
2
3
4
5
6

中路过厅正立面图

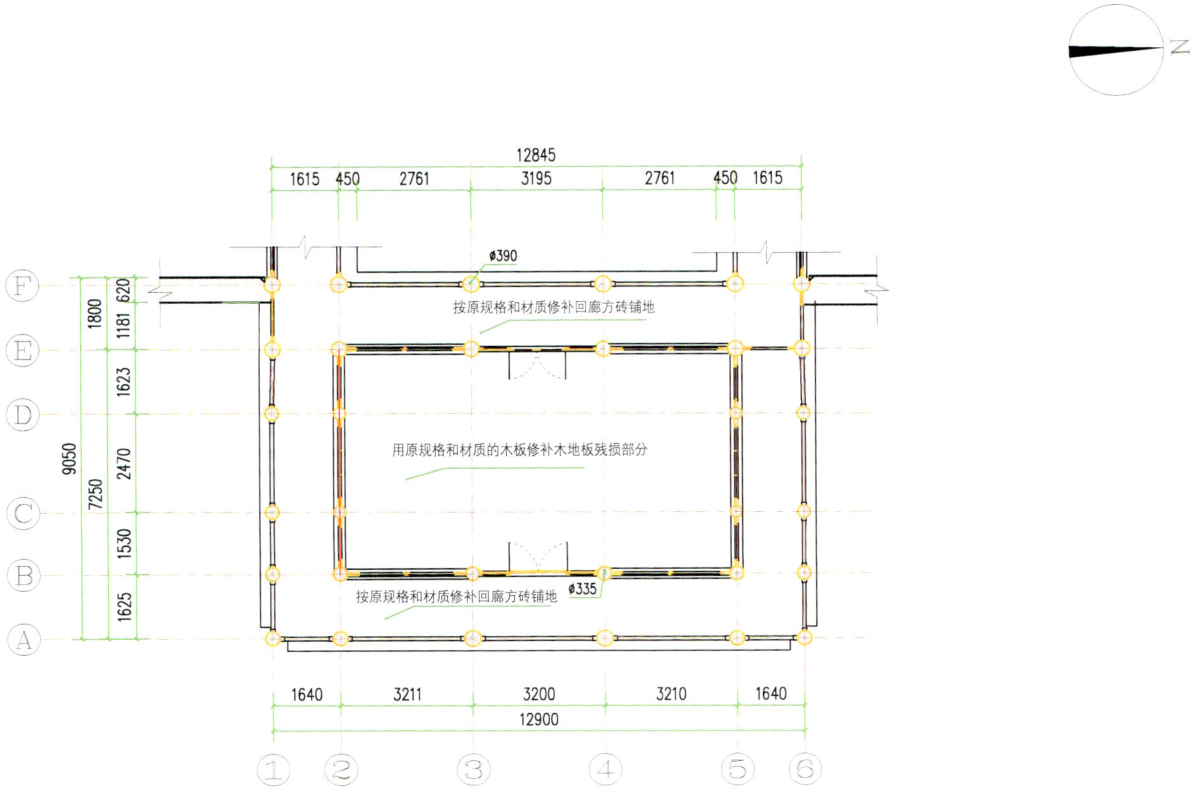

注：
1. 拆除现代添建的窗帘盒。
2. 拆除后期改建的门窗，利用现有上、下槛对心屉部分进行复原设计。门窗用一等红松，强度等级 TC13，含水率不得大于12%。
3. 楼地面加固木板，在木板上刷防腐漆一道，用3毫米 SBS 改性沥青防水卷材一道，座30毫米掺灰泥，上铺墁240毫米 ×240毫米 ×40毫米方砖，并勾缝。

中路过厅二层平面图

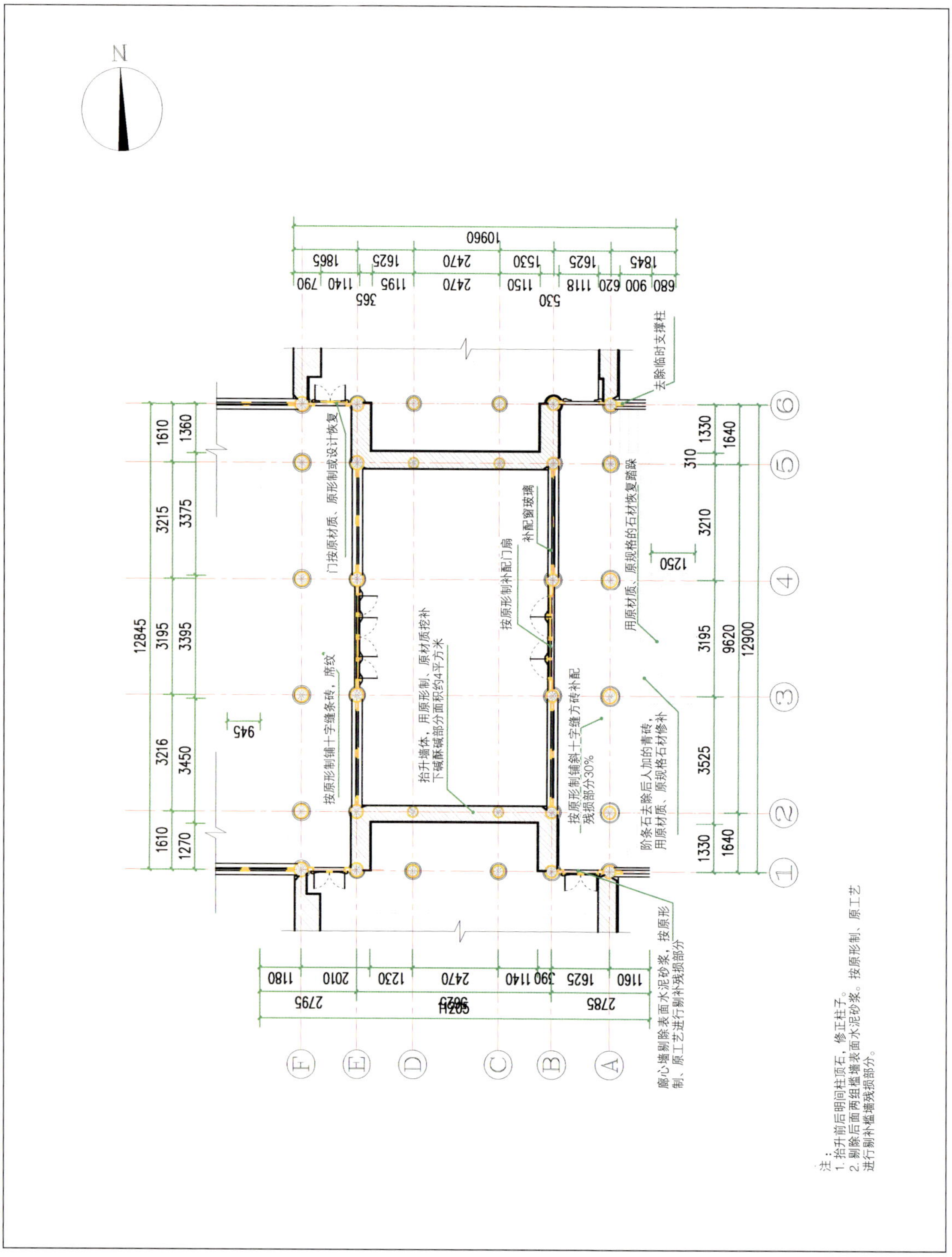
N
去除临时支撑柱
门按原材质、原形制或设计恢复
补配窗玻璃
按原形制补配门扇
用原材质、原规格的石材恢复踏跺
按原形制铺十字缝条砖，席纹
抬升墙体，用原形制、原材质挖补下碱酥碱部分面积约4平方米
按原形制铺斜十字缝方砖补配残损部分30%
阶条石去除后人加的青砖，用原材质、原规格石材修补
廊心墙剔除表面水泥砂浆，按原形制、原工艺进行剔补残损部分
注：
1. 抬升前后明间柱顶石，修正柱子。
2. 剔除后面两组槛墙表面水泥砂浆。按原形制、原工艺进行剔补槛墙残损部分。

中路过厅一层平面图

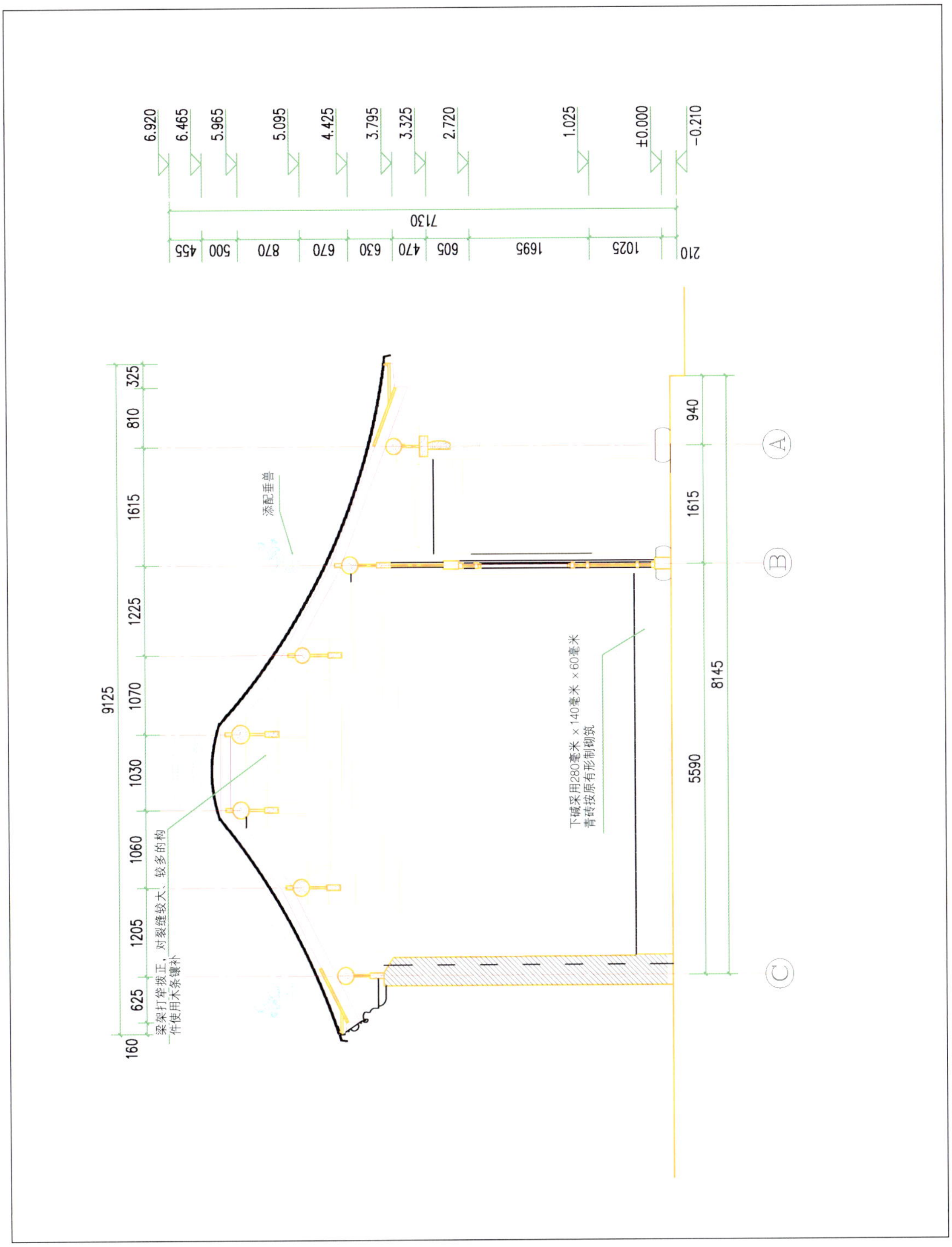
9125
160
625
1205
1060
1030
1070
1225
1615
810
325
梁架打牮拨正，对裂缝较大、较多的构件使用木条镶补
添配垂兽
下碱采用280毫米×140毫米×60毫米青砖按原有形制砌筑
5590
1615
940
8145
A
B
C
6.920
6.465
5.965
5.095
4.425
3.795
3.325
2.720
1.025
±0.000
-0.210
7130
455
500
870
670
630
470
605
1695
1025
210

中路前院北厢房剖面图

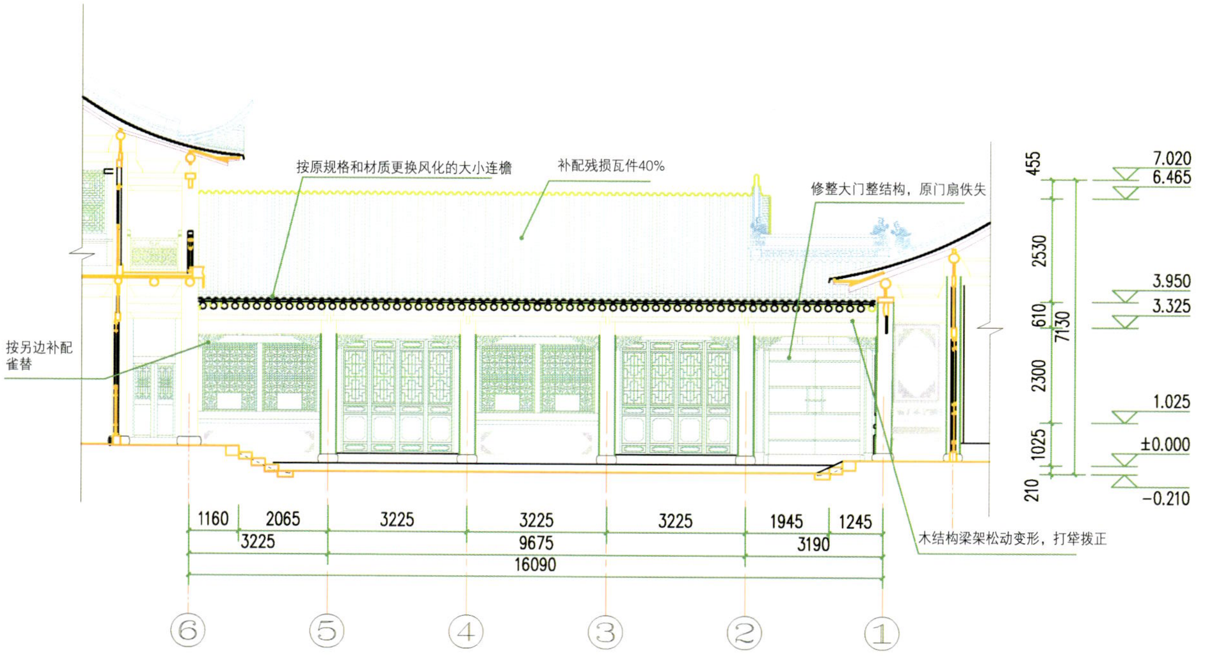

注：
1. 拆除现代改建的墙体及水泥地面。
2. 拆除后期改建的门窗，对门窗部分进行复原设计。门窗用一等红松，强度等级TC13，含水率不得大于12%。
3. 槛墙按原有形制重砌，表面290毫米 × 290毫米 × 65毫米青砖铺砌，并添配岔角。

中路前院北厢房正立面图

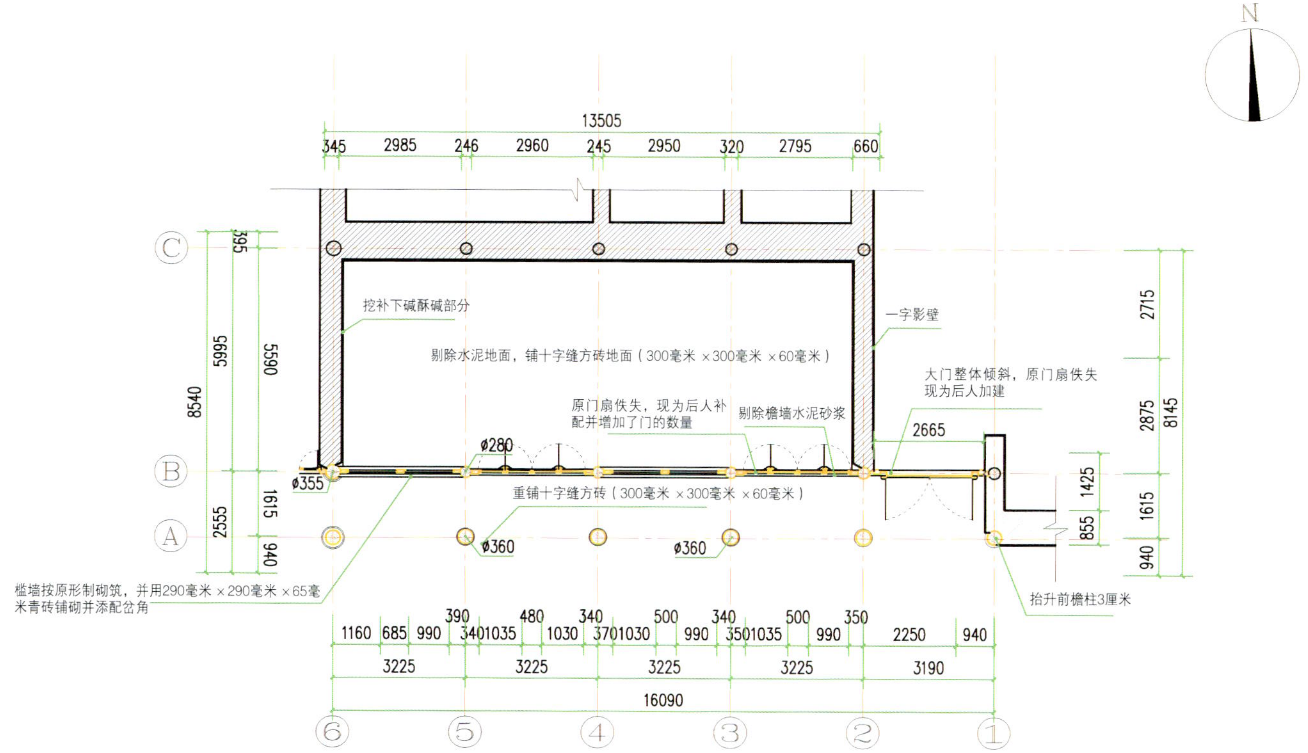

说明：

1. 檐柱及山柱的柱侧角在施工当中，按实际柱高的1% 掰升。
2. 柱顶石按原有形制仿制添配，如无按设计尺寸添配。
3. 柱子如有糟朽，采用巴掌榫墩接，搭接长度为柱径的1.5倍，但不得小于400毫米。榫头宽40–50毫米，高40–50毫米。露明柱的墩接高度应不超过柱高的1/5，山柱应不超过柱高的1/3。所有墩接柱子需打铁箍，铁箍搭接不得低于100毫米。
4. 地面采用300毫米 ×300毫米 ×60毫米青砖细墁。台阶采用MU100青白石，石砌体表面用白灰浆勾抹。
5. 实况与已标明的尺寸及轴线资料可能有出入，所有尺寸均须在工程未进行前，实地测量确定。

中路前院北厢房平面图

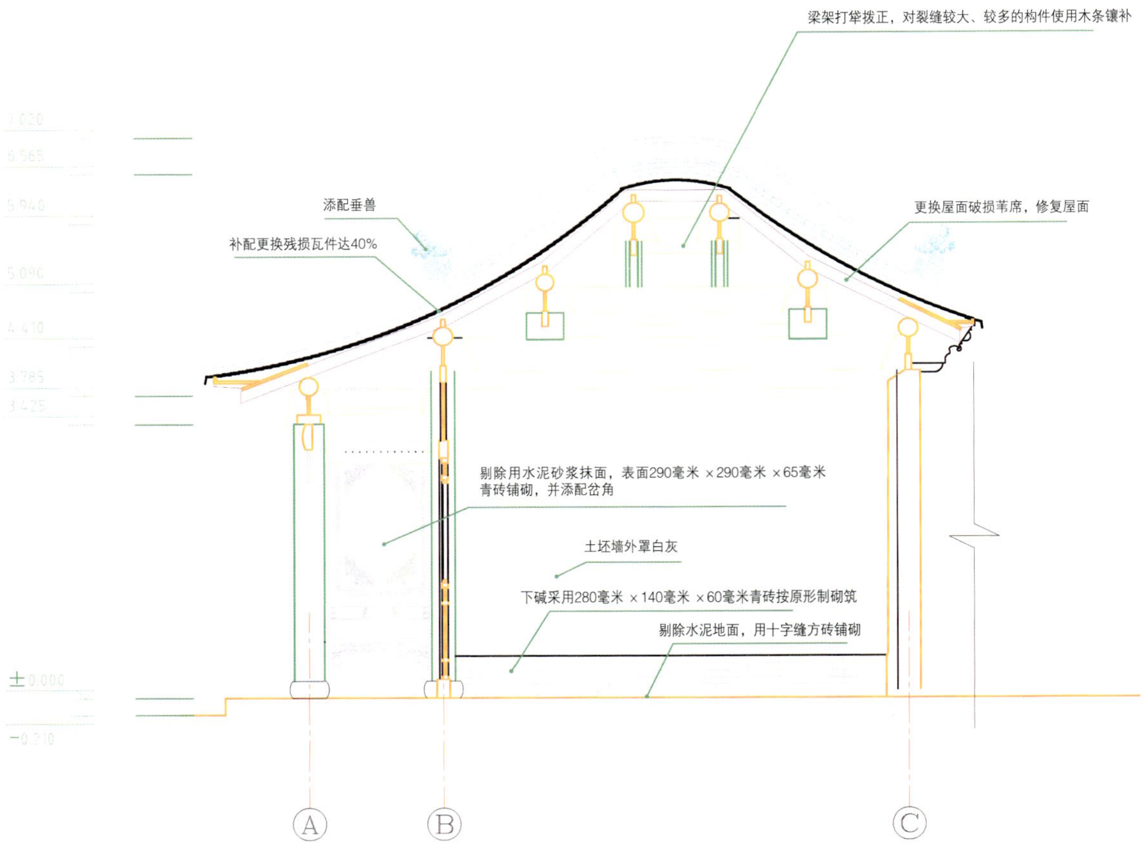

注：
1. 拆除现代改建的墙体及水泥地面。
2. 拆除后期改建的门窗，对门窗部分进行复原设计。
门窗用一等红松，强度等级 TC13，含水率不得大于12%。

中路前院南厢房剖面图

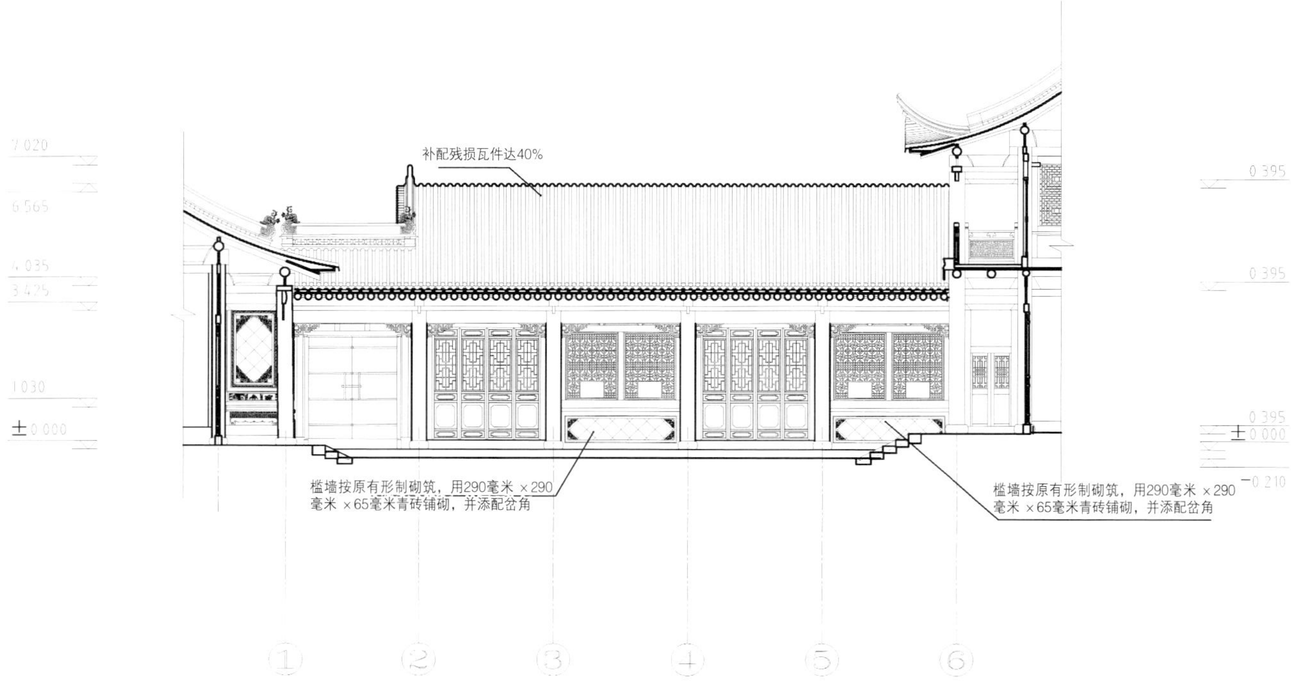

注：
1. 拆除现代改建的墙体及水泥地面。
2. 拆除后期改建的门窗，对门窗部分进行复原设计。
门窗用一等红松，强度等级 TC13，含水率不得大于12%。

中路前院南厢房正立面图

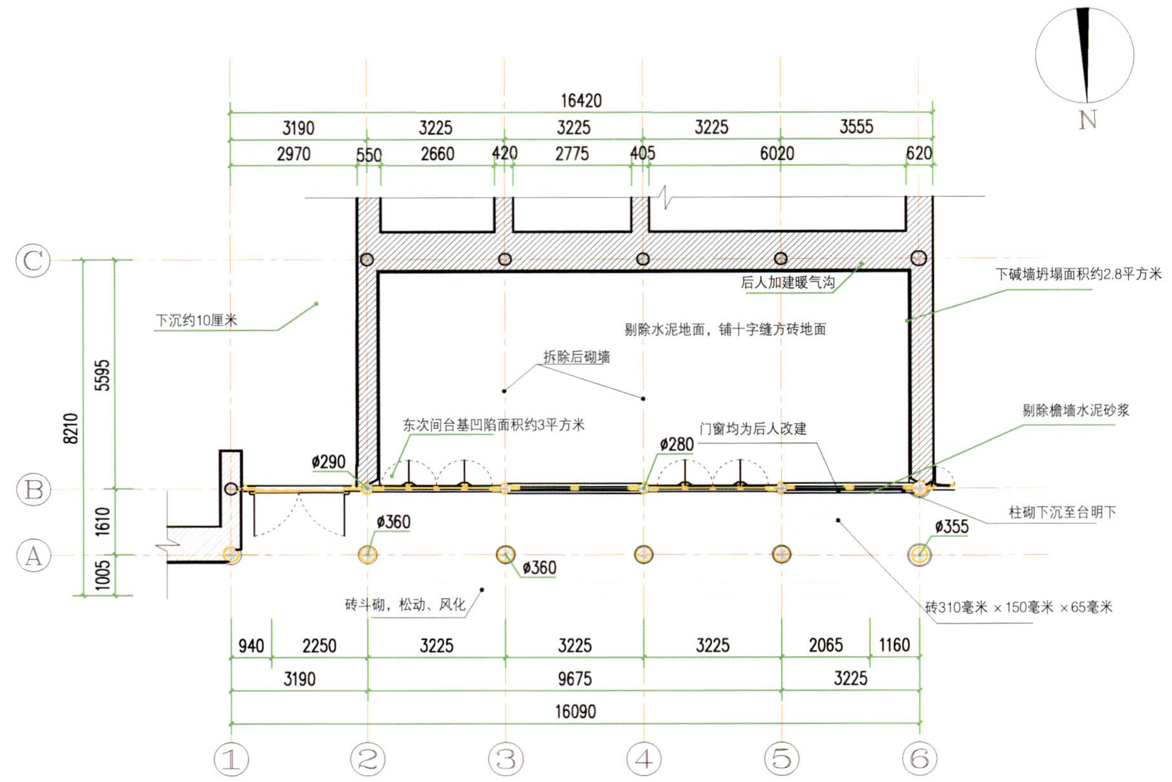

说明：
1. 檐柱及山柱的柱侧角在施工当中，按实际柱高的1% 掰升。
2. 柱顶石按原有形制仿制添配，如无按设计尺寸添配。
3. 柱子如有糟朽采用巴掌榫墩接，搭接长度为柱径的1.5倍，但不得小于400毫米。榫头宽40–50毫米，高40–50毫米。露明柱的墩接高度应不超过柱高的1/5，山柱应不超过柱高的1/3。所有墩接柱子需打铁箍，铁箍搭接不得低于100毫米。
4. 地面采用300毫米 × 300毫米 × 60毫米青砖细墁。台阶采用MU100青白石，石砌体表面用白灰浆勾抹。
5. 实况与已标明的尺寸及轴线资料可能有出入，所有尺寸均须在工程未进行前，实地测量确定。

中路前院南厢房平面图

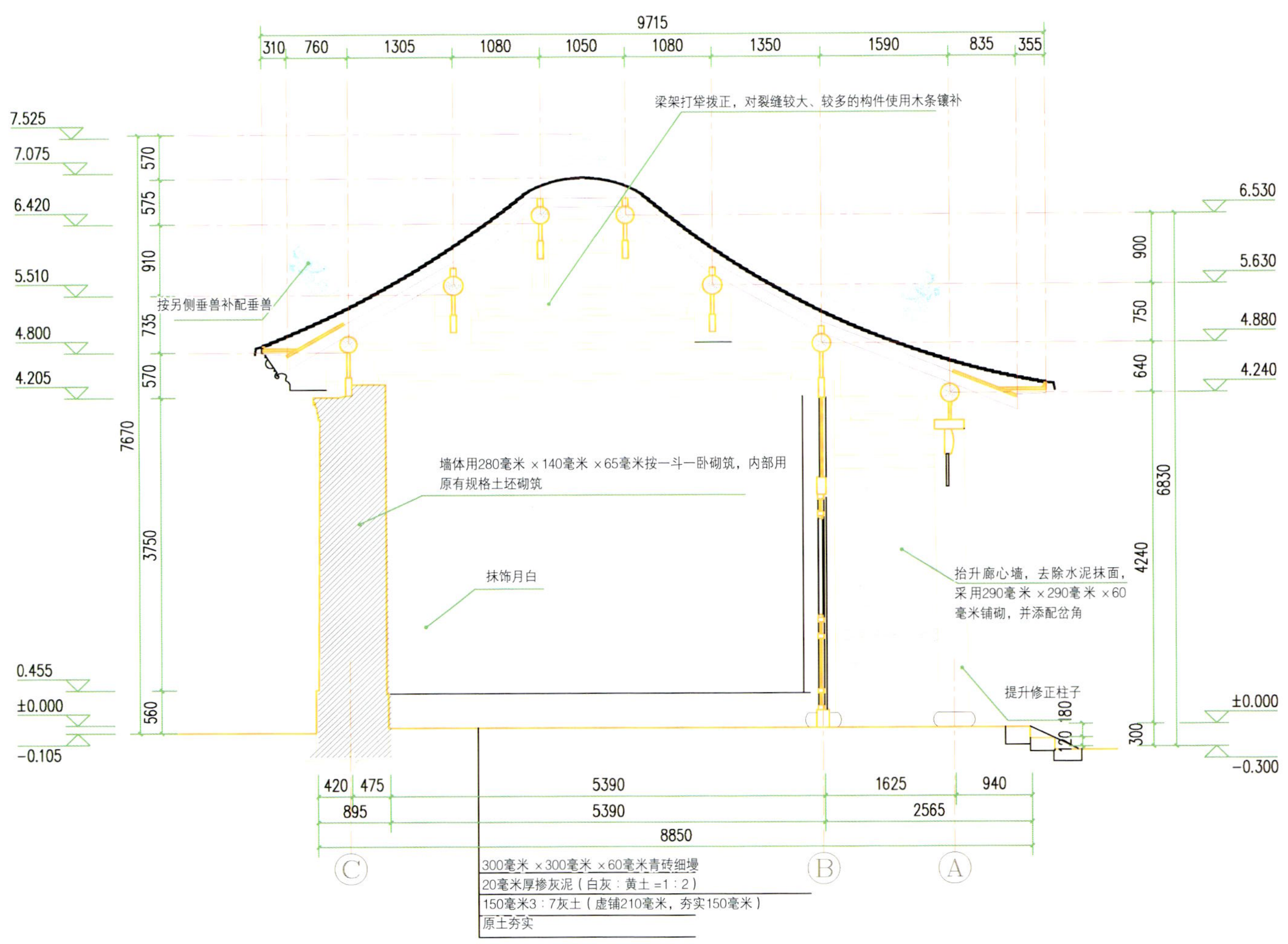
9715
310
760
1305
1080
1050
1080
1350
1590
835
355
梁架打牮拨正，对裂缝较大、较多的构件使用木条镶补
7.525
7.075
6.420
5.510
4.800
4.205
0.455
±0.000
-0.105
570
575
910
735
570
7670
3750
560
按另侧垂兽补配垂兽
墙体用280毫米 ×140毫米 ×65毫米按一斗一卧砌筑，内部用原有规格土坯砌筑
抹饰月白
6.530
5.630
4.880
4.240
±0.000
-0.300
900
750
640
6830
4240
300
抬升廊心墙，去除水泥抹面，采用290毫米 ×290毫米 ×60毫米铺砌，并添配岔角
提升修正柱子
180
120
420
475
5390
1625
940
895
5390
2565
8850
C
B
A
300毫米 ×300毫米 ×60毫米青砖细墁
20毫米厚掺灰泥（白灰：黄土 =1：2）
150毫米3：7灰土（虚铺210毫米，夯实150毫米）
原土夯实

中路倒座剖面图

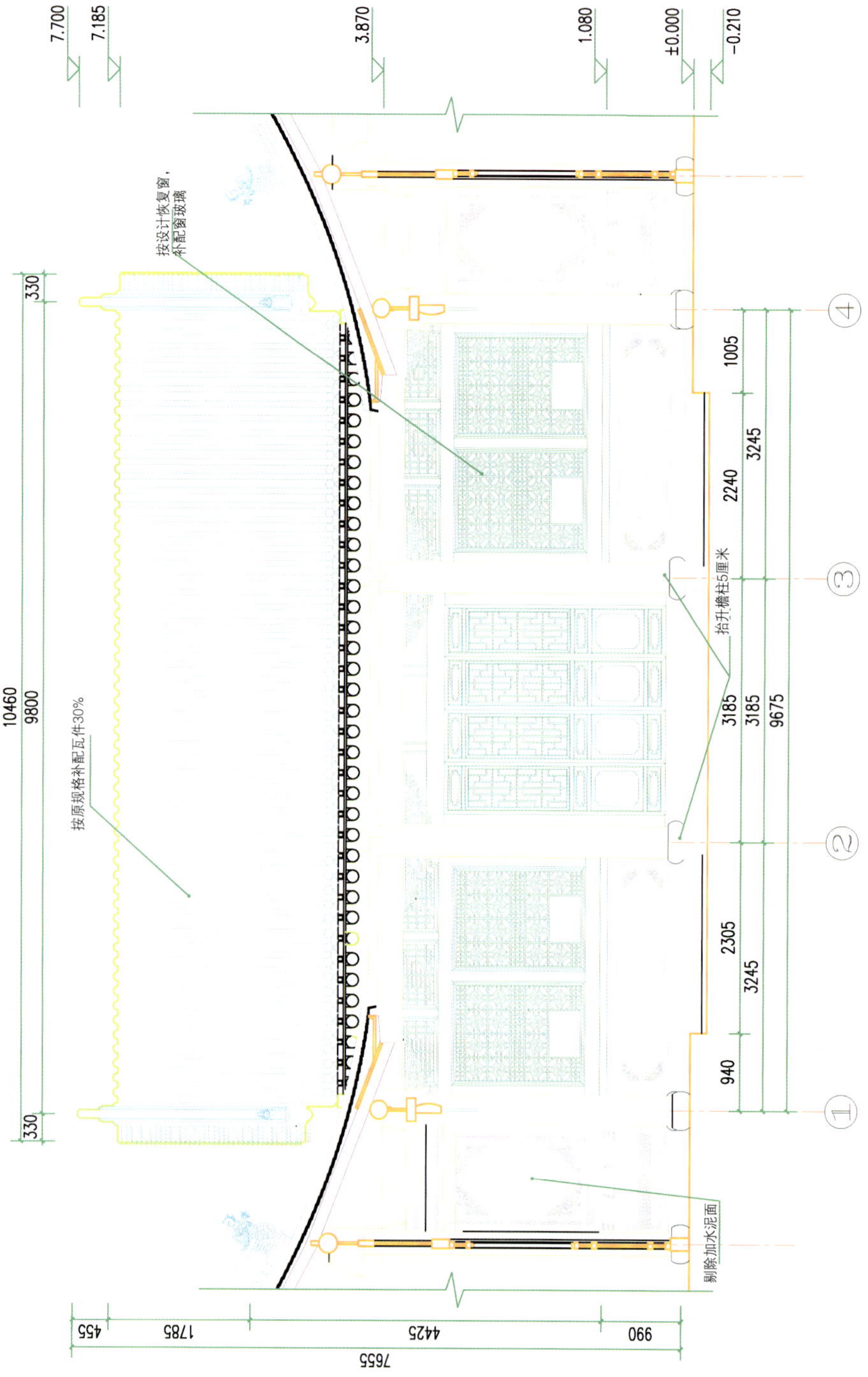

说明：
1. 两檐柱础重新操平，调整檐柱柱础重新铺地。
2. 槛墙按原有形制用290毫米×290毫米×65毫米青砖铺砌，并添配岔角。

中路倒座正立面图

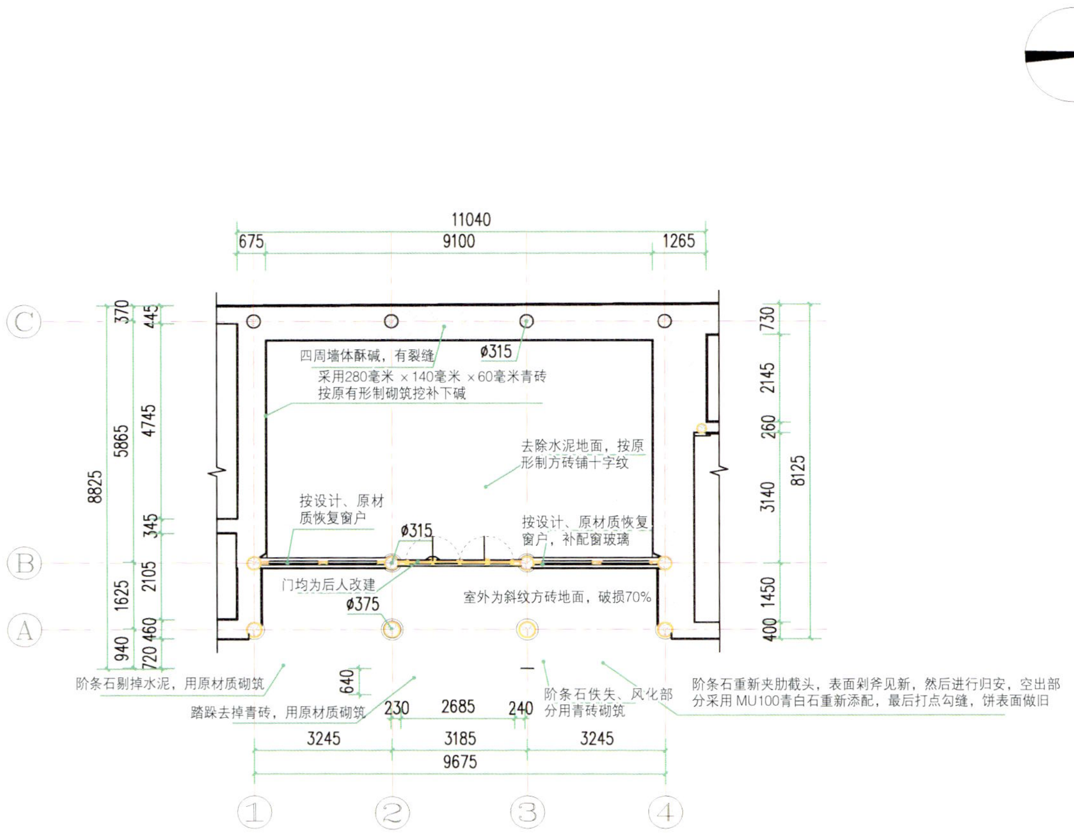

说明：

1. 檐柱及山柱的柱侧角在施工当中，按实际柱高的1% 掰升。
2. 柱顶石按原有形制仿制添配，如无按设计尺寸添配。
3. 柱子如有糟朽采用巴掌榫墩接，搭接长度为柱径的1.5倍，但不得小于400毫米。榫头宽40–50毫米，高40–50毫米。露明柱的墩接高度应不超过柱高的1/5，山柱应不超过柱高的1/3。所有墩接柱子需打铁箍，铁箍搭接不得低于100毫米。
4. 地面采用300毫米 ×300毫米 ×60毫米青砖细墁。台阶采用MU100青白石，石砌体表面用白灰浆勾抹。
5. 实况与已标明的尺寸及轴线资料可能有出入，所有尺寸均须在工程未进行前，实地测量确定。

中路倒座平面图

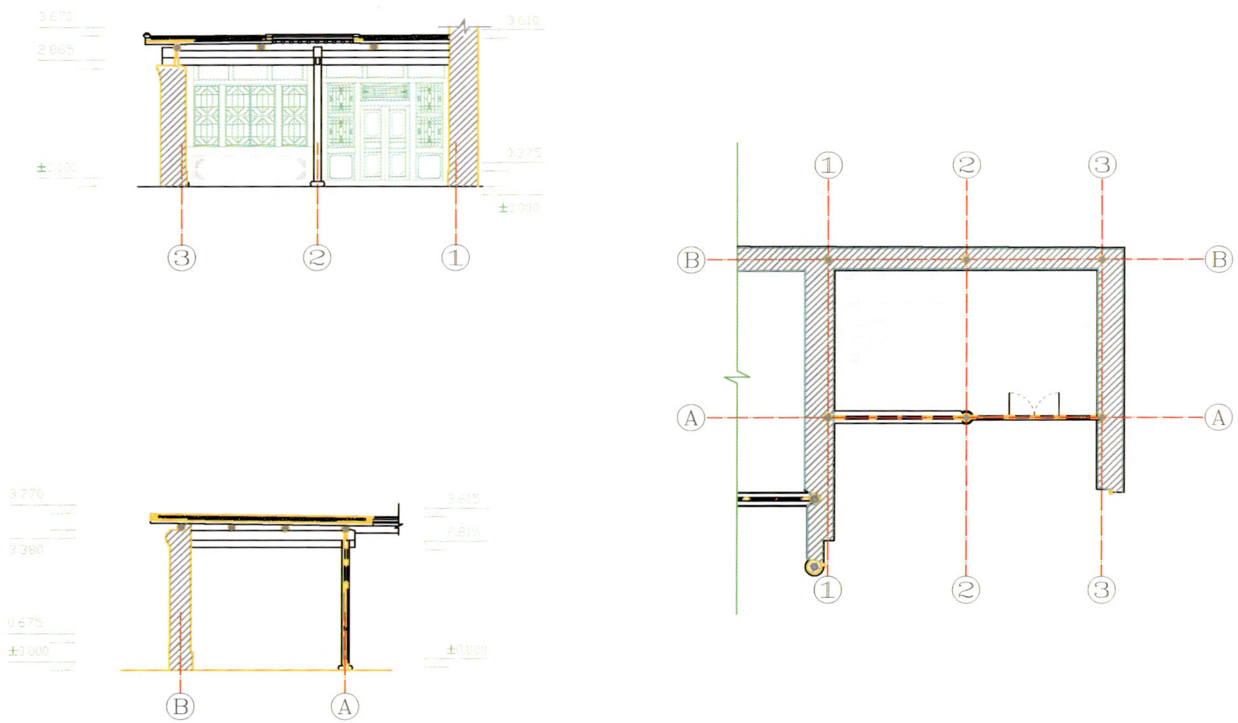

注：
1. 檐柱及山柱的柱侧角在施工当中，按实际柱高的1% 掰升。
2. 柱顶石按设计尺寸添配。
3. 柱子如有糟朽采用巴掌榫墩接，搭接长度为柱径的1.5倍，但不得小于400毫米。榫头宽40-50毫米，高40-50毫米。露明柱的墩接高度应不超过柱高的1/5，山柱应不超过柱高的1/3。所有墩接柱子需打铁箍，铁箍搭接不得低于100毫米。
4. 地面采用280毫米 ×140毫米 ×60毫米青砖细墁。青砖按拐子锦纹样排列。
5. 实况与已标明的尺寸及轴线资料可能有出入，所有尺寸均须在工程未进行前，实地测量确定。
6. 北院倒座耳房参照南路倒座耳房的结构形式和装修样式复建。

南路倒座耳房平面、剖面图

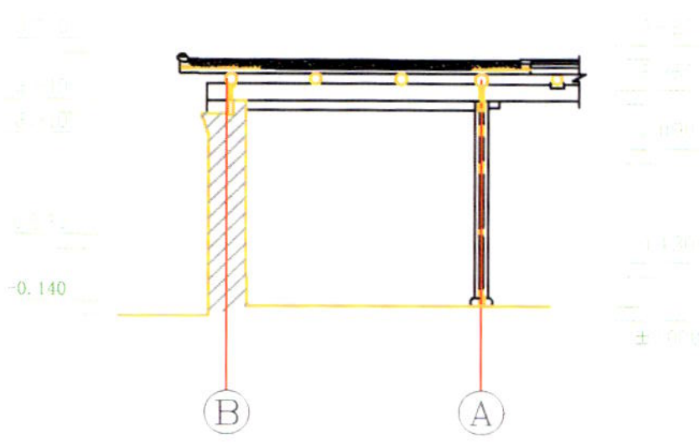

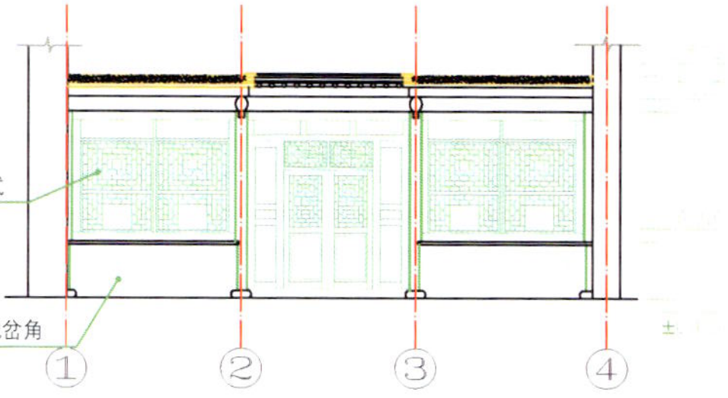

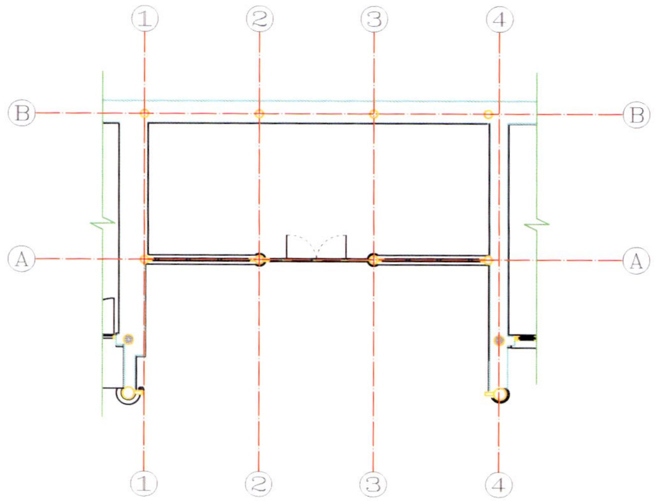

注：
1. 檐柱及山柱的柱侧角在施工当中，按实际柱高的1% 掰升。
2. 柱顶石按设计尺寸添配。
3. 柱子如有槽朽采用巴掌榫墩接，搭接长度为柱径的1.5倍，但不得小于400毫米。榫头宽40-50毫米，高40-50毫米。露明柱的墩接高度应不超过柱高的1/5，山柱应不超过柱高的1/3。所有墩接柱子需打铁箍，铁箍搭接不得低于100毫米。
4. 地面采用280毫米 ×140毫米 ×60毫米青砖细墁。
5. 实况与已标明的尺寸及轴线资料可能有出入，所有尺寸均须在工程未进行前，实地测量确定。
6. 北院过厅耳房参照南院过厅耳房结构形式和装修样式。

南路过厅耳房平面、立面、剖面图

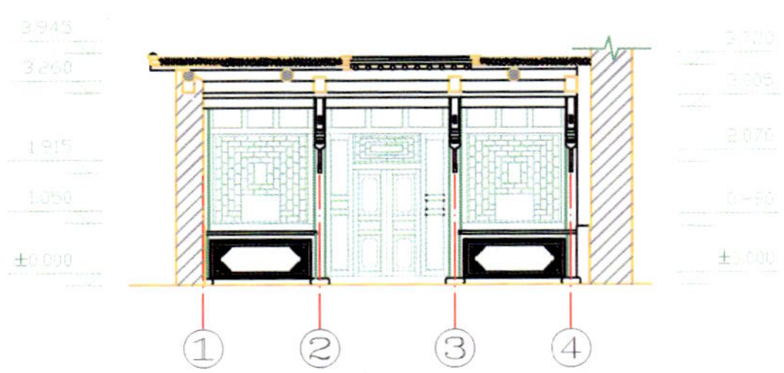

正立面图

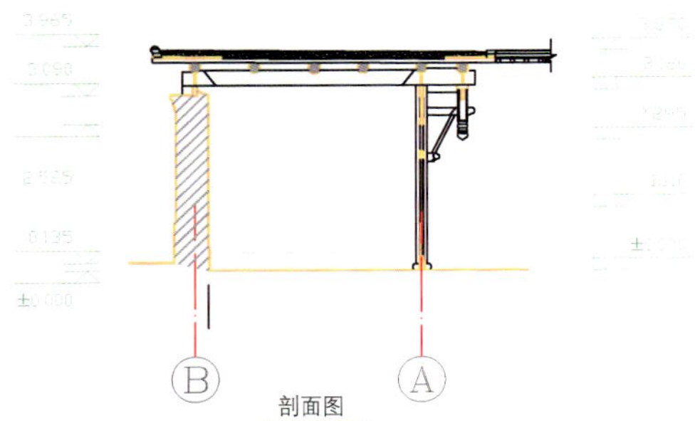

剖面图

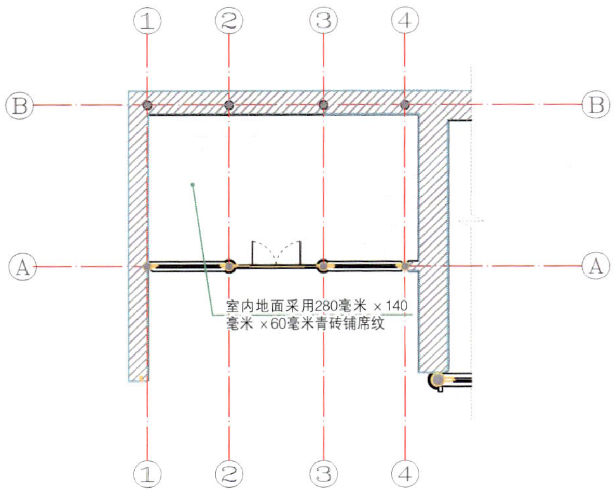

平面图

注：
1. 门窗按设计恢复成传统形式。
2. 槛墙表面铺砌方砖，并添配岔角。

南路后院南厢房正立面、剖面、平面图

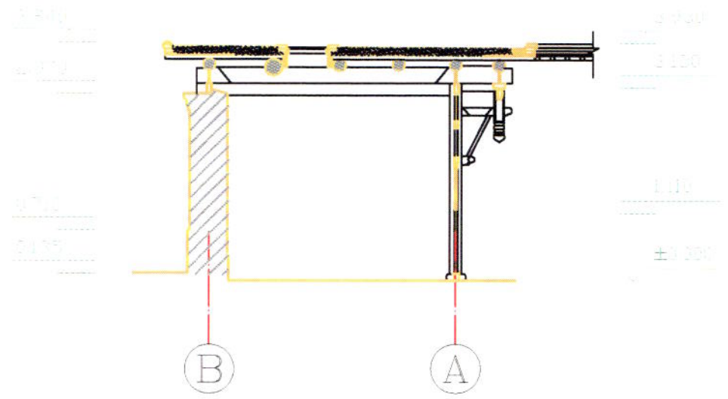

正立面图

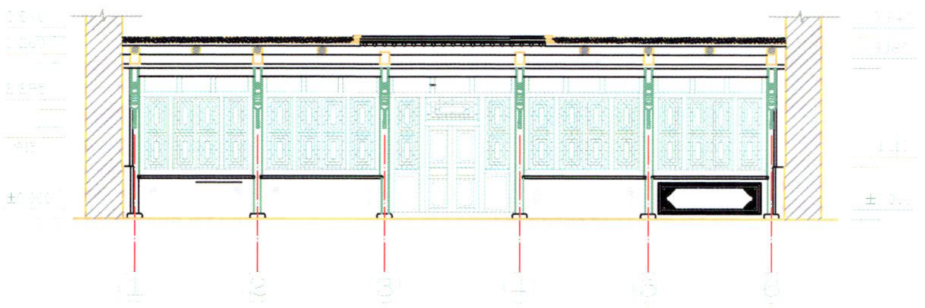

剖面图

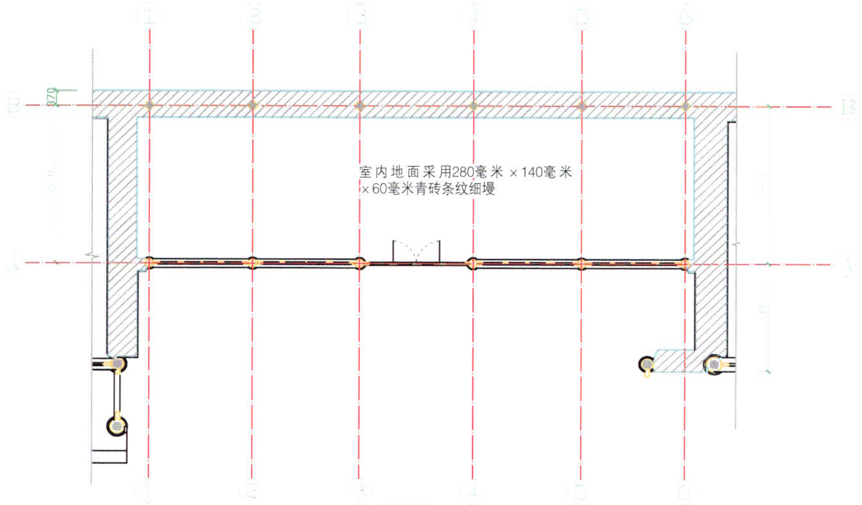

平面图

注：
1. 室外有后期添建的消防井和暖气地沟。
2. 用原材质挖补后墙墙体下碱和槛墙酥碱、坍塌部分。
3. 按设计恢复门窗为传统形式。

南路后院北厨房正立面、剖面、平面图

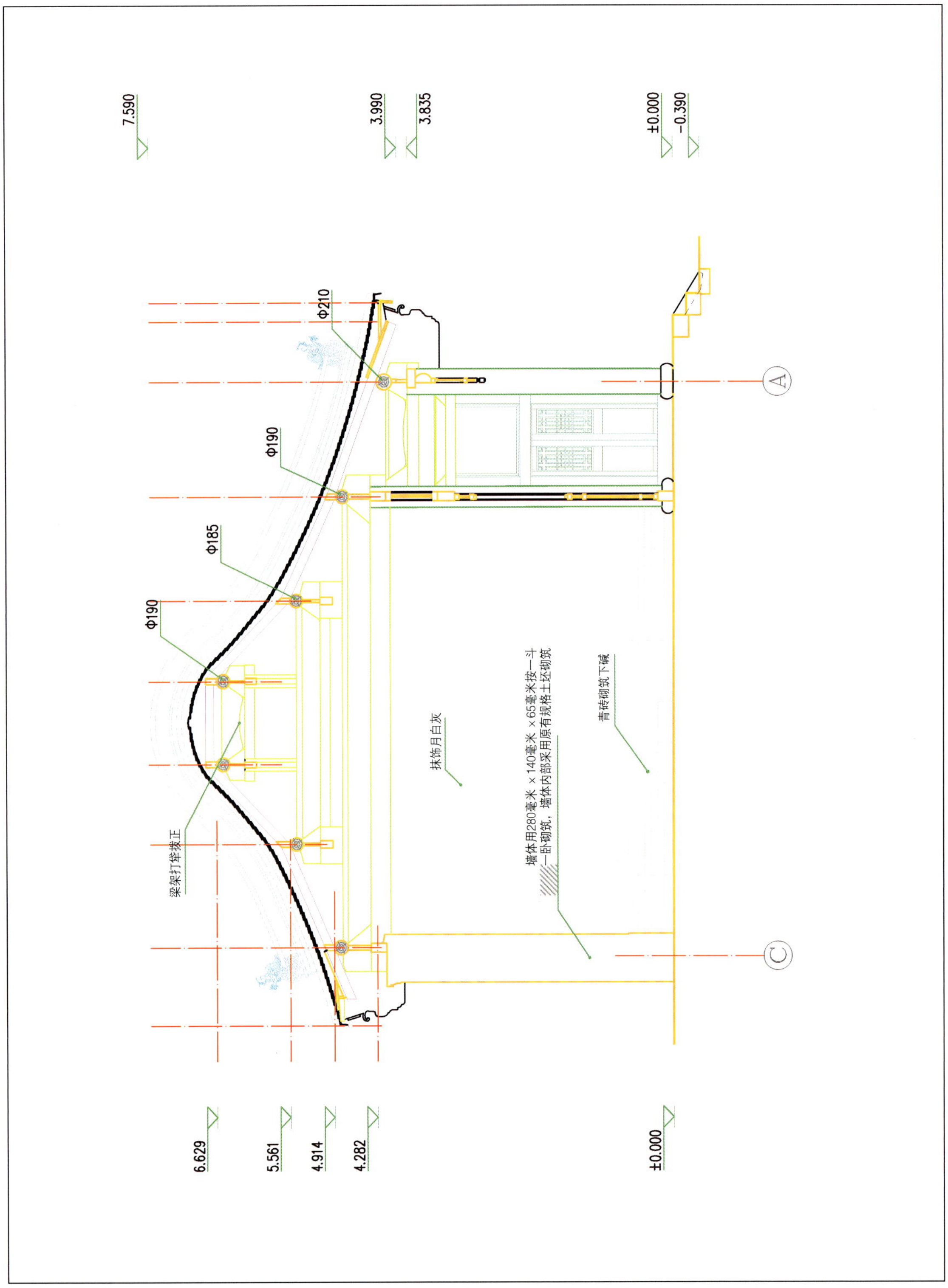
7.590
3.990
3.835
±0.000
-0.390
Φ210
Φ190
Φ185
Φ190
梁架打牮拨正
抹饰月白灰
墙体用280毫米×140毫米×65毫米按一斗一卧砌筑，墙体内部采用原有规格土坯砌筑
青砖砌筑下碱
A
C
6.629
5.561
4.914
4.282
±0.000

南路正房剖面图

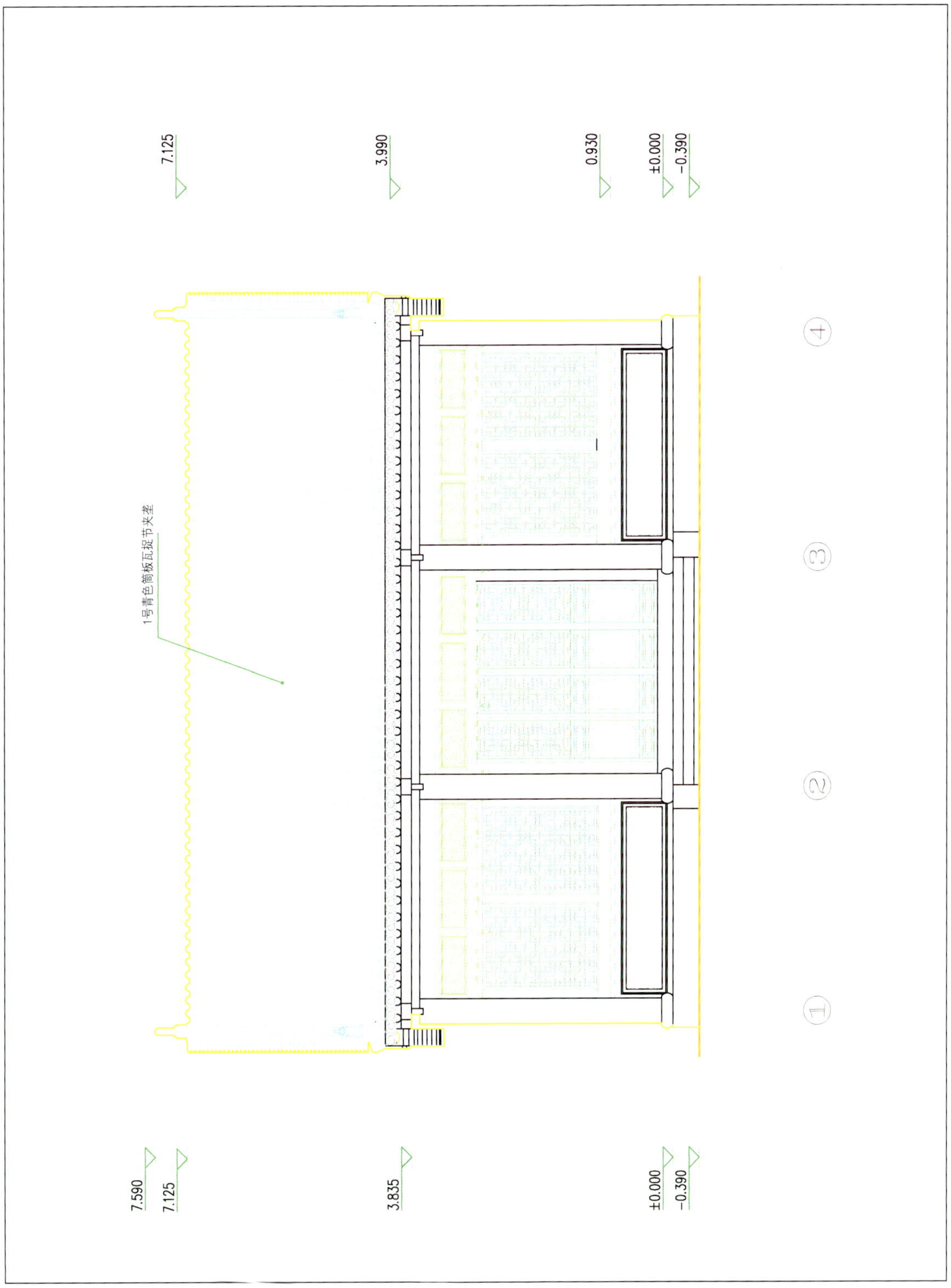
7.125
3.990
0.930
±0.000
-0.390
1号青色筒板瓦捉节夹垄
4
3
2
1
7.590
7.125
3.835
±0.000
-0.390

南路正房正立面图

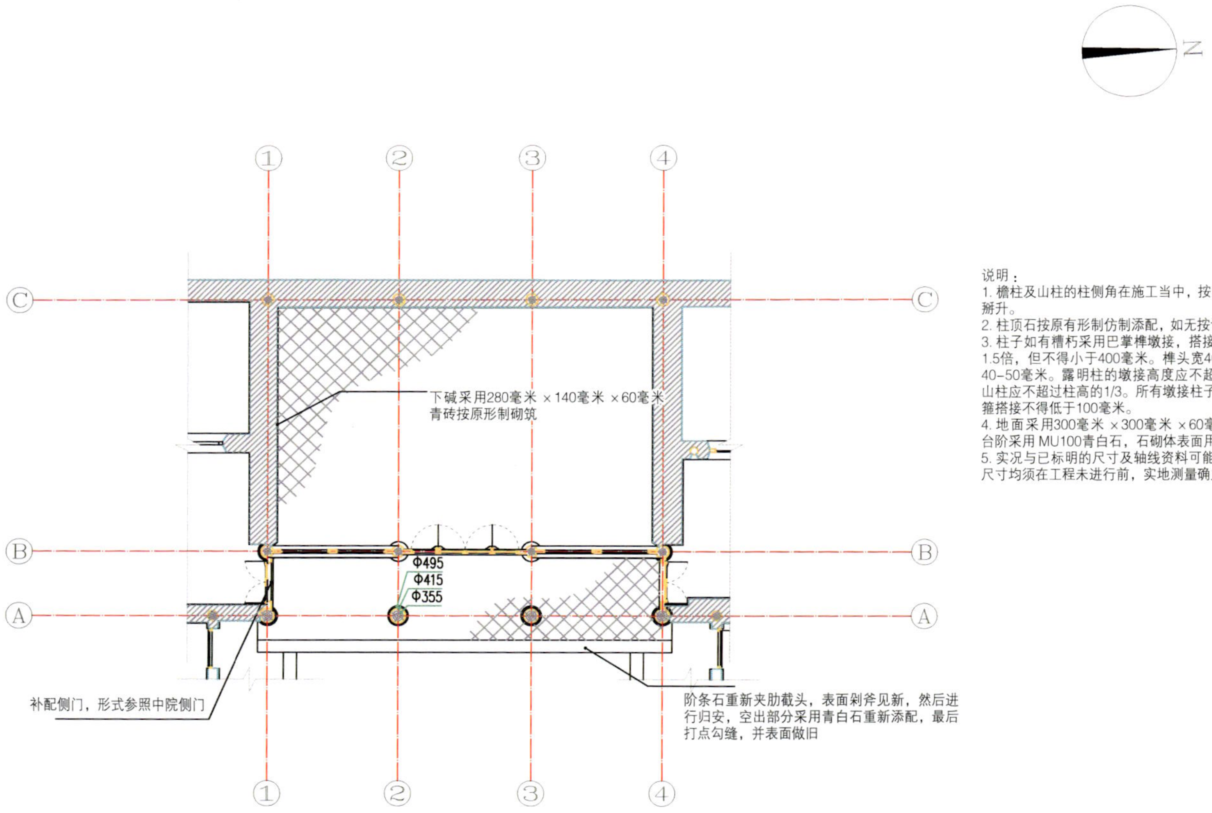

说明：
1. 檐柱及山柱的柱侧角在施工当中，按实际柱高的1%掰升。
2. 柱顶石按原有形制仿制添配，如无按设计尺寸添配。
3. 柱子如有糟朽采用巴掌榫墩接，搭接长度为柱径的1.5倍，但不得小于400毫米。榫头宽40–50毫米，高40–50毫米。露明柱的墩接高度应不超过柱高的1/5，山柱应不超过柱高的1/3。所有墩接柱子需打铁箍，铁箍搭接不得低于100毫米。
4. 地面采用300毫米 ×300毫米 ×60毫米青砖细墁。台阶采用MU100青白石，石砌体表面用白灰浆勾抹。
5. 实况与已标明的尺寸及轴线资料可能有出入，所有尺寸均须在工程未进行前，实地测量确定。

南路正房平面图

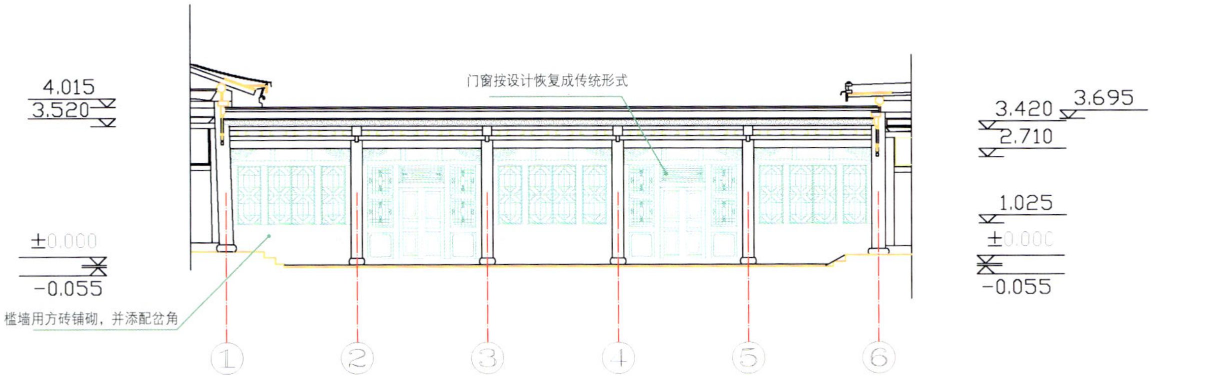

注：
1. 拆砌檐墙，将门窗按设计恢复为传统形式。
2. 拆除室内后人加建隔离板。
3. 槛墙用方砖铺砌，并补配岔角。

南路后院北厢房正立面图

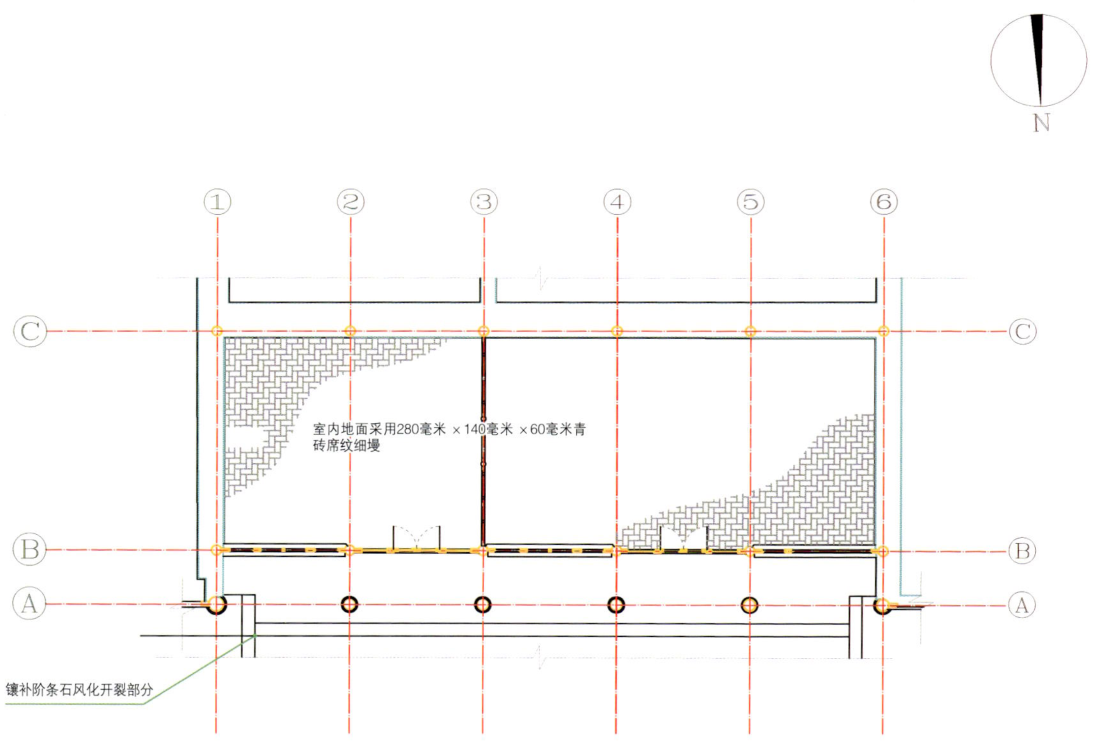

注：
1. 拆砌檐墙，将门窗按设计恢复为传统形式。
2. 拆除室内后人加建隔离墙。
3. 槛墙用方砖铺砌，并补配岔角。

南路后院北厢房平面图

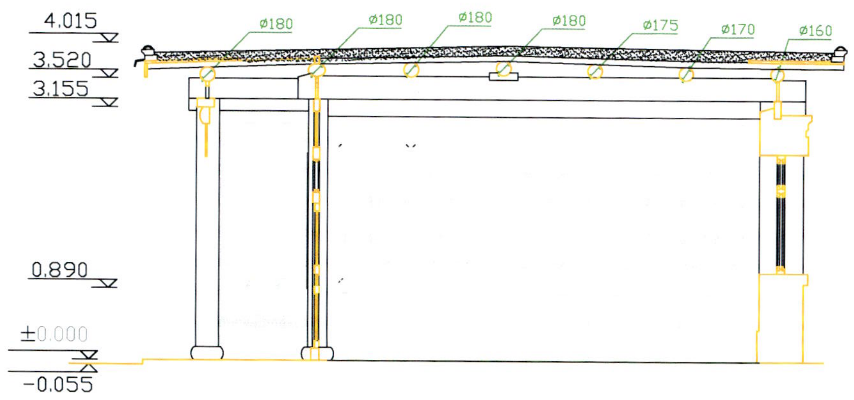

注：
1. 拆砌檐墙，将门窗按设计恢复为传统形式。
2. 拆除室内后人加建隔离墙。

南路后院南厢房剖面图

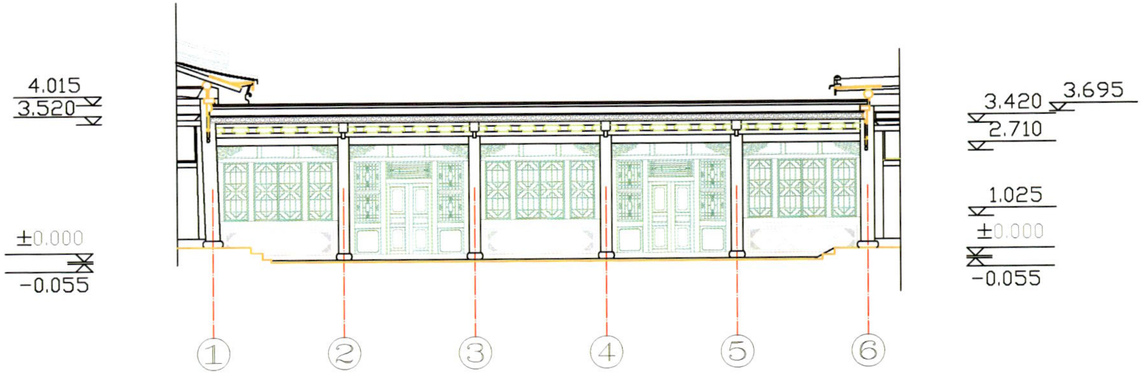

注：
1. 拆砌檐墙，将门窗按设计恢复为传统形式。
2. 拆除室内后人加建隔离墙。

南路后院南厢房正立面图

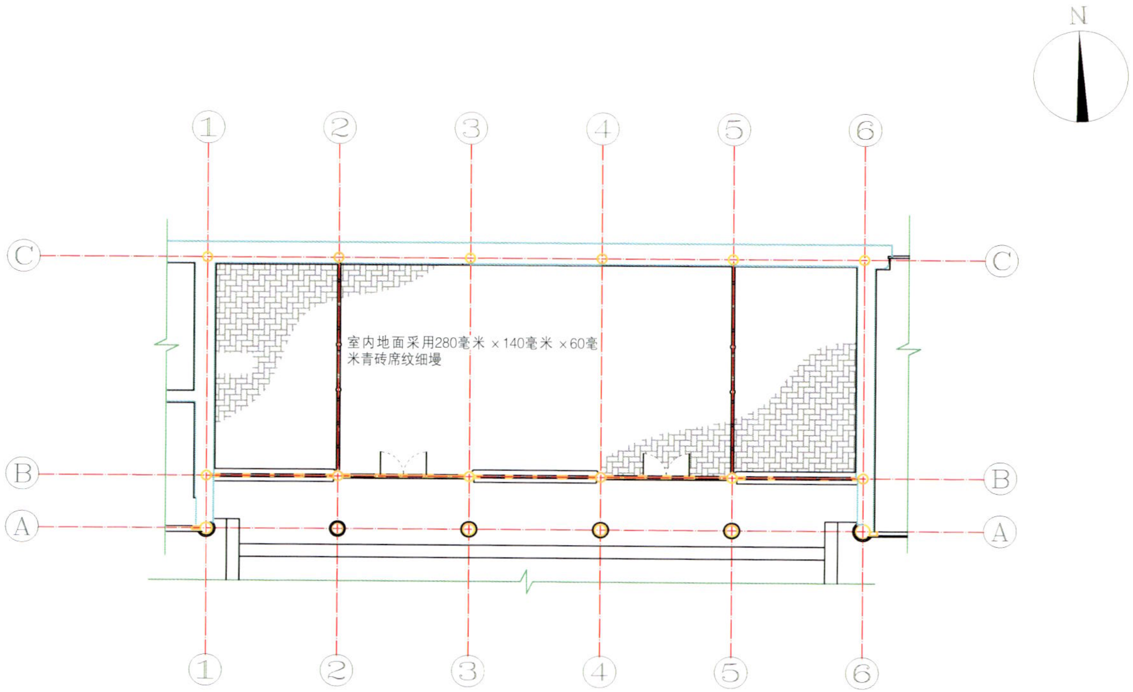

注：
1. 拆砌檐墙，将门窗按设计恢复为传统形式。
2. 拆除室内后人加建隔离墙。

南路后院南厢房平面图

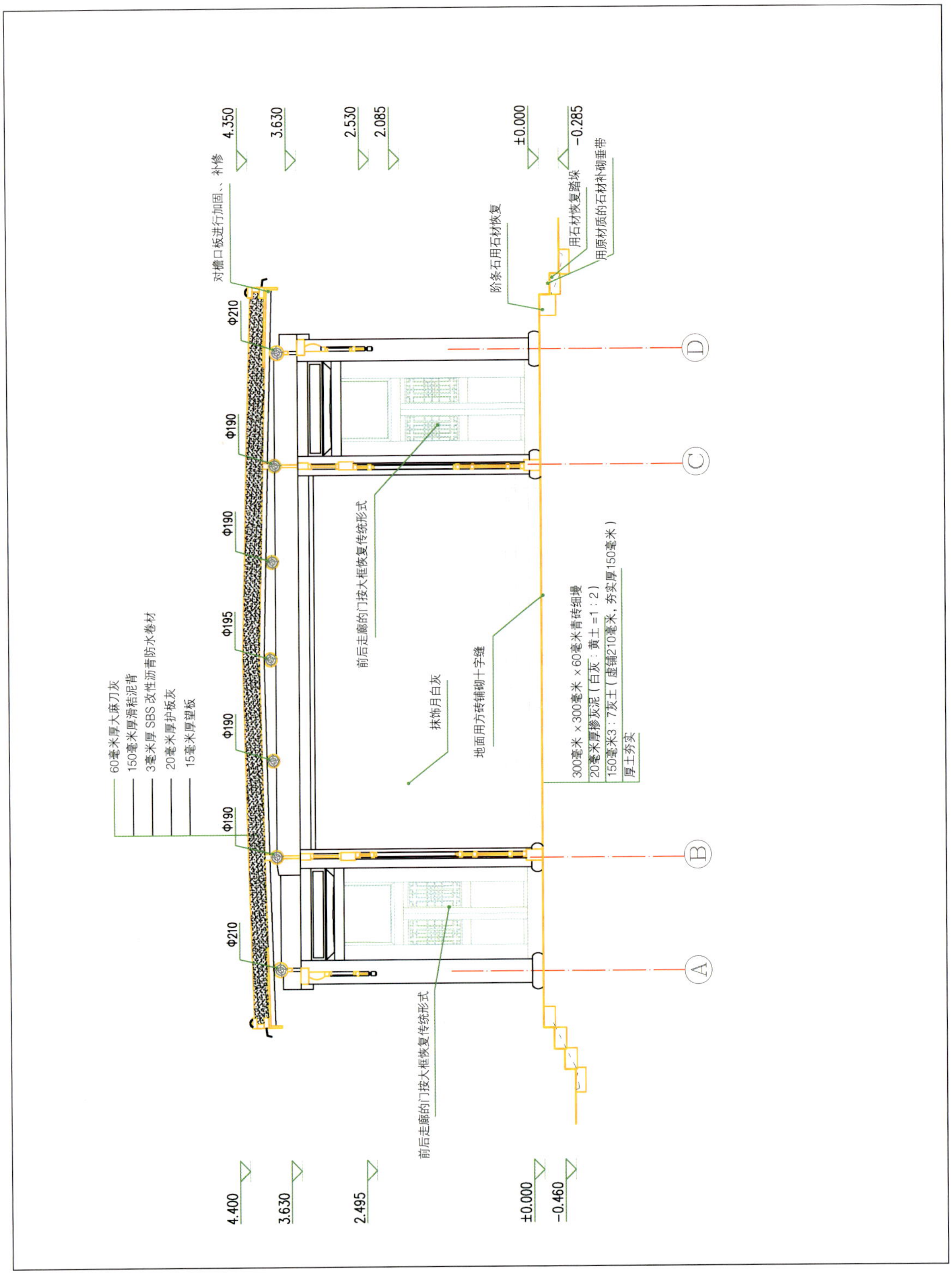

4.350
3.630
2.530
2.085
±0.000
-0.285
对檐口板进行加固、补修
阶条石用石材恢复
用石材恢复踏垛
用原材质的石材补砌垂带
Φ210
Φ190
Φ190
Φ195
Φ190
Φ190
Φ210
前后走廊的门按大框恢复传统形式
抹饰月白灰
地面用方砖铺砌十字缝
300毫米×300毫米×60毫米青砖细墁
20毫米厚掺灰泥（白灰：黄土=1：2）
150毫米3：7灰土（虚铺210毫米，夯实厚150毫米）
厚土夯实
60毫米厚大麻刀灰
150毫米厚滑秸泥背
3毫米厚SBS改性沥青防水卷材
20毫米厚护板灰
15毫米厚望板
前后走廊的门按大框恢复传统形式
D
C
B
A
4.400
3.630
2.495
±0.000
-0.460

南路过厅剖面图

4.350
3.510
2.530
0.890
±0.000
-0.460
按原形制、原纹样补修
槛墙按原材料重砌，并添配岔角
补全残损的砖雕纹样
对檐口板进行加固、补修
槛墙按现有形制补砌，并添配岔角
4
3
2
1
4.400
2.745
±0.000
-0.460

南路过厅正立面图

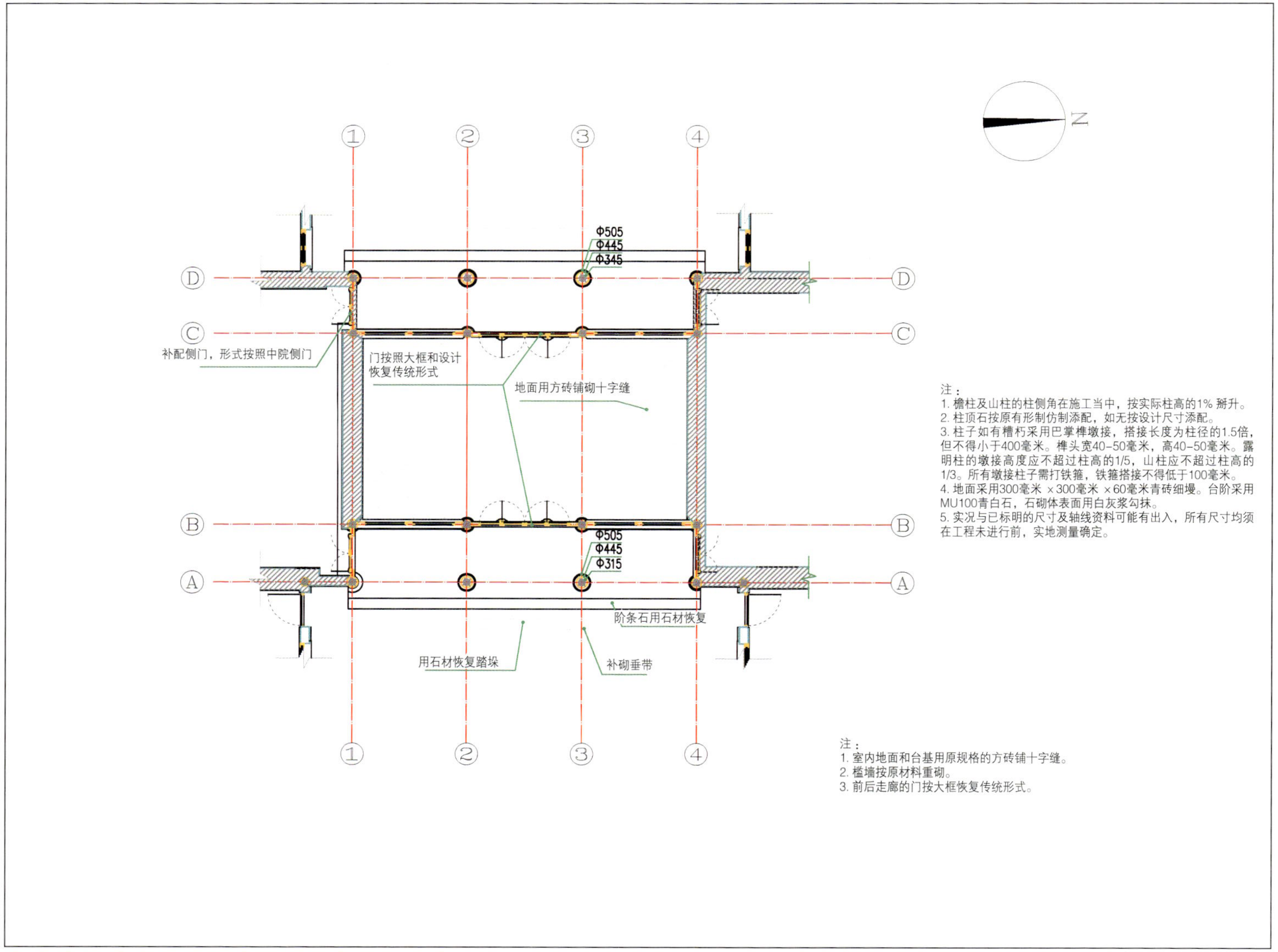
N
①
②
③
④
Ⓐ
Ⓑ
Ⓒ
Ⓓ
Φ505
Φ445
Φ345
Φ505
Φ445
Φ315
补配侧门，形式按照中院侧门
门按照大框和设计
恢复传统形式
地面用方砖铺砌十字缝
阶条石用石材恢复
用石材恢复踏垛
补砌垂带
注：
1. 檐柱及山柱的柱侧角在施工当中，按实际柱高的1% 掰升。
2. 柱顶石按原有形制仿制添配，如无按设计尺寸添配。
3. 柱子如有糟朽采用巴掌榫墩接，搭接长度为柱径的1.5倍，但不得小于400毫米。榫头宽40-50毫米，高40-50毫米。露明柱的墩接高度应不超过柱高的1/5，山柱应不超过柱高的1/3。所有墩接柱子需打铁箍，铁箍搭接不得低于100毫米。
4. 地面采用300毫米 ×300毫米 ×60毫米青砖细墁。台阶采用MU100青白石，石砌体表面用白灰浆勾抹。
5. 实况与已标明的尺寸及轴线资料可能有出入，所有尺寸均须在工程未进行前，实地测量确定。
注：
1. 室内地面和台基用原规格的方砖铺十字缝。
2. 槛墙按原材料重砌。
3. 前后走廊的门按大框恢复传统形式。

南路过厅平面图

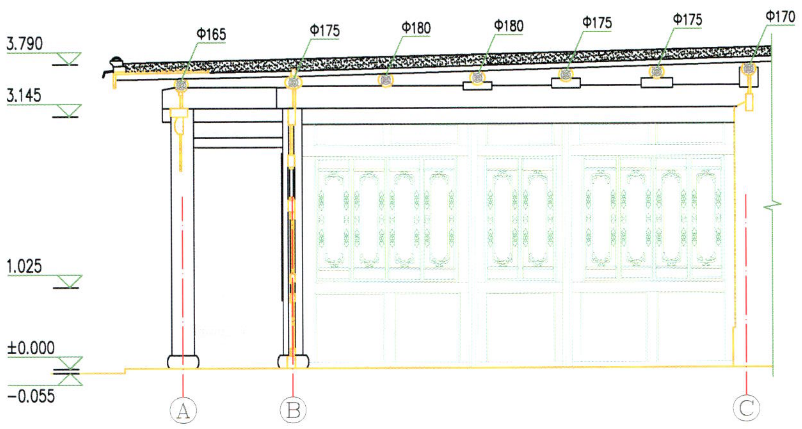

注：
1. 拆砌檐墙，将门窗按设计恢复为传统形式。
2. 拆除室内后人加建隔离墙。
3. 槛墙用方砖铺砌，并补配岔角。

南路前院北厢房剖面图

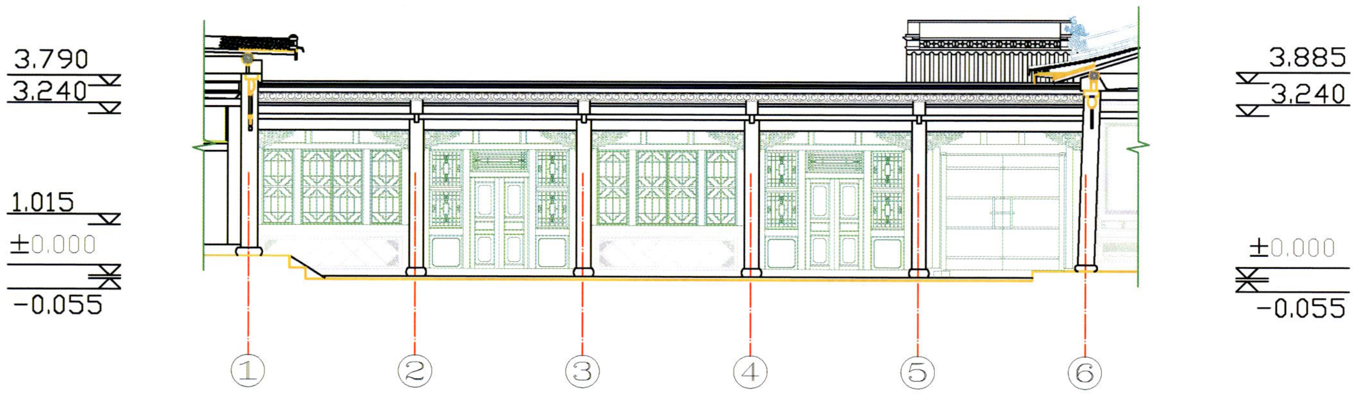

注：
1. 拆砌檐墙，将门窗按设计恢复为传统形式。
2. 拆除室内后人加建隔离墙。
3. 槛墙用方砖铺砌，并补配岔角。

南路前院北厢房正立面图

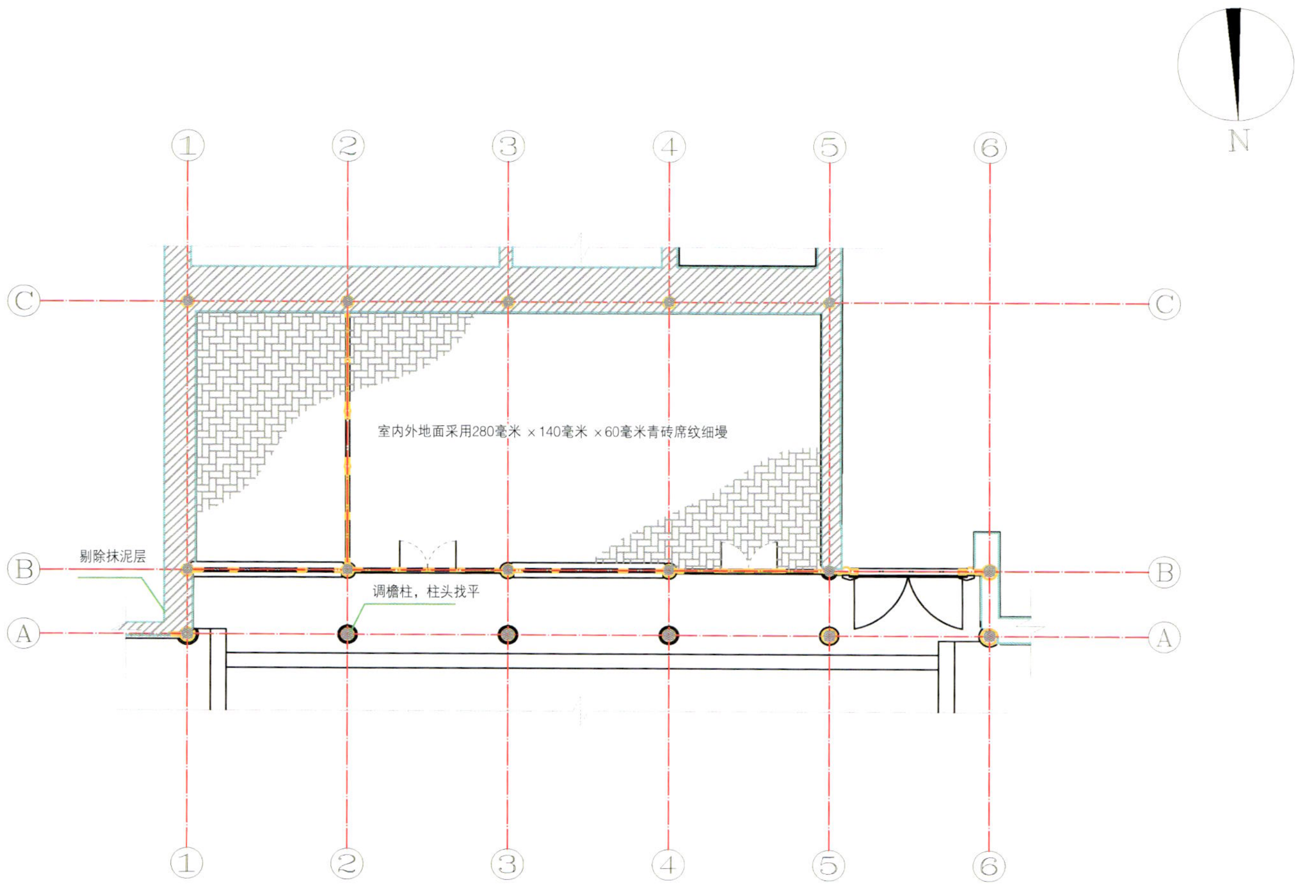

注：
1. 拆砌檐墙，将门窗按设计恢复为传统形式。
2. 拆除室内后人加建隔离墙。
3. 槛墙用方砖铺砌，并补配岔角。

南路前院北厢房平面图

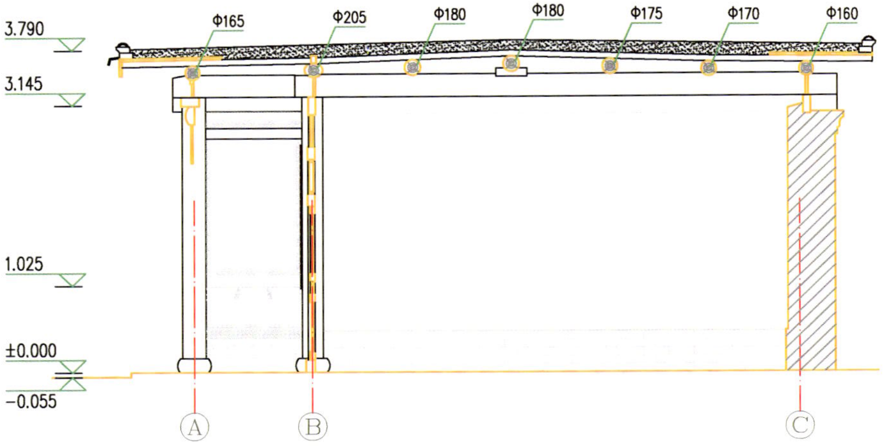

注：
1. 拆砌檐墙，将门窗按设计恢复为传统形式。
2. 拆除室内后人加建隔离墙。
3. 槛墙用方砖铺砌，并补配岔角。

南路前院南厢房剖面图

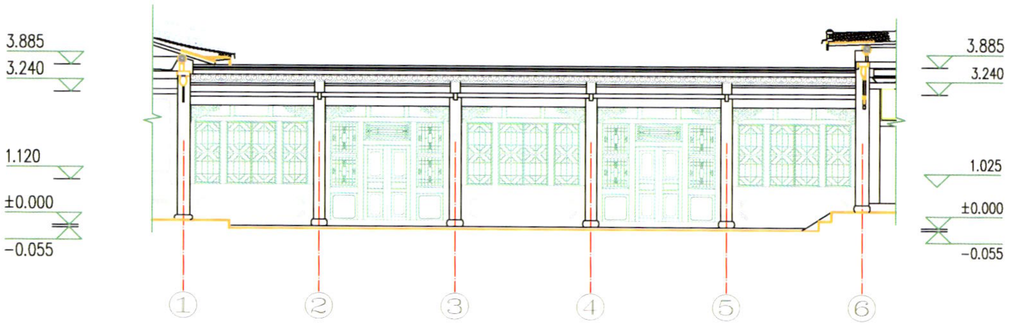

注：
1. 拆砌檐墙，将门窗按设计恢复为传统形式。
2. 拆除室内后人加建隔离墙。
3. 槛墙用方砖铺砌，并补配岔角。

南路前院南厢房正立面图

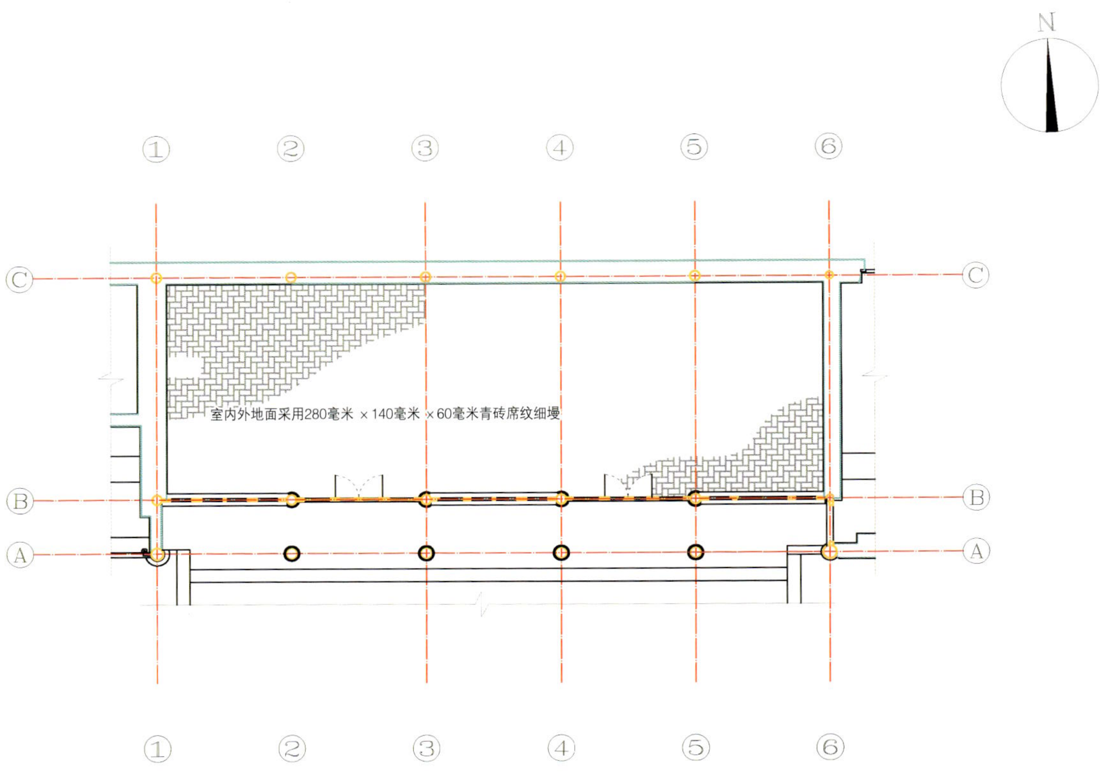

注：
1. 拆砌檐墙，将门窗按设计恢复为传统形式。
2. 拆除室内后人加建隔离墙。
3. 槛墙用方砖铺砌，并补配岔角。

南路前院南厢房平面图

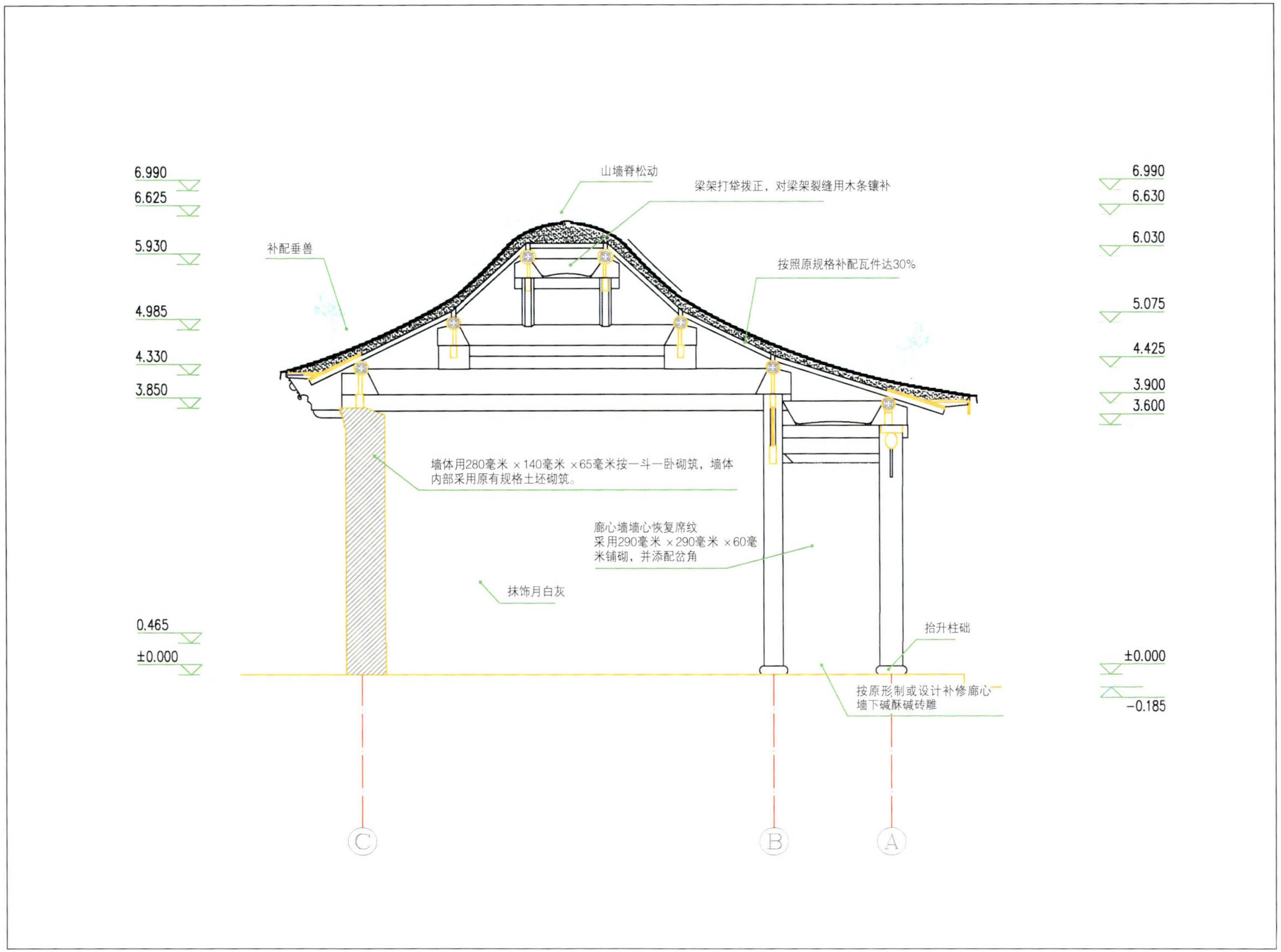
6.990
6.625
5.930
4.985
4.330
3.850
0.465
±0.000
山墙脊松动
梁架打牮拨正，对梁架裂缝用木条镶补
补配垂兽
按照原规格补配瓦件达30%
6.990
6.630
6.030
5.075
4.425
3.900
3.600
墙体用280毫米 ×140毫米 ×65毫米按一斗一卧砌筑，墙体内部采用原有规格土坯砌筑。
廊心墙墙心恢复席纹
采用290毫米 ×290毫米 ×60毫米铺砌，并添配岔角
抹饰月白灰
抬升柱础
±0.000
按原形制或设计补修廊心墙下碱酥碱砖雕
-0.185
C
B
A

南路倒座剖面图

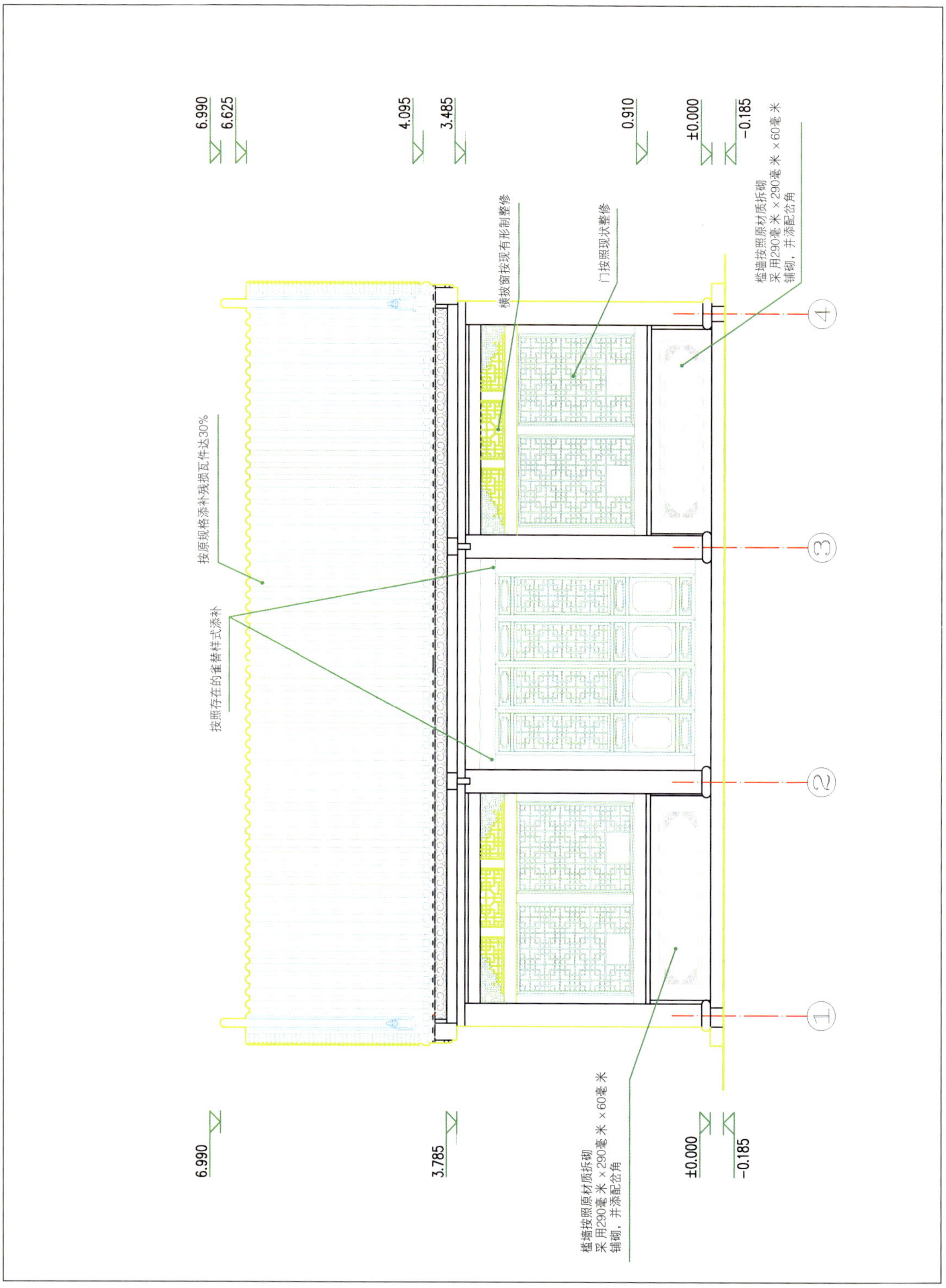
6.990
6.625
4.095
3.485
0.910
±0.000
−0.185
横披窗按现有形制整修
门按照现状整修
槛墙按照原材质拆砌
采用290毫米×290毫米×60毫米
铺砌，并添配岔角
按原规格添补残损瓦件达30%
按照存在的雀替样式添补
④
③
②
①
6.990
3.785
±0.000
−0.185
槛墙按照原材质拆砌
采用290毫米×290毫米×60毫米
铺砌，并添配岔角

南路倒座正立面图

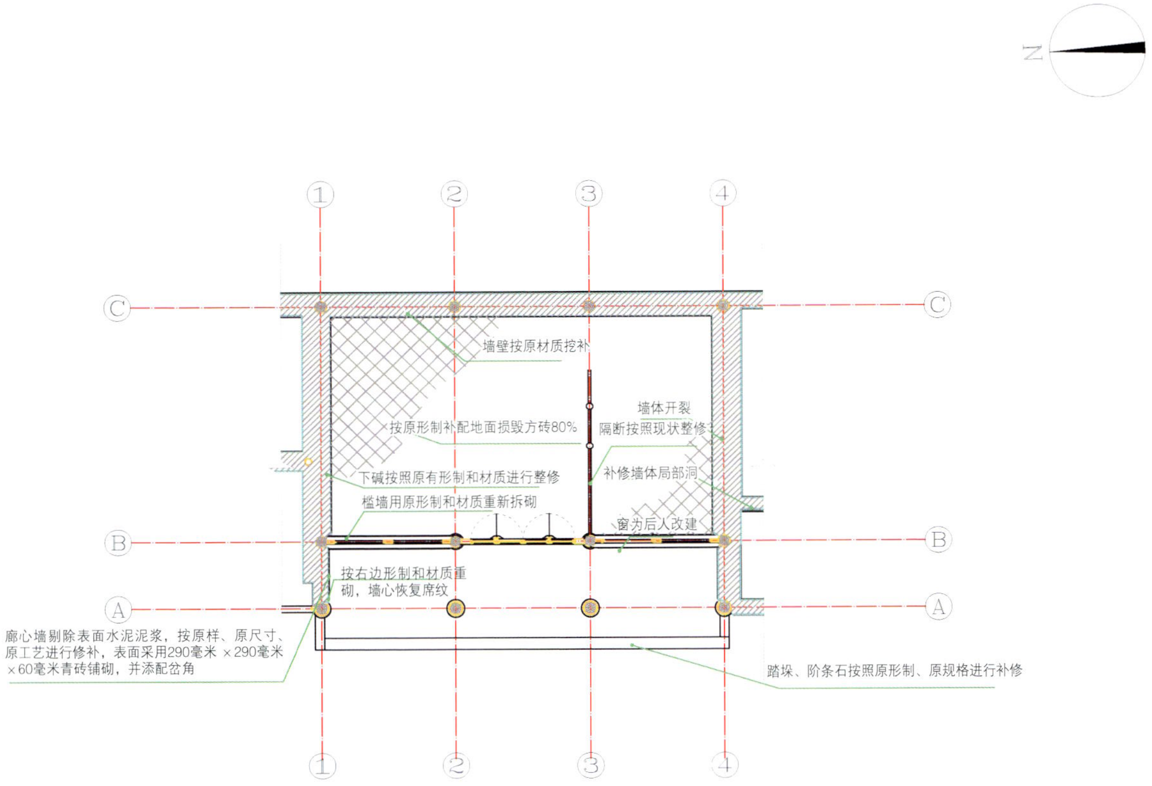

注：
1. 檐柱南倾斜约3厘米，下沉约10厘米。
2. 明间左右柱顶石已毁，后人用水泥砌筑。
3. 按大框恢复原装修。

南路倒座平面图

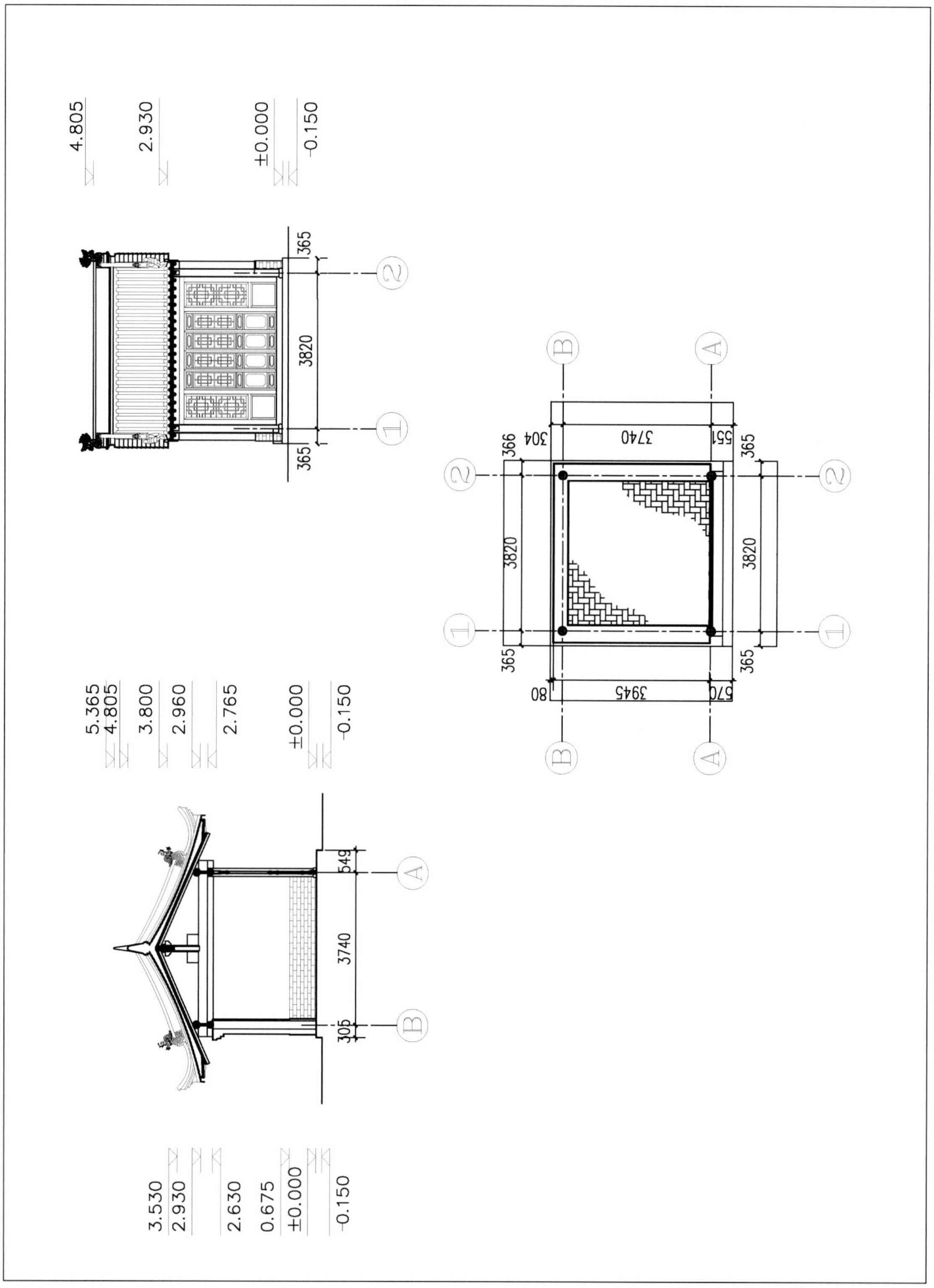
4.805
2.930
±0.000
-0.150
365
3820
365
①
②
5.365
4.805
3.800
2.960
2.765
±0.000
-0.150
3.530
2.930
2.630
0.675
±0.000
-0.150
549
3740
305
Ⓐ
Ⓑ
366
304
3740
551
365
3820
3820
365
365
80
3945
570

角楼平、立、剖面图

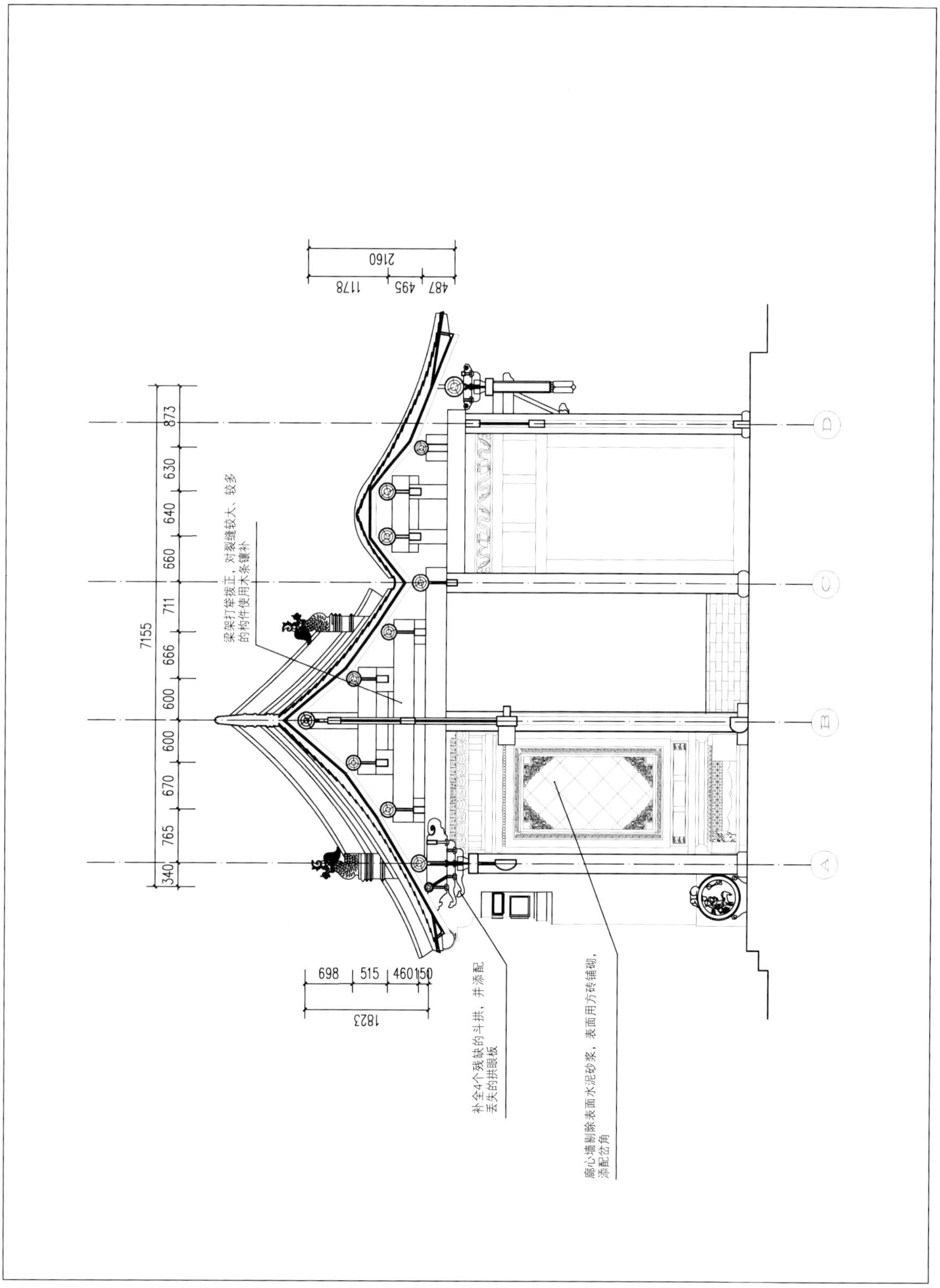

梁架打牮拨正，对裂缝较大、较多的构件使用木条镶补
补全4个残缺的斗拱，并添配丢失的拱眼板
廊心墙剔除表面水泥砂浆，表面用方砖铺砌，添配岔角
7155
340
765
670
600
600
666
711
660
640
630
873
2160
1178
495
487
1823
698
515
460
150
A
B
C
D

府院大门剖面图

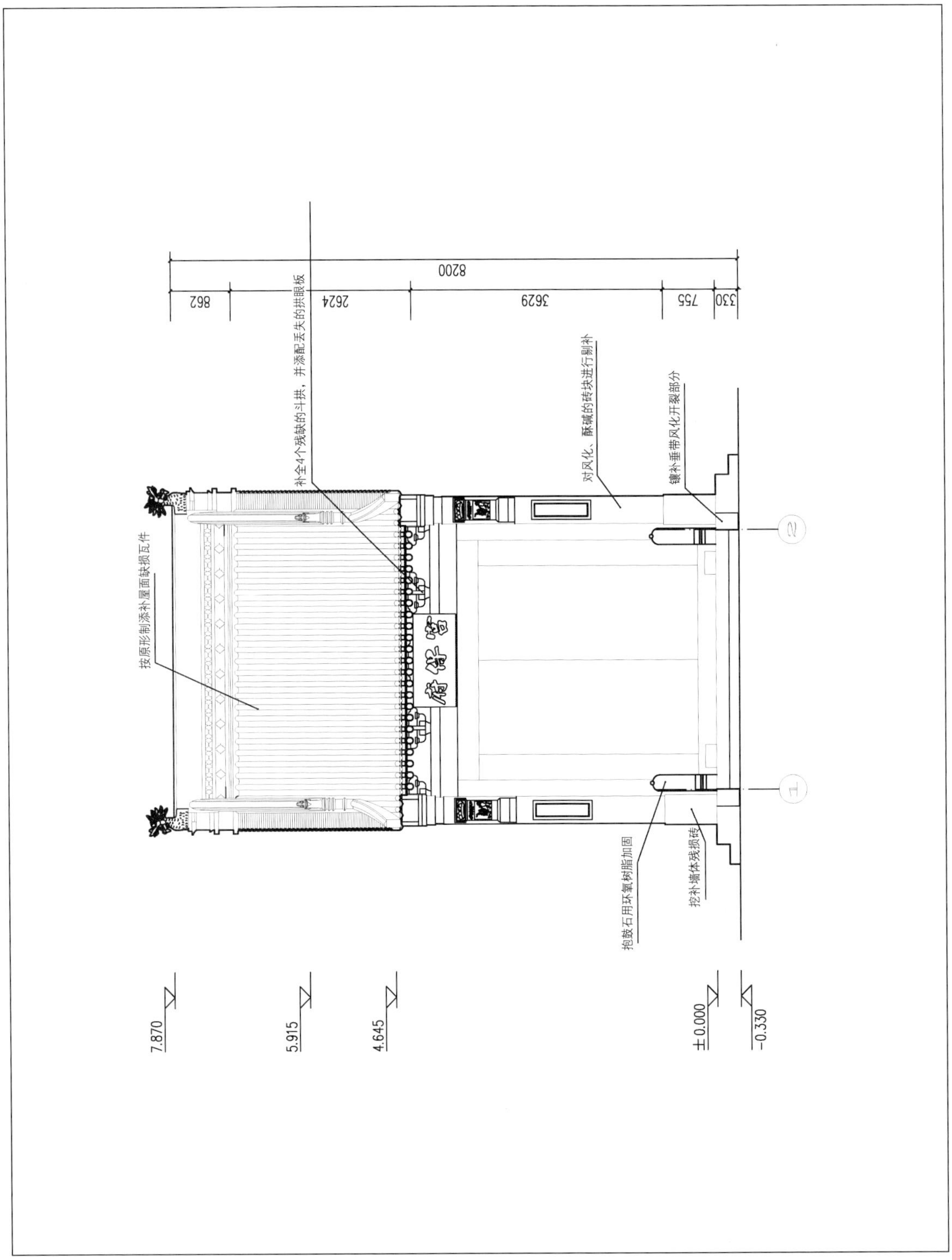
按原形制添补屋面缺损瓦件
补全4个残缺的斗拱，并添配丢失的拱眼板
对风化、酥碱的砖块进行剔补
镶补垂带风化开裂部分
抱鼓石用环氧树脂加固
挖补墙体残损砖
862
2624
3629
755
330
8200
7.870
5.915
4.645
±0.000
−0.330

府院大门正立面图

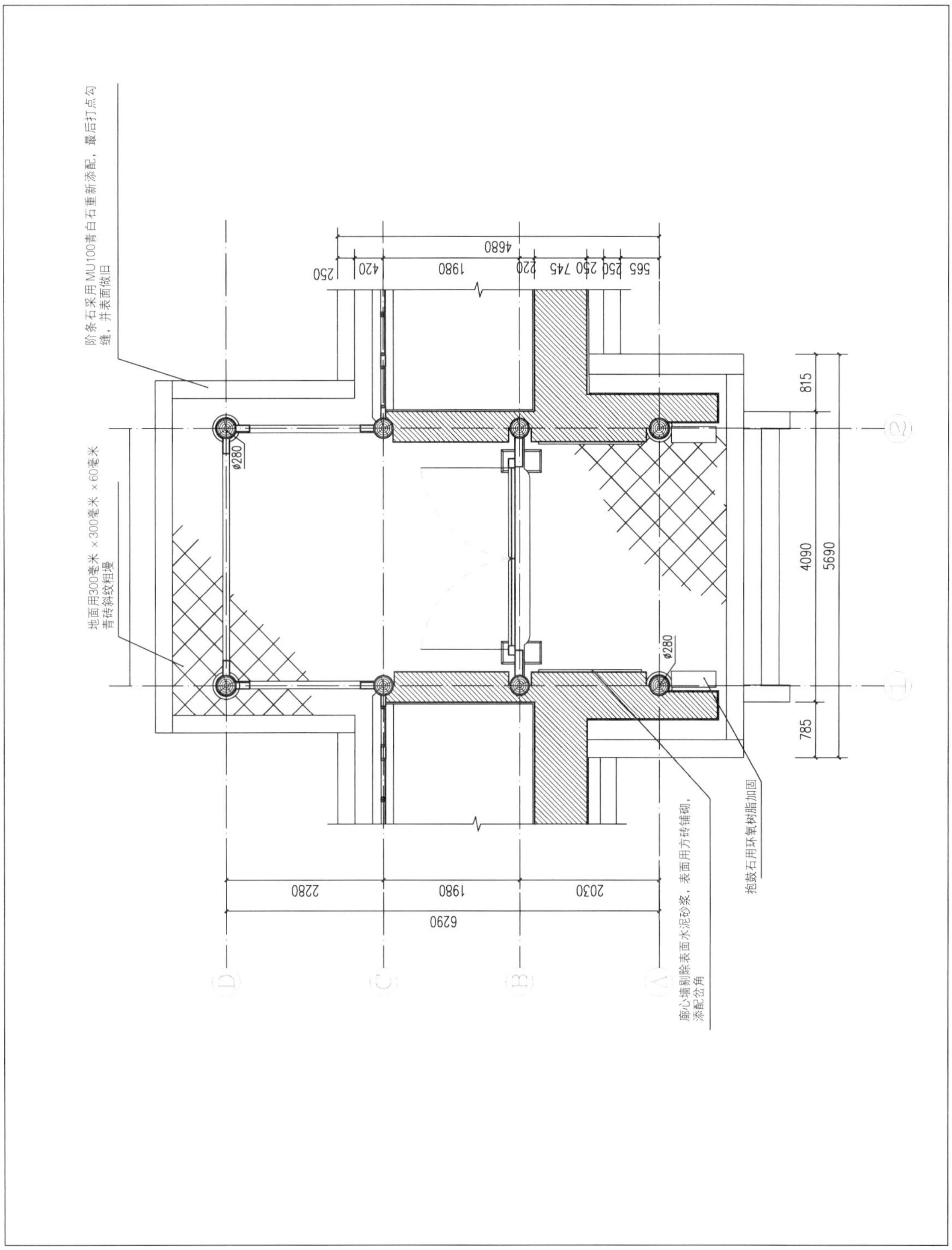
阶条石采用MU100青白石重新添配，最后打点勾缝，并表面做旧
地面用300毫米×300毫米×60毫米青砖斜纹粗墁
廊心墙剔除表面水泥砂浆，表面用方砖铺砌，添配岔角
抱鼓石用环氧树脂加固
ø280
ø280
4680
250
420
1980
220
745
250
250
565
815
4090
5690
785
2280
1980
2030
6290
D
C
B
A
①
②

府院大门平面图

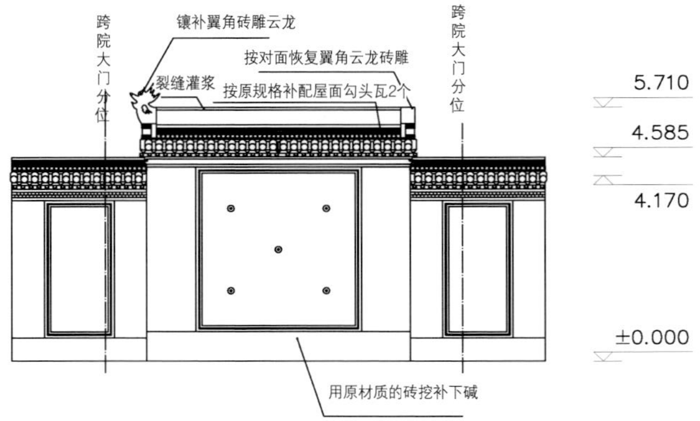

“一”字影壁正立面图

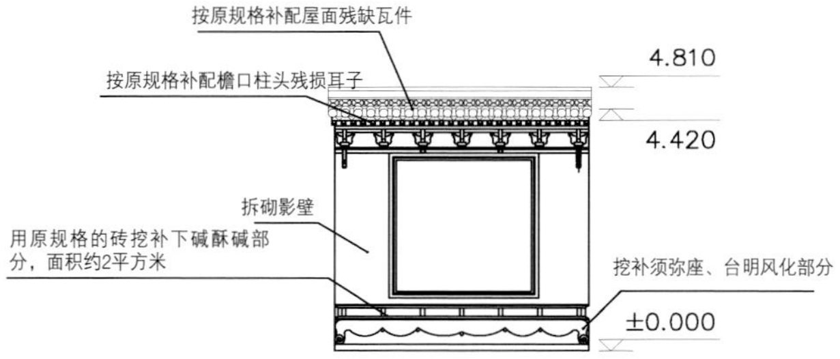

卡子墙正立面图

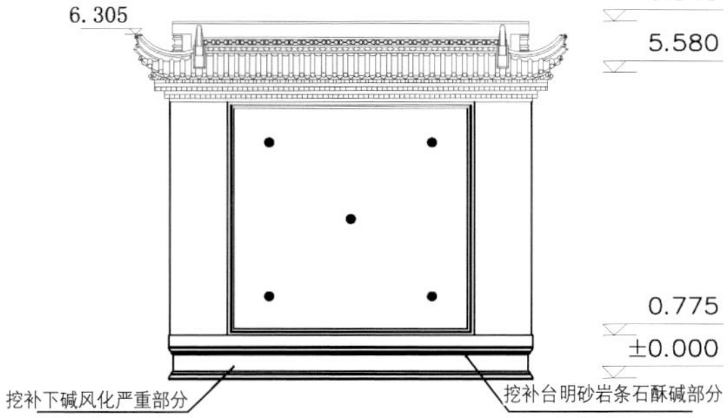

座山影壁正立面图

“一”字影壁、卡子墙、座山影壁正立面图

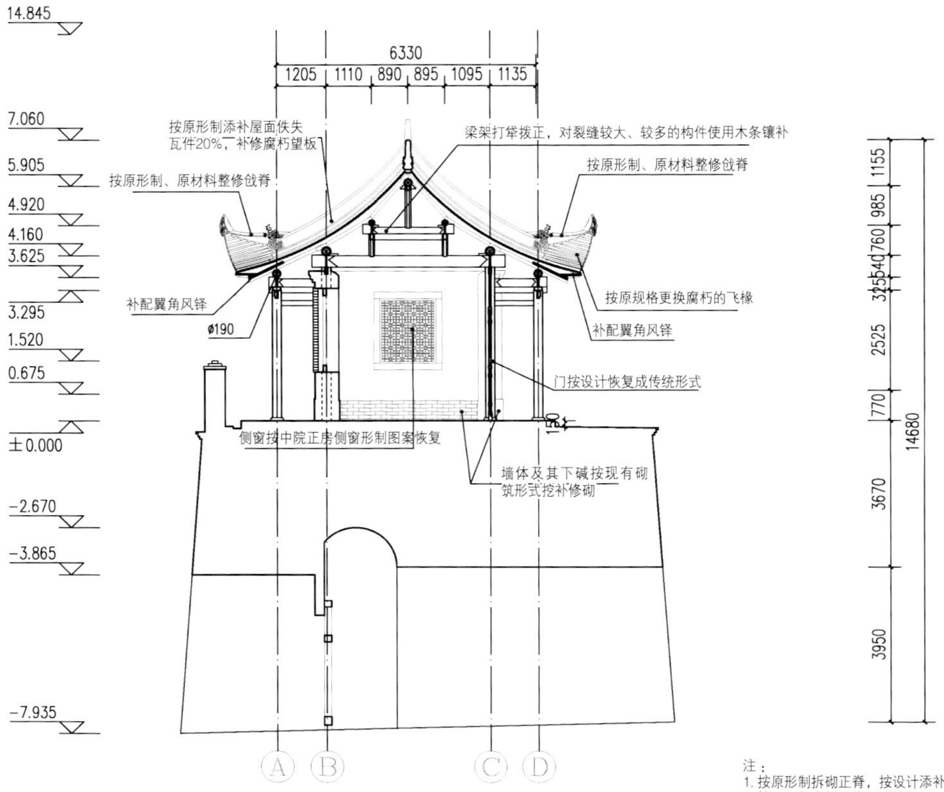

注：
1. 按原形制拆砌正脊，按设计添补佚失的鸱吻。
2. 按原形制廊柱更换风裂的柱子。

城门楼剖面图

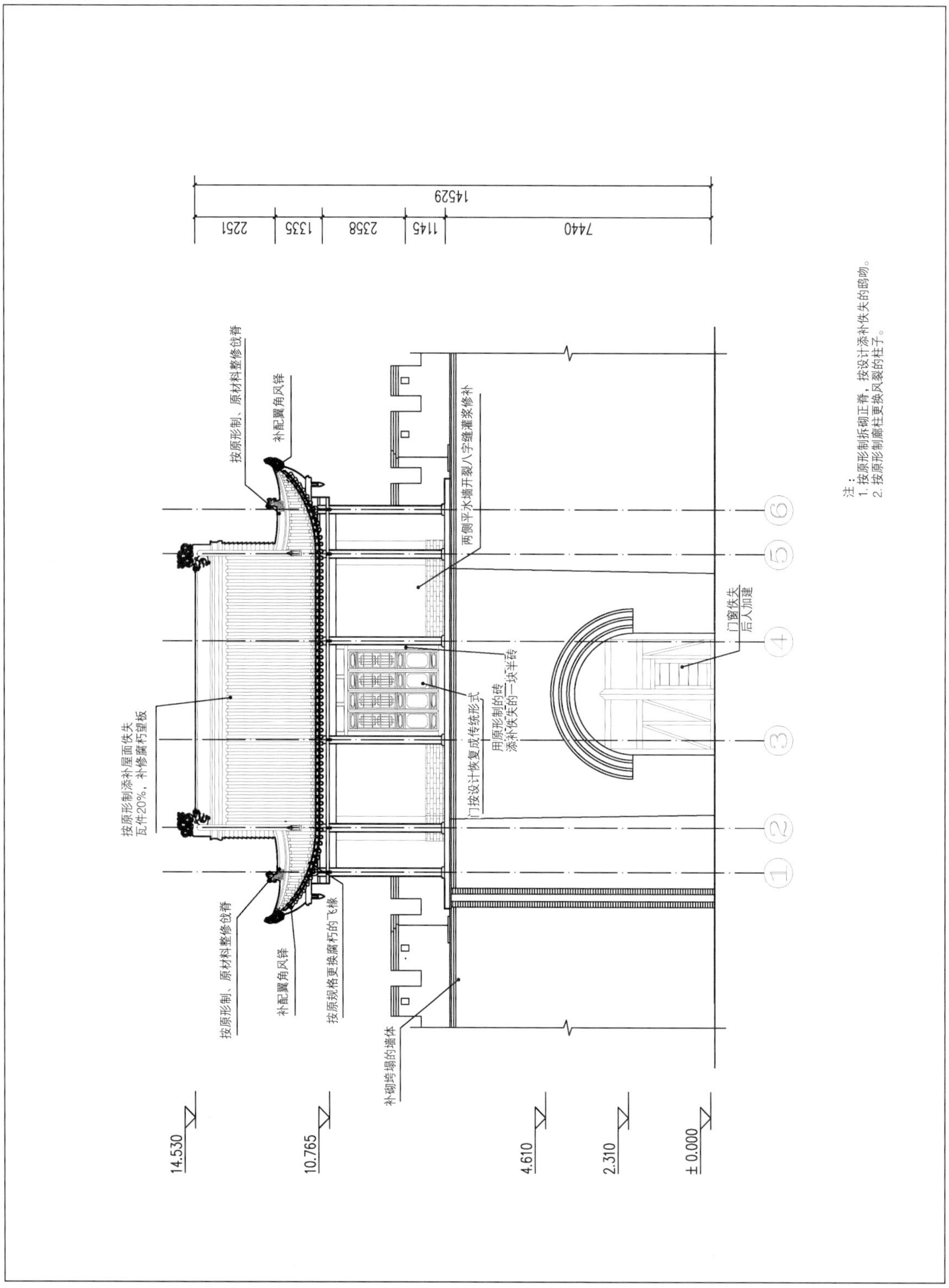
14529
2251
1335
2358
1145
7440
按原形制、原材料整修戗脊
补配翼角风铎
按原形制添补屋面佚失
瓦件20%，补修腐朽望板
两侧平水墙开裂八字缝灌浆修补
用原形制的砖
添补佚失的一块半砖
门按设计恢复成传统形式
门窗佚失
后人加建
按原规格更换腐朽的飞椽
补砌垮塌的墙体
14.530
10.765
4.610
2.310
±0.000
1
2
3
4
5
6
注：
1. 按原形制拆砌正脊，按设计添补佚失的鸱吻。
2. 按原形制廊柱更换风裂的柱子。

城门楼背立面图

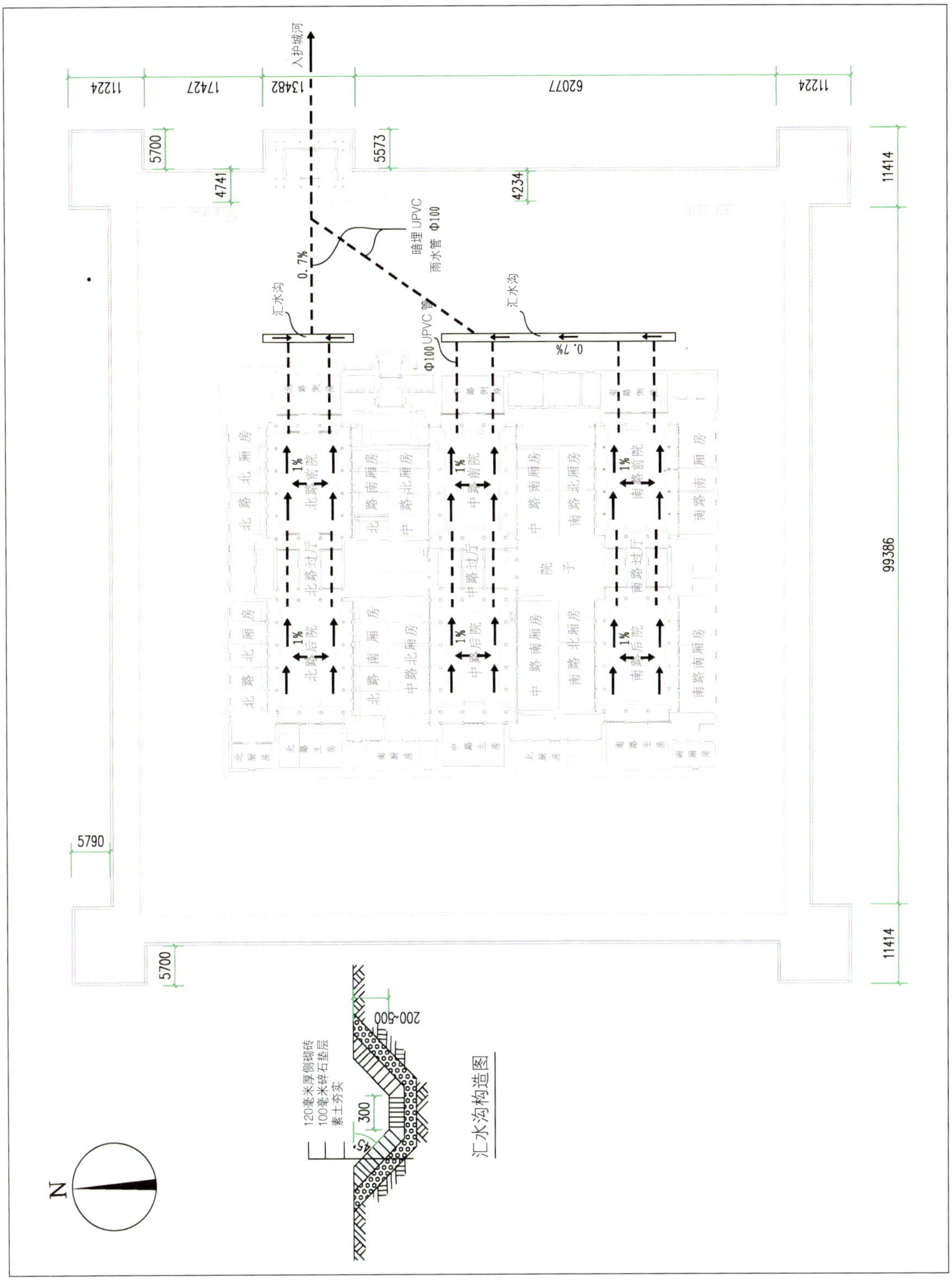
入护城河
11224
17427
13482
62077
11224
5700
4741
5573
4234
11414
暗埋 UPVC
雨水管 Φ100
0.7%
汇水沟
Φ100 UPVC 管
0.7%
1%
北路前院
北路过厅
北路后院
中路前院
中路过厅
中路后院
南路前院
南路过厅
南路后院
院子
99386
5790
11414
5700
120毫米厚侧砌砖
100毫米碎石垫层
素土夯实
300
45°
200~500
汇水沟构造图
N

董府雨水总体排放图

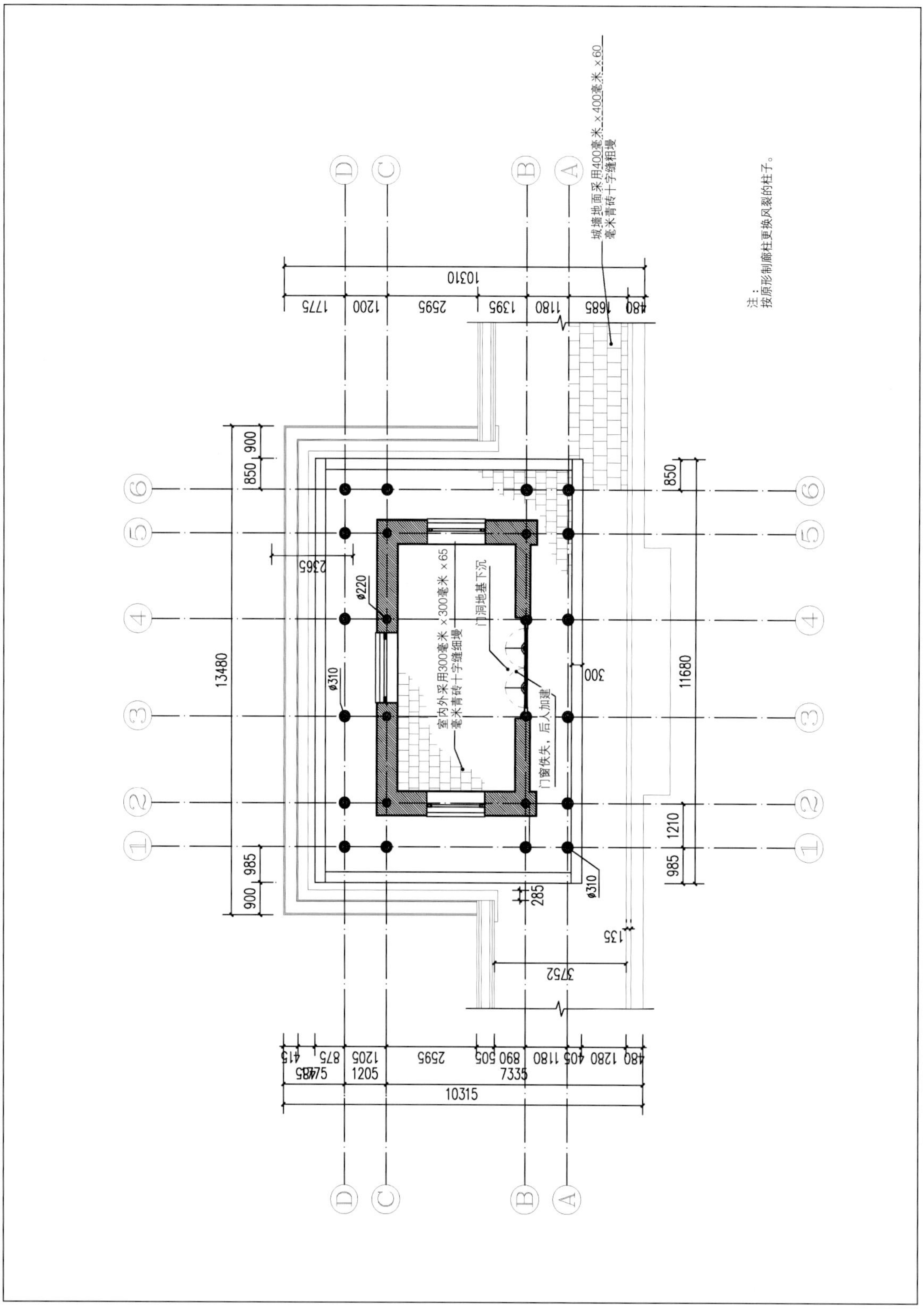
城墙地面采用400毫米×400毫米×60毫米青砖十字缝粗墁
室内外采用300毫米×300毫米×65毫米青砖十字缝细墁
门洞地基下沉
门窗佚失，后人加建
注：
按原形制廊柱更换风裂的柱子。

城门楼平面图

董府修缮工程作业图片

内府墙门楼

安装府门门钉

府门门钉刷漆

门洞毁损青砖剔除

门洞砖墙修补

门楼立柱修补

门楼梁架维修

内府墙

府墙排水维修

维修墙顶排水水槽

墙顶防水安装

府墙外侧上泥

墙顶铺砖

清挖府墙散水基础

机械压实府墙散水基础

府墙散水铺砖

电夯夯实府墙散水基础

府墙散水铺砖

内府院门楼

瓦面拆除

屋面苇席拆除

屋面椽檩拆除

斗拱制作

斗拱安装

屋顶木基层整修

内府院院门立柱拨正

一殿一卷式屋顶灰背

内府院门楼油漆彩绘

主体建筑屋顶

中路前院北厢房屋顶瓦面拆除

中路前院北厢房屋顶苇席拆除

椽檩拆除

中路后院一层檐子拆除

中路前院北厢房屋顶后檐垫板更换

檩件安装

中路前院南厢房屋顶椽檩安装

山尖博缝安装

苇席苇帘铺设

山尖博缝砌筑

坡面屋顶泥背

平顶房泥背

泥背完成

平顶房灰背

调正脊

调正脊

刷色做旧

山尖砌筑

瓦 瓦

主体建筑立面

北路前院厢房门窗拆除

中路院至南路院过道房后墙门窗、立柱拆除

墙体内立柱拆出

立柱朽蚀

南路前院厢房隔墙拆除

中路院厢房回廊立柱打牮拨正

柱基加固

立柱制作

柱基加固、立柱修补

立柱墩接

内府墙门楼立柱修补

梁柱安装

门窗安装

立柱封砌

大木制作

地　仗

油 漆

彩 绘

廊心墙砌筑

槛墙砌筑

剔 砖

补　砖

剔补完成

砖雕制作

墙面抹泥

墙面上白灰

地　面

地面砖铺墁

地面砖磨细桐油钻生

踏步基础及台明砌筑

石材安装

董府主体部位修缮前后对比图片

内府墙门楼

内府墙门楼侧面

内府墙门楼顶部

内府墙门楼内侧

俯瞰董府

董府主体建筑全景

董府主体建筑群（东北向西南）

内府墙北侧马道

内府墙内侧

内府墙墙顶女儿墙（局部）

内院门楼

迎门“一”字影壁

内院卡子墙照壁

内院座山影壁

中路院倒座房

中路前院南厢房

中路前院南厢房瓦面

中路后院南厢房廊柱柱础

中路前院南厢房廊柱

中路前院北厢房

中路前院过厅（由东向西）

中路前院倒座廊心墙

北路前院廊心墙底座砖雕

中路后院廊心墙题诗砖雕

中路后院正房二层梁架

中路前院过厅槛墙

主体建筑一角

中路前院山尖一角

中路后院南厢房

中路后院正房

中路院正房一层门木雕

中路后院北厢房

中路后院二层北侧回廊

中路后院正房北侧房檐

中路前院过厅北侧房檐

中路前院过厅明台

南路院倒座房明台

南路前院南侧门头砖雕题字

南路后院南侧门头砖雕题字

南路前院南厢房

南路前院北厢房

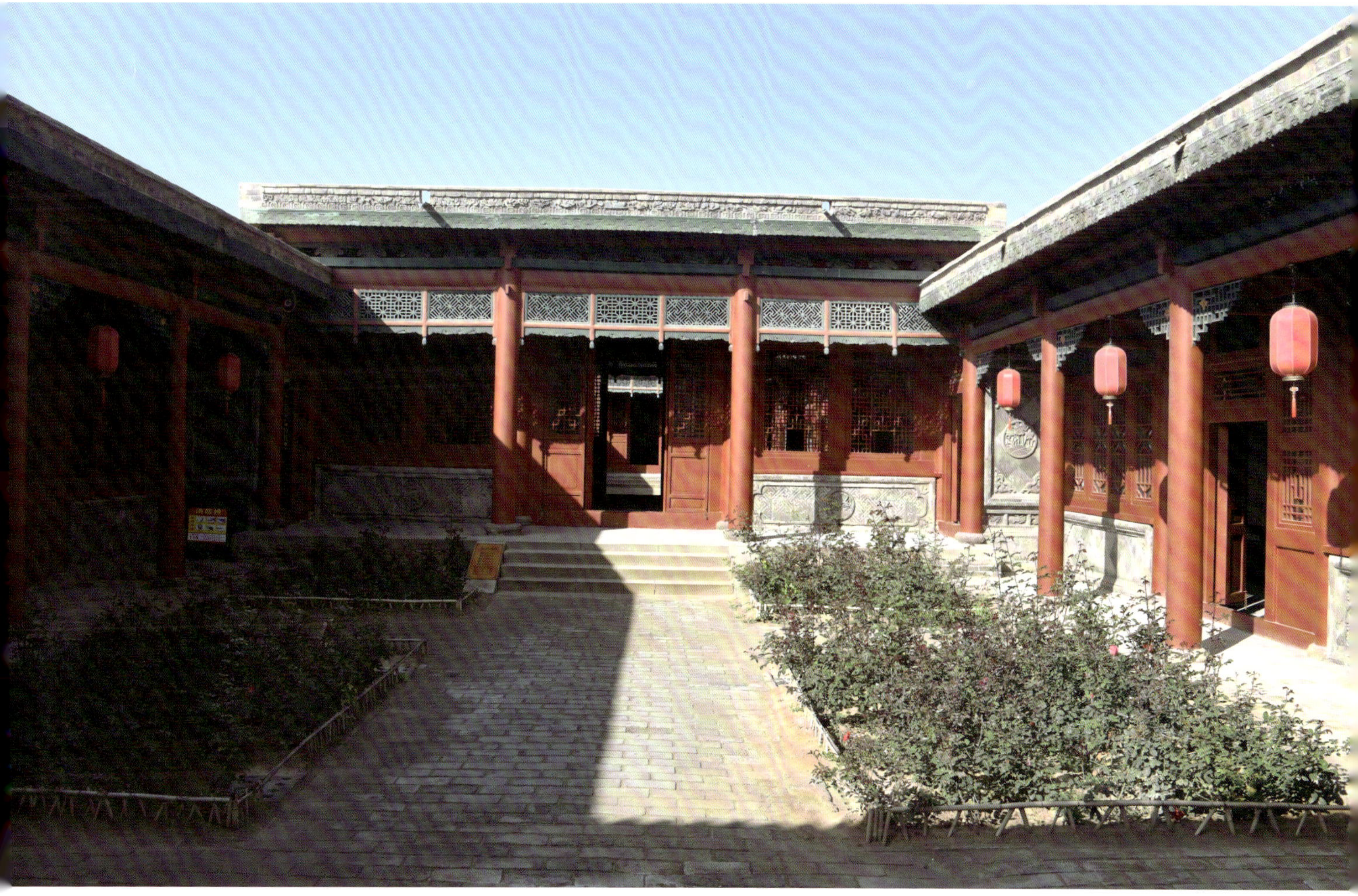

南路前院过厅

南路后院南厢房

南路后院北厢房

南路院正房

南路院向北大门

北路前院南厢房

北路后院北厢房房檐砖雕

南路前院廊心墙

北路前院北厢房

北路前院过厅

北路后院南厢房

北路后院北厢房

北路后院正房

北路院倒座房

北路院正房山尖

中路前院屋顶瓦面

北路后院北耳房

文博人员工作照片

国家文物局原局长单霁翔考察董府

国家文物局原局长励小捷视察董府维修工程

国家文物局文物保护司原副司长叶春调研董府保护修缮工作

国家文物局专家组专家付清远、董府修缮设计专家汤羽扬现场研究董府府墙修缮方案

宁夏回族自治区文化和旅游厅副厅长卫忠等与专家探讨内府墙门洞修缮方案

著名作家、中国民间文艺家协会原主席冯骥才到董府采风

吴忠市文物管理所所长任淑芳向验收组专家介绍工程实施情况

验收组专家现场察验工程实施情况

验收组专家查阅施工资料

吴忠市文体新广局原副局长禹晓平、吴忠市文物管理所所长任淑芳、建设方代表陈海鹰与施工方代表、现场监理及正业通公司工程师现场核实工程量

吴忠市文物管理所所长任淑芳与职工陈海鹰检查廊心墙砖雕

工作人员清理说明碑

后记

董府修缮工程自2009年5月正式开工，至2015年10月竣工，施工期6年5个月。

古建修缮保护工程技术要求高，通常先行勘察测绘，待取得可靠完整数据后，深入分析确定残损成因，才能对症下药制订切实可行的修缮方案，然后进行设计和施工。董府是宁夏保存较完整的明清古建筑群，气势恢宏、屋宇森严，也是西北地区现存等级较高、规模较大的一座明清代表性传统民居，按尚书衔提督府规格建造，现存建筑由主体院落、内府墙两部分组成，采用我国北方四合院建筑的传统格局，以中路院为中轴线，前后二进，南北对称，平面呈三路六院式布局，是一座典型的清代三路二进四合院，历史、艺术、科学价值很高。历经百年，因自然、人为等因素毁损严重，病害较大，修缮难度大，整修过程复杂。既要保持文物原状，还要遵循原工艺，尽量使用原有构件，加固原有结构。在府墙墙体修复时，由于府墙是黄土夯筑，墙体表面、基础朽蚀严重，如何使后修补材料与原墙面结合，不仅要查阅史料，参照成功案例，还要进行现场试验比对；院内廊柱有的基础下沉，有的木构朽蚀，恢复、更换时如何使屋架结构稳固，柱基灌注材料选用等都是难题。设计、施工方经现场勘察、实验，逐一妥善解决，达到了预期目标。现将古建概况和勘察、设计、施工、监理资料分析整理编写成《百年董府修缮工程报告》一书。

古建筑是历史文化和科学技术的结晶，是历史进程的实物见证，经历了漫长的岁月，形成了不同情况的残损，实施科学有效的修缮保护，最大限度地延长文物寿命是文物保护工作的终极目的。吴忠历史文化遗存得到全面维修的不多，尚缺乏对不可移动文物维修工程的科学总结和维修资料的系统整理，此报告就是在这方面的一次有益尝试。

为编写《百年董府修缮工程报告》，吴忠市文物管理所成立了编写小组，所长任淑芳任组长，王海明、刘青、李秀琴及北京同兴古建筑工程有限责任公司郭凤祥、王君安，银川市鸿利建设工程有限责任公司吴贺龙为成员。

《百年董府修缮工程报告》由任淑芳、王海明为总执笔人，任淑芳负责全书的框架结构。全书分为序、五个篇章、附录和后记四个部分，编写分工如下：

第一篇（第二章除外）、第二篇（第三章除外）、第三篇、第四篇由任淑芳编写。

第一篇第二章、第二篇第三章、第五篇和附录由王海明编写。

刘青、李秀琴负责照片整理和文字校对。

本报告所有照片由王海明、王君安等拍摄和提供。

吴忠市文物局调研员、董府历史研究学者韩志刚先生为本书作序。

本报告是董府修缮保护工程的总结，更是参与该项工作全体人员艰辛努力的结果。自治区文物局、文保中心，吴忠市文化主管部门在项目论证申报、资金落实等方面给予了极大的支持，国家文物局专家组专家付清远先生多次到董府现场解决难题，北京建工建筑设计研究院汤羽扬先生为董府修缮工程倾注了很多心血，全体施工和监理人员在工程施工中付出了辛勤劳动和汗水。在本书成书过程中，承蒙丁自贵先生对报告内容进行了统稿，并对篇章、文字做了调整、润色，北京同兴古建筑工程有限责任公司郭凤祥、王君安先生，银川市鸿利建设工程有限责任公司吴贺龙先生对工程技术资料的取舍给予无私指导，宁夏人民出版社陈晶同志为此书的出版做了大量的工作。在此谨向所有为董府修缮保护和本书编辑出版工作做出贡献的单位、个人致以诚挚的谢意！

编 者

2020年9月